高等职业教育计算机类课程
新形态一体化教材

DAXUE XINXI
JISHU JICHU

大学信息技术基础

孔德瑾　孔令德　主编

U0343965

高等教育出版社·北京

内容简介

　　本书是根据国务院《国家职业教育改革实施方案》精神，参考国家各个专业标准中关于信息技术课程标准，对原有教材《计算机公共基础》所进行的改革与创新。全书共分 7 个模块，分别是信息技术概述、计算机办公基础、文字处理、数据处理、演示文稿制作、互联网应用和 IT 新技术。本书可以和中学信息技术内容无缝对接，全面介绍信息技术相关知识，增加了云计算、大数据、物联网和人工智能相关知识的讲解与实训，以 Windows 10+Office 2016 为办公实训平台，并在网络模块增加了移动应用的相关知识，真正实现理实一体化教学目标。

　　本书配套有电子教材、线上资源、网络考试系统（自动出题、自动阅卷），和纸质教材形成四位一体的立体化课程教学。与本书配套的在线开放课程将在"智慧职教 MOOC 学院"（http://mooc.icve.com.cn/）上线，学习者可以登录网站进行在线开放课程的学习，授课教师可以调用本课程构建符合自身教学特色的 SPOC 课程，详见"智慧职教服务指南"。读者可登录网站进行资源的学习及获取，也可发邮件至编辑邮箱 1548103297@qq.com 获取相关资源。

　　本书结构清晰、突出技能、语言简练、通俗易懂，适合作为高职高专院校计算机公共课程教材。

图书在版编目（C I P）数据

　　大学信息技术基础 / 孔德瑾，孔令德主编. --北京：高等教育出版社，2020.9（2021.9 重印）

　　ISBN 978-7-04-054467-1

　　Ⅰ. ①大… Ⅱ. ①孔… ②孔… Ⅲ. ①电子计算机-高等职业教育-教材 Ⅳ. ①TP3

　　中国版本图书馆 CIP 数据核字（2020）第 115453 号

Daxue Xinxi Jishu Jichu

| 策划编辑 | 刘子峰 | 责任编辑 | 许兴瑜 | 封面设计 | 赵 阳 | 版式设计 | 张 杰 |
| 插图绘制 | 黄云燕 | 责任校对 | 刘丽娴 | 责任印制 | 赵 振 | | |

出版发行	高等教育出版社	网　　址	http://www.hep.edu.cn
社　　址	北京市西城区德外大街 4 号		http://www.hep.com.cn
邮政编码	100120	网上订购	http://www.hepmall.com.cn
印　　刷	天津海顺印业包装有限公司		http://www.hepmall.com
开　　本	787 mm×1092 mm　1/16		http://www.hepmall.cn
印　　张	18		
字　　数	440 千字	版　　次	2020 年 9 月第 1 版
购书热线	010-58581118	印　　次	2021 年 9 月第 4 次印刷
咨询电话	400-810-0598	定　　价	48.00 元

本书如有缺页、倒页、脱页等质量问题，请到所购图书销售部门联系调换
版权所有　侵权必究
物 料 号　54467-00

Ⅲ 智慧职教服务指南

基于"智慧职教"开发和应用的新形态一体化教材，素材丰富、资源立体，教师在备课中不断创造，学生在学习中享受过程，新旧媒体的融合生动演绎了教学内容，线上线下的平台支撑创新了教学方法，可完美打造优化教学流程、提高教学效果的"智慧课堂"。

"智慧职教"是由高等教育出版社建设和运营的职业教育数字教学资源共建共享平台和在线教学服务平台，包括职业教育数字化学习中心（www.icve.com.cn）、MOOC 学院（mooc.icve.com.cn）、职教云 2.0（zjy2.icve.com.cn）和云课堂（APP）4 个组件。其中：

- 职业教育数字化学习中心为学习者提供了包括"职业教育专业教学资源库"项目建设成果在内的优质数字化教学资源。
- MOOC 学院为学习者提供了大规模在线开放课程的展示学习。
- 职教云实现学习中心资源的共享，可构建适合学校和班级的小规模专属在线课程（SPOC）教学平台。
- 云课堂是对职教云的教学应用，可开展混合式教学，是以课堂互动性、参与感为重点贯穿课前、课中、课后的移动学习 APP 工具。

"智慧课堂"具体实现路径如下：

1. 基本教学资源的便捷获取及 MOOC 课程的在线学习

职业教育数字化学习中心为教师提供了丰富的数字化课程教学资源，包括与本书配套的电子课件（PPT）、微课、动画、教学案例、实验视频、习题及答案等。未在 www.icve.com.cn 网站注册的用户，请先注册。用户登录后，在首页或"课程"频道搜索本书对应课程"大学信息技术基础"，即可进入课程进行教学或资源下载。注册用户同时可登录"智慧职教 MOOC 学院"（http://mooc.icve.com.cn/），搜索"大学信息技术基础"，点击【加入课程】按钮，即可进行与本书配套的在线开放课程的学习。

2. 个性化 SPOC 的重构

教师若想开通职教云 SPOC 空间，可将院校名称、姓名、院系、手机号码、课程信息、书号等发至 1548103297@qq.com（邮件标题格式：课程名+学校+姓名+SPOC 申请），审核通过后，即可开通专属云空间。教师可根据本校的教学需求，通过示范课程调用及个性化改造，快捷构建自己的 SPOC，也可灵活调用资源库资源和自有资源新建课程。

3. 云课堂 APP 的移动应用

云课堂 APP 无缝对接职教云，是"互联网+"时代的课堂互动教学工具，支持无线投屏、手势签到、随堂测验、课堂提问、讨论答疑、头脑风暴、电子白板、课业分享等，帮助激活课堂，教学相长。

⦚ 前言

　　本书是根据《教育部关于职业院校专业人才培养方案制订与实施工作的指导意见》（教职成〔2019〕13 号文件），对原有教材《计算机公共基础》所进行的改革，其主要思想是将原有以办公软件 Office 为主要内容转变为以信息技术为主要内容，实现和中学信息技术课程的无缝衔接。本书的指导思想是以信息认知、信息处理、信息分析、信息安全为主线，加入新的信息技术的讲解，以提升本课程教学的深度与广度。全书共分为 7 个模块，内容包括信息技术概述、计算机办公基础、文字处理、数据处理、演示文稿制作、互联网应用和 IT 新技术。

　　本书的主要特色如下：

　　1. 加入"云、大、物、智"新技术的内容，引领所有专业信息技术的教学方向

　　本书与时俱进，用大篇幅讲解大数据、云计算、物联网、人工智能等新的技术应用，让各专业，尤其是非计算机专业的学生能掌握新技术的基本概念，为将来进入工作岗位后使用这些新技术，打下良好的基础。

　　2. 加入移动网络及移动应用的内容，实现从 PC 端向移动端转变

　　随着智能手机的应用越来越广泛，互联网的应用逐渐从 PC 端转向移动端，但是人们对移动 APP 相关知识的掌握程度是碎片化、业余化的，缺乏系统化、专业化。因此，编者希望通过该模块的学习使学生不仅把手机当成娱乐消费的工具，而是能更好地运用新媒体为工作和事业添砖加瓦。

　　3. 纸质教材和数字媒体同时开发，实现线上线下深度融合

　　不同于传统单一的纸质教材，也不同于单一的线上课程，本书的编者同时开发纸质教材和数字媒体资源，根据职业院校的教学特点，实现线上线下深度融合。作为全日制的职业院校，线下教学是纲，线上是目，纲举目张，线上是对线下知识和技能的拓展，是对线下教学的补充。

　　4. 通过校、企、社合作，打造教学全过程的评价标准

　　本书配有智能化、高水平的学习评价系统，对教学过程、学生学习过程考核、结果考核均能实现无纸化考核，针对学校普遍存在计算机公共课缺乏统一评价标准，提升教学质量，提供强有力的保证。

　　5. 成立优秀编写团队，打造计算机公共课程开发精品

　　本书由山西省"双高校"及国家示范校专业带头人领衔，集全省十多所高职院校具有丰富的计算机公共课教学经验的教师，共同讨论、交流并撰写，使得本书具有很强的职业化教学特点和更广泛的实用范围。

  本书模块 1 由太原旅游学院李云编写，模块 2 由运城师范高等专科学校解蕾编写，模块 3 由山西青年职业学院冯改娥、胡雅丽编写，模块 4 由山西国际商务职业学院成安霞编写，模块 5 由山西省财政税务专科学校乔冰琴编写，模块 6 由山西工程职业学院梁玲编写，模块 7 由晋中师范高等专科学校张维山编写。全书由山西省财政税务专科学校孔德瑾和太原工业学院孔令德任主编并统稿。

  由于编者水平有限，书中难免有疏漏和不足之处，恳请广大读者及专家批评指正。

编 者

2020 年 7 月

▥ 目录

目录

模块 *1*
信息技术概述

　　信息时代的到来，影响着每个人的生存和生活方式。身处信息社会，具备一定的信息素养已经成为信息社会对每个社会人的基本要求。因此，了解信息和信息技术的基础知识，掌握信息技术的基本技能，学会正确、高效地利用信息资源和信息工具对于每个人来说都至关重要。

项目 1.1　初识信息

▶ 项目描述

　　人们的生活离不开信息，桃红柳绿代表春天来了的信息，新闻广告提供社会发生的信息。人们每天都在接收着不同的信息，文字、图片、数字、音乐、视频等所有内容都承载着信息，信息对个人或者公司的决策起到决定性的作用。该项目将介绍信息的基本概念、信息与数据的关系，以及如何通过互联网查看自己学校的基本信息。

▶ 项目技能

- 理解信息的基本概念。
- 区分信息与数据。
- 会用互联网查看信息。

▶ 项目实施

•任务 1.1.1　理解信息的基本概念

1．信息的定义

　　《辞海》（2010）对信息的解释为：音讯、消息；通信系统传输和处理的对象，泛指消息和信号的具体内容和意义。

　　信息奠基人香农（Shannon）认为：信息是用来消除随机不确定性的东西。

　　克劳德·艾尔伍德·香农（Claude Elwood Shannon，1916 年 4 月 30 日—2001 年 2 月 24 日）是美国数学家、信息论的创始人之一，如图 1-1 所示。香农提出了信息熵的概念，为信息论和数字通信奠定了基础。

　　控制论创始人维纳（Norbert Wiener）认为：信息是人们在适应外部世界，并使这种适应反作用于外部世界的过程中，同外部世界进行互相交换的内容和名称。

　　诺伯特·维纳（Norbert Wiener，1894 年 11 月 26 日—1964 年 3 月 18 日）是美国应用数学家、信息论的创始人之一，如图 1-2 所示。他从带直流电流或者至少可看作直流电流的电路出发来研究信息论，独立于香农，他将统计方法引入通信工程，奠定了信息论的理论基础。

　　美国信息管理专家霍顿（F.W.Horton）认为："信息是为了满足用户决策的需要而经过加工处理的数据。"简单地说，信息是经过加工的数据，或者说信息是数据处理的结果。

　　经济管理学家认为：信息是提供决策的有效数据。

　　电子学家、计算机科学家认为：信息是电子线路中传输的信号。

　　我国著名的信息学专家钟义信教授认为：信息是事物存在方式或运动状态，以这种方式或状态直接或间接的表述。

图 1-1 克劳德·艾尔伍德·香农

图 1-2 诺伯特·维纳

根据对信息的研究成果，科学的信息概念可以概括为：信息是对客观世界中各种事物的运动状态和变化的反映，是客观事物之间相互联系和相互作用的表征，表现的是客观事物运动状态和变化的实质内容。

2. 信息的特征

信息具有很多的基本特征，如普遍性、依附性、共享性、时效性、传递性、真伪性等。下面通过对信息的一些主要特征描述和讨论交流，进一步认识和理解信息的概念。

（1）普遍性

在自然界和人类社会中，事物都是在不断发展和变化的。事物所表达出来的信息也是无时无刻，无所不在。因此，信息也是普遍存在的。

（2）依附性

信息是客观事物在人脑中的反映，不是具体的事物，也不是某种物质，而是客观事物的一种属性。信息必须依附于某种载体，同一个信息可以借助不同的载体表现出来，如文字、图形、图像、声音、影视和动画等都是信息的载体。

（3）共享性

信息是一种资源，可以被复制、传递，而且在复制和传递的过程中，信息本身并不会减少，也不会被消耗掉。例如，老师在学习平台上传的课件全班同学都可以查看。

（4）时效性

由于客观事物总是在不断变化，因此反映事物存在的方式和运动状态的信息也应随之变化。如果不能及时利用更新，信息的价值就会贬值，甚至毫无价值。例如，人们往往更加关心当天或者近期的股市信息。

（5）传递性

信息传递是指人们通过声音、文字、图像或者动作相互沟通消息的意思。例如，我国古代通过烽火台上的硝烟来传递信息，现在用电话或者 E-mail 来传递信息。

（6）真伪性

人们所接触到的信息有真有假。古代有烽火戏诸侯和空城计，而现代，网络上的信息爆炸式增长，很多信息的真实性也有待考证，尤其是娱乐圈的信息、金融信息等。

•任务 1.1.2   区分信息与数据

1. 数据与信息

数据有很多种，如数字、文字、图像、声音等。随着人类社会信息化进程的加快，人们在日常生产和生活中每天都会产生大量的数据，如空气质量数据、交通数据、购物数据、医疗健康数据等。数据已经渗透到当今每一个行业和业务智能领域，成为重要的生产因素。数据资源已经和物质资源、人力资源一样成为国家的重要战略资源，影响着国家和社会的安全、稳定和发展。因此，数据也被称为"未来的石油"。

数据是指原始的，未经加工的对象，如图 1-3 所示，形式包括文本、数字、图片和声音等。计算机中的数字内容，如电子书、电子文档、图片、音乐和视频等都是数据的集合。

图 1-3   数据与信息

在日常交流中，人们经常认为数据和信息是可以互换的，但是一些技术专家对这两个术语进行了区分，把数据定义为代表人、事、物和想法的符号。只有当数据被人们理解和使用的时候才能称为信息。也就是说，数据只有经加工处理后才能产生信息。从技术上说，数据是由计算机等机器使用的，信息是由人类使用的。

2. 数字数据

数字数据是指文本、数字、图片、声音和视频对象被转换成离散的数字，如 0 和 1，相反，模拟数据是用取值范围是连续的变量或者数值表示。

智能手机、iPAD 和计算机等设备以数字格式存储数据，可通过电子电路进行处理，今天，在电子设备中，用数字表示已经逐渐取代了之前的模拟存储方法。

数字数据通常存储在文件中。一个数字文件简称为文件，即存储在介质上（如硬盘、CD/DVD或者是闪存设备）的数据集。文件都有一个唯一的名字，如 test.doc。

3. 大数据

人类社会的数据产生大致经历了 3 个阶段：运营式系统阶段、用户原创内容阶段和感知式系统阶段，如图 1-4 所示，信息产生方式的变革，促进了大数据时代的到来。

随着大数据时代的到来，"大数据"已经成为互联网信息技术行业的流行词汇。关于"什么是大数据"这个问题，人们比较认可关于大数据"4 V"的说法。大数据具有数据量大（Volume）、数据类型繁多（Variety）、处理速度块（Velocity）和价值密度低（Value）的特点。大数据对科学研究、思维方式和社会发展都具有重要而深远的影响。在科学研究方面，大数据使得人类科学研究在经历了实验、理论、计算 3 种范式之后，迎来了第四范式——数据。大数据可以帮助快递公司选择运费成本最低的最佳行车路径，协助投资者选择收益最大化的股票投资组合，辅助零售商有效定位目标客户群体，帮助互联网公司实现广告精准投放，还可以让电力公司做好配送电计划确保电网安全等。大数据无处不在，渗透在人们生活的方方面面，如图 1-5 所示。

图 1-4　数据产生方式的变革

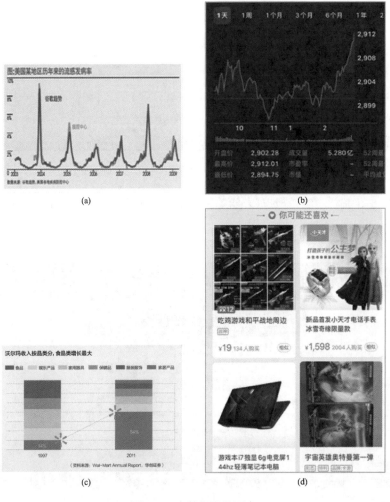

图 1-5　大数据无处不在

•任务 1.1.3　浏览自己学校的基本信息

作为一名大一新生，会迫不及待地想了解自己学校的基本信息。每所大学都有她独特的气质和性格，每所大学所追求的人才培养目标和理念也不一样，学校的官网就是全面了解自己学校的最佳渠道之一。通过学校官网，查看学校的概况、专业人才培养方案、学期课表和时间表等信息。

步骤 1：打开 IE 浏览器，搜索学校官网或直接输入学校网址，如图 1-6 所示。

图 1-6　浏览器查看学校官网

步骤 2：通过导航栏"学校概况"，查看并了解学校的简介、学校的办学理念、学校的历史沿革、校友风采等，如图 1-7 所示。

图 1-7　官网查看学校基本信息

6

步骤 3：通过导航栏"人才培养"项，查看本专业的人才培养方案，如图 1-8 所示。

图 1-8　官网查看专业人才培养方案

步骤 4：通过导航栏的"教务管理"系统，查看本学期的时间表及本班课表，如图 1-9 所示。

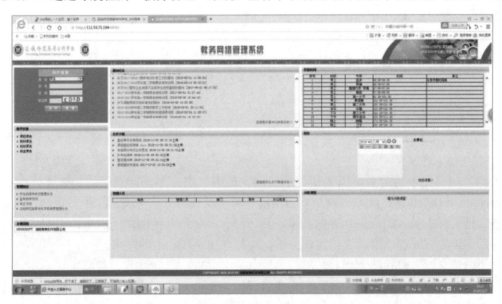

图 1-9　官网查看课表和时间表

▶ **同步训练**

1. 什么是信息？说说你的理解。
2. 结合某一具体实例说说信息和数据的区别。

3．尝试通过学校官网查看自己学校的基本信息。

4．上网查看并了解克劳德·艾尔伍德·香农和诺伯特·维纳的故事。

项目 1.2　走进信息技术

▶ 项目描述

信息技术无时不在，无处不在。当加班加点完成某项任务时，只需在手机美团看图下单，美味可口的饭菜便会按时送至手中。当在门店看好一件衣服，却发愁它昂贵的价格时，不妨选择在网上淘一件物美价廉的相同款。当苦恼于出门不能识别方向而不敢上路时，是否会选择使用导航提前设置好目的地，它会根据实时路况规划一条方便快捷的合理路线。在工作学习的闲暇之余，是否会在手机或者网络电视上追一部最新的影视大片。是否都已经习惯出门不带钱包，而只需要一部手机便可完成支付，大大提高了工作和生活效率。这些看似简单的操作背后，究竟融合了多少信息技术？本项目将介绍信息社会中需要了解和掌握的信息技术基础知识。

▶ 项目技能

- 理解信息技术的基本概念。
- 解释信息系统的组成。
- 熟悉信息社会的关键信息技术。
- 会使用百度网盘实现云存储。

▶ 项目实施

• 任务 1.2.1　理解信息技术的基本概念

1．信息技术的定义

人们对信息技术的定义，因其使用的目的、范围、层次不同而有不同的表述：信息技术（Information Technology，IT）一般是指应用信息科学原理和方法传播信息的技术。也可以说，是指能够延长或扩展人的信息功能的技术。具体而言，是指有关信息的产生、识别、提取、变换、存贮、传输、处理、检索、检测、分析、决策、控制和利用的技术。

人类的信息器官包括感觉器官、神经器官、思念器官、效应器官。随着时代的发展，人类的信息活动越来越复杂，人们需要不断提高自己的信息处理能力，扩展人类信息器官的功能，于是各种信息技术应运而生，如人眼观察的范围有限，则产生了雷达、卫星遥感等。凡是能扩展人的信息功能的技术，都可以称为信息技术。

"信息技术教育"中的"信息技术"，可以从广义、中义、狭义 3 个层面来定义。

广义而言，信息技术是指能充分利用与扩展人类信息器官功能的各种方法、工具与技能的总和。该定义强调的是从哲学上阐述信息技术与人的本质关系。

中义而言，信息技术是指对信息进行采集、传输、存储、加工、表达的各种技术之和。该定义强调的是人们对信息技术功能与过程的一般理解。

狭义而言，信息技术是指利用计算机、网络、广播电视等各种硬件设备及软件工具与科学方法，对文图声像各种信息进行获取、加工、存储、传输与使用的技术之和。该定义强调的是信息技术的现代化与高科技含量。

2. 信息技术的分类

按表现形态的不同，信息技术可分为硬技术（物化技术）与软技术（非物化技术）。硬技术指各种信息设备及其功能，如计算机、通信设备、智能设备等。软技术指有关信息获取与处理的各种知识、方法与技能，如数据决策与处理技术、计算机软件技术等。

按工作流程中基本环节的不同，信息技术可分为信息获取技术、信息传递技术、信息存储技术、信息加工技术及信息标准化技术。

按使用的信息设备不同，把信息技术分为电话技术、电报技术、广播技术、电视技术、卫星技术、计算机技术、网络技术等。

按技术的功能层次不同，可将信息技术体系分为基础层次的信息技术（如新材料技术、新能源技术）、支撑层次的信息技术（如机械技术、电子技术、激光技术等）、主体层次的信息技术（如感测技术、通信技术、计算机技术、控制技术等）、应用层次的信息技术（如文化教育、商业贸易、工农业生产、社会管理领域的应用）。

任务 1.2.2　了解信息系统

信息系统，是指由信息用户（人）、计算机硬件（硬件）、网络和通信设备（网络）、计算机软件（软件）、信息资源（数据）和规章制度（规程）组成的以处理信息流为目的的人机一体化系统。简单地说，信息系统就是输入数据，通过加工处理产生信息的系统，如图 1-10 所示。

① 人：人们经常会忽略，人是信息系统中最重要的一部分。在生活中人们每天都会接触和使用信息系统。例如，用办公软件编辑文档，上网查阅资料等，人是信息系统的使用和被服务的对象，这也正是信息系统的意义所在。

② 规程：规程指的是人们在操作软件、硬件或数据处理时参照的规则或指南。这些规则或指南通常由计算机专家编写成帮助手册，软件或硬件的开发制造商会提供与他们的产品相应的产品手册（电子或是纸质）。

③ 软件：软件就是一段程序，包含了让计算机逐步完成某项任务的多条指令。软件也可以称为程序。使用软件的目的就是实现对数据的处理，将数据转换为信息。计算机中的软件包括系统软件（如 Linux、Windows 10、Mac OS X 等）及应用软件（如 Office、QQ、Internet Explore 等）。

④ 硬件：硬件就是处理数据而产生信息的设备，如手机、笔记本、键盘、鼠标、显示器等。硬件是由软件控制的。

⑤ 数据：数据是指原始的，未经加工的对象，包括文本、数字、图片和声音等。数据只有经处理后才能产生信息。

⑥ 网络：几乎所有的信息系统都提供计算机互联的方式，一般是通过互联网实现互联互通。通过联网大大提高了信息系统的工作能力和可用性。

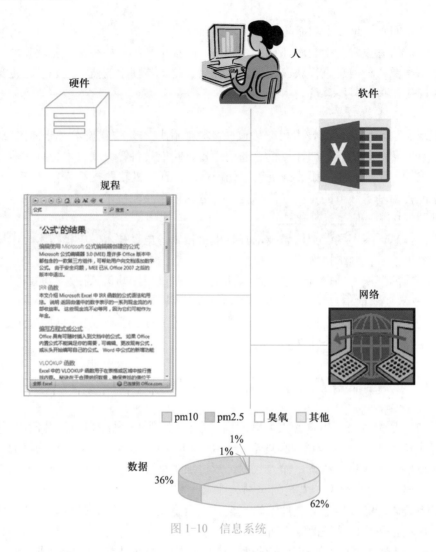

图 1-10　信息系统

任务 1.2.3　熟悉关键的信息技术

根据 IBM 前首席执行官郭士纳的观点，IT 领域每隔 15 年就会迎来一次重大变革，1980 年前后，个人计算机（PC）的普及，使人类迎来了第一次信息化浪潮；1995 年前后，人类开始全面进入互联网时代，互联网的普及使世界变成了"地球村"，人类迎来了第二次信息化浪潮；2010 年前后，云计算、大数据、物联网的快速发展，拉开了第三次信息化浪潮的大幕。

1. 计算机技术

今天最强大的计算机包括超级计算机、主机和服务器，这些设备通常用于商业和政府机构。它们有能力同时服务于许多用户，并以非常快的速度处理数据。

超级计算机是世界上最快的计算机之一，如图 1-11 所示。由于其速度超快，超级计算机可以处理复杂的任务，而这些任务在其他计算机上是不可能实现的。超级计算机的典型用途包括预知全球气象、石油勘探数据分析、基因测序等海量数据处理。

图 1-11　超级计算机

大型计算机是一种大型而昂贵的计算机，能够同时处理成百上千个用户的数据。大型计算机更倾向于整数运算，如订单数据、银行数据等，同时在安全性、可靠性和稳定性方面优于超级计算机。

服务器的作用是向连接到网络的计算机提供数据。当访问一个网站，所得到的信息是由服务器提供的。在经济网站上，商店的商品信息存放在数据库服务器上。电子邮件、聊天、在线多人游戏都是由服务器操作的。

个人计算机是指一种大小、价格和性能适用于个人使用的多用途计算机，如图 1-12 所示。个人计算机（PC）是为满足个人的计算需要而设计的，提供多种应用程序，如文字处理、照片编辑、电子邮件和互联网应用等。

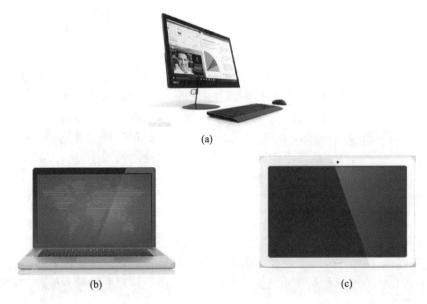

图 1-12　个人计算机

11

数字设备的种类很多，许多设备（如健身追踪器、照相机和手持 GPS），都专门用于特定的任务，这些专用智能设备都有一个共同点——包含一个微处理器。其中一些设备如智能手表和运动步数追踪器，都可以归类为可穿戴设备，如图 1-13 所示。

图 1-13　可穿戴设备

2．网络技术

Internet 是在 1969 年提出来的，美国国防部高级研究计划管理局（Advanced Research Projects Agency，ARPA）开始建立一个名为 ARPAnet 的网络，把美国的几个军事及研究用计算机主机连接起来。互联网是一个最大的网络，将全球的小型网络进行互联。Web，也可以称为万维网或 WWW，于 1991 年发行，在万维网技术之前，网络上只有文本信息，没有图片、音频和视频。万维网使得网络上可以访问各类信息，它提供了访问多媒体信息的接口。

第一代的网络，即 Web 1.0，主要是将网络上所有存在的信息链接起来。在 1.0 时代搜索工具，如谷歌、百度搜索引擎，通过关键词可以链接到各自网站。Web 2.0，致力于提供更多的原创内容，如微博、QQ 空间等。Web 3.0 时代，个性化的信息由应用程序自动产生供用户查看。例如，谷歌通过分析用户数据，自动地推送给用户关注领域的信息（如天气、交通或购物信息）。

3．可编程控制器技术

1968 年，美国最大的汽车制造商通用汽车公司为了适应汽车型号的不断翻新，想寻求一种新的方法，用新的控制装置取代继电器控制装置。1969 年，美国数字设备公司（DEC）研发成功第一台 PLC，应用于美国通用汽车自动装配生产线上，取得了极大的成功。

可编程控制器（Programmable Logic Controller，PLC）是集计算机技术、通信技术、自动控制技术（简称 3C 技术）为一体的新型工业控制装置。随着技术的发展，采用了微处理器作为可编程控制器的中央处理单元，使可编程控制器不仅可进行逻辑控制，而且还可对模拟量进行控制。

4．传感器技术

传感器作为信息获取的重要手段，与通信技术和计算机技术共同构成信息技术的三大支柱。传感器（sensor）是一种检测装置，能感受到被测量的信息，并能将感受到的信息，按一定规律变换成为电信号或其他所需形式的信息输出，以满足信息的传输、处理、存储、显示、记录和控制等要求。

传感器的特点包括微型化、数字化、智能化、多功能化、系统化、网络化。它是实现自动检测和自动控制的首要环节。传感器的存在和发展，让物体有了触觉、味觉和嗅觉等感官，让物体慢慢变得活了起来。通常根据其基本感知功能分为热敏元件、光敏元件、气敏元件、力敏元件、磁敏元件、湿敏元件、声敏元件、放射线敏感元件、色敏元件和味敏元件等十大类。

传感器广泛应用于社会发展及人类生活的各个领域，如工业自动化、农业现代化、航天技术、军事工程、机器人技术、资源开发、海洋探测、环境监测、安全保卫、医疗诊断、交通运输、家用电器等。

5. 云计算技术

云计算实现了通过网络提供可伸缩的、廉价的分布式计算能力。用户只需要在具备网络接入条件的地方，就可以随时随地获取所需要的各种 IT 资源。云计算代表了以虚拟化技术为核心、以低成本为目标、动态可扩展的网络应用基础设施，是近年来最有代表性的网络计算技术与模式。

云计算包括 3 种典型的服务模式，即 IaaS（基础设施即服务）、PaaS（平台即服务）和 SaaS（软件即服务）。关键技术包括虚拟化、分布式存储、分布式计算和多租户等。

6. 物联网技术

物联网是新一代信息技术的重要组成部分，具有广泛的用途，同时和云计算、大数据有着千丝万缕的联系。物联网是物物相连的互联网，是互联网的延伸。它利用无线传感网、局域网络或互联网等通信技术把传感器、控制器、机器、人员和物等通过新的方式连接在一起，形成人与物、物与物的相连，实现信息化和远程管理控制。

物联网的关键技术包括识别与感知技术、网络与通信技术、数据挖掘与融合技术、单片机和嵌入式系统开发技术等。

●任务 1.2.4　创建并使用自己的百度网盘

进入大学之后，大量的学习及相关资料需要保存，一些重要信息会伴随一生，如入学时的学籍注册信息、课堂上的课件、作业以及课程相关的软件等。你是否遇到过做好的作业存在 U 盘上，但当提交时却因无驱动或者感染病毒而打不开；是否也曾尝试将老师上课的课件传到邮箱里保存，却因文件太大无法上传；可能也会选择用微信文件助手来保存资料，但几天后便会过期。百度网盘将解除以上烦恼。

1. 百度网盘简介

百度网盘（原百度云）是百度推出的一项云存储服务，首次注册即有机会获得 2TB 的空间，已覆盖主流 PC 和手机操作系统，包含 Web 版、Windows 版、Mac 版、Android 版、iPhone 版和 Windows Phone 版。用户可以轻松将自己的文件上传到网盘上，并可跨终端随时随地查看和分享。

2. 下载和使用百度网盘

步骤 1：通过 https://pan.baidu.com/ 进入官网，如图 1-14 所示，单击【客户端下载】超链接打开客户端下载页面。

图 1-14 百度云盘官网

步骤 2：选择【Windows】版本，单击【下载 PC 版】按钮，如图 1-15 所示。

图 1-15 客户端下载

步骤 3：运行安装程序，安装向导会自动完成安装，安装完成后，进入网盘登录界面，如图 1-16 所示。

图 1-16 百度网盘登录界面

步骤 4：输入账号密码登录（如果首次使用，需要先注册账号），进入网盘界面。

步骤 5：单击【新建文件夹】按钮，创建新文件夹，如图 1-17 所示，如创建名为"大一年级"的文件夹。

图 1-17　新建文件夹

步骤 6：双击进入"大一年级"文件夹，单击【上传】按钮，上传文件"信息系统.doc"，如图 1-18 所示。

图 1-18　上传文件

步骤 7：选定文件后，单击【下载】按钮，可将文件下载到本地磁盘，如图 1-19 所示。

步骤 8：选定文件后，单击【分享】按钮，可创建分享链接。单击【复制链接及提取码】按钮，可复制链接及提取码并发送给好友，如图 1-20 所示，对方便可通过此信息查看文件信息。

15

图 1-19　下载文件

图 1-20　文件分享

如果想要扩容或者极速下载，可开通超级会员，享受更多的会员权限，如图 1-21 所示。

图 1-21　开通超级会员

▶ **同步训练**

1．什么是信息技术？谈谈你的理解。
2．跟同学交流信息系统各组件之间的关系。
3．论述信息技术如何改变我们的生活。
4．创建并使用自己的百度网盘。

项目 1.3　增强信息安全意识

▶ **项目描述**

　　信息技术就像一把双刃剑，在给人们的生活带来便利的同时，也会产生诸多的负面影响。信息安全已经成为全世界关注的问题，或许这将是人们在 21 世纪遇到的最棘手的问题。

　　计算机系统可能因为感染病毒而无法正常运行，网络黑客正试图侵入电子邮件、网上银行账户从而破解财产信息。一些数据平台会记录、分析和利用用户个人隐私，许多人甚至相信互联网、大数据和人工智能的未来将导致所有隐私的终结。

　　此项目将介绍在信息技术高速发展的今天，需要了解和掌握的信息安全的基础知识和技能，包括个人隐私、信息安全、法规道德等。

▶ **项目技能**

- 理解信息安全的基本概念。
- 熟悉信息安全的威胁种类。
- 掌握信息安全的防护技术。
- 会安装与使用常用的杀毒软件。

▶ **项目实施**

•任务 1.3.1　理解信息安全的基本概念

　　1. 个人隐私

　　隐私是指用户认为是自身敏感的且不愿意公开的信息。个人隐私分为 4 类：信息隐私，即个人数据的管理和使用，包括身份证号、银行账号、收入和财产状况、婚姻和家庭成员、医疗档案、消费和需求信息（如购物、买房、车、保险）、网络活动踪迹（如 IP 地址、浏览踪迹、活动内容）等；通信隐私，即个人使用各种通信方式和其他人的交流，包括电话、QQ、E-mail、微信等；空间隐私，即个人出入的特定空间或区域，包括家庭住址、工作单位以及个人出入的公共场所；身体隐私，即保护个人身体的完整性，防止入侵性操作。

　　个人隐私的泄露。互联网已经成为人们生活的一部分，留下了人们访问各大网站的数据足迹。在大数据环境下，这使人们的隐私泄露变得更加容易，时刻暴露在第三只眼下，如淘宝、

17

亚马逊、京东等各大购物网站都在监视着人们的购物习惯；百度、谷歌等监视人们的查询习惯；QQ、微博、电话记录等窃听了人们的社交关系网；监视系统监控着人们的 E-mail、聊天记录、上网记录等；Flash Cookies 泄露了人们的某些使用习惯或者位置等信息。广告商便会跟踪这些信息并推送相关的广告。企业获得大量的个人数据，会利用这些数据挖掘其蕴含的巨大价值，企业在处理数据的过程中造成隐私泄露问题有 4 个相关的数据维：信息的收集、误用、二次使用以及未授权访问。此外，业内人员可以对外发布数据，无授权的访问或窃取，把个人数据卖给第三方、金融机构或政府机构以及共享数据等。外患主要指外部人员为了获取数据，通过系统的漏洞对数据窃取，同时，研究者们也发现通过财务奖励补偿用户，可以鼓励他们进行信息发布，同样，如果用户想要获得个性化服务，他们可能会提供更多的个人信息。因此个人隐私的泄露不仅有企业的责任而且也有个人的因素，而个人隐私的泄露可能会影响到个人的情感、身体以及财务安全等多个方面。

2. 信息安全

信息安全是信息的影子，哪里有信息哪里就有信息安全。现代信息安全的基本内涵最早由信息技术安全评估标准（Information Technology Security Evaluation Criteria，ITSEC）定义。ITSEC阐述和强调了信息安全的 CIA 三元组目标，即保密性（Confidentiality）、完整性（Integrity）和可用性（Availability），具体含义是，保密性是指信息在存储、使用、传输过程中不会泄露给非授权用户或实体；完整性是指确保信息在存储、使用、传输过程中不会被非授权用户对系统及信息进行不恰当更改，保持信息内、外部表示的一致性；可用性是指确保授权用户或实体对信息及资源的正常使用不会被异常拒绝，允许授权用户实时可靠而及时地访问信息资源。

计算机安全包括保密性、完整性和可用性 3 个方面。从广义来讲，计算机安全要防止诸多不安全因素，包括物理上的不安全因素，如防火墙设施不完善、自然灾害、计算机自身的不安全、介质不安全、通信上的不安全因素。尤其是人，包括失职的系统管理员和系统攻击者的不安全因素。从软件角度来看，计算机安全涉及操作系统安全、数据库安全、网络安全 3 个方面。从攻击计算机软件安全的方式来看，则是多种多样。例如，特洛伊木马、病毒、蠕虫等各种威胁常常让人防不胜防，甚至各种手段相交叉。

网络信息安全是指保护网络系统的硬件、软件及其系统中的数据，不受偶尔的或者恶意的原因破坏、更改和泄露，保证系统连续可靠正常运行，网络服务不中断。

•任务 1.3.2　掌握信息安全技术

计算机系统和数据可能被入侵的方式有很多，然而，确保计算机及信息系统安全的方法也很多。信息安全技术主要用于防止系统漏洞，防止外部黑客入侵，防止病毒破坏和对可疑访问进行有效控制等。同时，还应该包括数据容灾与数据恢复技术，即在计算机发生意外、灾难时可以使用备份还原及数据恢复技术将系统的数据找回。

典型的信息安全技术有以下几类。

（1）加强用户账号的安全

用户账号的涉及面很广，包括系统登录账号和电子邮件账号、网上银行账号等应用账号，而获取合法的账号和密码是黑客攻击网络系统最常用的方法。弱密码是指密码简单，基本上几秒钟就会被攻破，而强密码也就是复杂的密码，黑客也许数十年也不会攻破。要设置强密码，首先是密码的长度至少要保证 8 位以上；其次是不要使用用户自身身份信息作为账号或密码；再次就是尽量采用数字与字母、特殊符号的组合的方式设置账号和密码，并且要尽量设置长密码并定期更换。

（2）安装防火墙和杀毒软件

网络防火墙技术是一种加强网络之间访问控制，防止外部网络用户以非法手段进入内网，访问内网资源，保护内网操作环境的特殊网络互联设备。它对两个或多个网络之间传输的数据包，按照一定的安全策略来实施检查，以决定网络之间的通信是否被允许，并监视网络运行状态。

个人计算机使用的防火墙主要是软件防火墙，通常和杀毒软件配套安装。杀毒软件是使用最多的安全技术，这种技术主要针对病毒，可以查杀病毒、防御木马及其他一些黑客程序的入侵。但要注意，杀毒软件必须及时升级到最新版本，才能有效地防毒。

（3）文件加密

信息在传递或者是在本地存储，都有可能被未授权者获取，文件加密是指对信息进行编码，使其变得不可读的过程。只有知道文件的加密密码才可以解码阅读。文件加密按加密途径可分为两类：一类是 Windows 系统自带的文件加密功能，另一类是采用加密算法实现的商业化加密软件。常用的文件加密软件有文件加密大师、Easy Code 等。

（4）容灾备份

数据备份是容灾的基础，是指为了防止出现操作失误或者系统故障导致数据丢失，而将全部或部分数据集合从应用主机的硬盘或阵列复制到其他存储介质的过程。传统的备份主要是采用内置或外置的磁带机进行冷备份，随着技术的不断发展、数据的海量增加，不少企业开始采用网络备份。

任务 1.3.3 安装和使用 360 安全卫士

用户有没有因为病毒感染，而导致计算机运行缓慢的经历？更糟糕的是一些恶意软件会窃取关键个人信息，或者使系统崩溃。大多数这样的问题可以通过计算机上运行的不断更新升级的杀毒软件程序来避免。此任务介绍如何下载和安装一个免费的杀毒软件。

1. 360 安全卫士

360 安全卫士是一款由奇虎 360 推出的永久免费杀毒防毒软件，拥有查杀木马、清理插件、修复漏洞、保护隐私等多种功能，并独创了"木马防火墙""网盾""核晶虚拟化防护"等功能，依靠抢先侦测和云端鉴别，可全面、智能地拦截各类木马，保护用户的账号、隐私等重要信息。

首先，在安装之前要确保计算机并没有安装任何杀毒软件，或者是卸载了已有的杀毒软件。

2. 下载和安装 360 安全卫士

步骤 1：通过 360 官网网址：https://www.360.cn/进入主页，如图 1-22 所示。

步骤 2：在导航栏中选择【软件下载】→【电脑安全】→【360 安全卫士】选项，进入下载页面，下载安全卫士 12.0，如图 1-23 所示。

步骤 3：运行安装程序并按照提示操作。

图 1-22　360 官网主页

图 1-23　360 安全卫士下载页面

3．使用 360 安全卫士

一般来说，防病毒程序会监视系统中的恶意软件，并自动更新。用户也可以手动下载更新升级，360 安全卫士主界面如图 1-24 所示。

图 1-24　360 安全卫士主界面

步骤 1：单击【立即体验】按钮，对计算机进行全面的扫描。

步骤 2：进入【木马查杀】页面，体验 360 安全卫士在拦截和查杀木马方面的专业效果。

步骤 3：体验其他功能。

- 漏洞修复：为系统修复高危漏洞和功能性更新。
- 系统修复：修复常见的上网设置、系统设置。
- 电脑清理：清理插件、清理垃圾和清理痕迹并清理注册表。
- 优化加速：加快开机速度。
- 电脑救援：自助方案、360 电脑专家人工在线、360 民间专家人工在线解决电脑问题。
- 软件管家：安全下载软件，小工具。
- 功能大全：提供几十种各式各样的功能。

同步训练

1. 什么是信息安全？说说你的理解。
2. 上网查看 Facebook 的信息泄密事件并写出案例分析。
3. 论述信息安全防护策略和技术。
4. 尝试下载并安装 360 安全卫士。

项目 1.4　实现高效的信息检索

项目描述

网络是一个相互关联网页的大规模集合，有如此多可用的信息，要想找到所需要的准确信息可能会比较困难。幸运的是，有一些搜索服务运营网站可以帮助快速定位所需要的信息。本项目将介绍关于信息检索的基础知识、信息检索网站的运营方式以及信息检索的实际应用。

项目技能

- 理解信息检索的基本概念。
- 熟悉各类搜索引擎。
- 会用中国知网检索文献。

项目实施

任务 1.4.1　了解信息检索的基本概念

1. 信息检索及分类

信息检索（Information Retrieval）是用户进行信息查询和获取的主要方式，是查找信息的方法和手段。信息检索有广义和狭义之分。广义信息检索是信息按一定的方式进行加工、整理、组织并存储起来，再根据信息用户特定的需要将相关信息准确地查找出来的过程，因此也称为信息的存储与检索。狭义的信息检索仅指信息查询，即用户根据需要，采用某种方法，借助检索工具，从信息集合中找到所需要的信息。

　　根据信息检索手段的不同，信息检索可分为手工检索和机械检索。手工检索即以手工翻检的方式，利用图书、期刊、目录卡片等工具来检索的一种手段，其优点是回溯性好，没有时间限制，不收费，缺点是费时效率低。机械检索是利用计算机检索数据库的过程，其优点是速度快，缺点是回溯性不好，且有时间限制。在机械检索中，网络文献检索最为迅速，将成为信息检索的主流。

　　按照检索对象的不同，信息检索又分为文献检索、数据检索和事实检索。这 3 种检索的主要区别在于数据检索和事实检索是需要检索出包含在文献中的信息本身，而文献检索则检索出包含所需要信息的文献即可。

　　2. 信息检索系统

　　如图 1-25 所示的信息检索系统最底层是 Web 资源层，最高层是用户层，中间层是 Web 信息检索系统，中间层可以进一步划分为 3 个层次，包括搜索引擎与目录、元搜索引擎、信息检索 agent。在层次分类中，每一层都建立在其下各层的基础之上，并向其上各层提供信息检索。

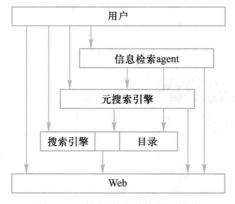

图 1-25　信息检索系统分层模型

　　搜索引擎是一种最为常见的 Web 信息检索系统，其基本思想是，使用 Robot 来遍历 Web，将 Web 上分布的信息下载到本地文档库；然后对文档内容进行自动分析并建立索引；对于用户提出的检索请求，搜索引擎通过检查索引找出匹配的文档（或链接）并返回给用户。在查询时，用户不需要知道搜索引擎中索引的具体组织形式。

　　目录与搜索引擎的工作方式不同。它并不使用 Robot 下载 Web 文档，而是由人工收集或者由 Web 站点的作者主动提交；目录一般也不对文档内容进行自动分析和建立索引，而是由人工对 Web 站点和文档进行评价、分类并给出简要描述。经过上述处理的 Web 信息资源按照主题分类并以树状的形式加以组织，从树的根节点逐层向下列出了从一般到特殊的分类及各级子类，而叶节点则包含指向 Web 信息资源的链接，用户可以通过浏览目录中的分类来查询 Web 信息。

　　元搜索引擎是对用户查询请求进行预处理，分别将其转换为若干个底层搜索引擎能处理的格式。向各个搜索引擎发送查询请求，并等待其返回检索结果。对检索结果进行处理后，向用户返回经过组合和处理后的检索结果。

　　信息检索 agent 提供了一种完全不同的 Web 信息检索模式，该系统基于用户驱动，即由用户显式地提出检索请求，系统给出响应，对 Web 信息进行监控并在出现用户感兴趣的新信息时主动通知用户，近年来引起了人们的巨大兴趣。虽然 agent 的定义仍然是一个悬而未决的问题，而且 agent 技术在很多方面存在争议，但是，在信息检索领域中，对 agent 的研究取得了十分丰富的成果。

• 任务 1.4.2　熟悉搜索引擎

搜索引擎（Search Engine）是一个对互联网信息资源进行搜索整理和分类，并存储在网络数据库中供用户查询的系统，包括信息搜集、信息分类、用户查询 3 部分。从用户的角度看，搜索引擎提供一个包含搜索框中的页面，在搜索框中输入词语，通过浏览器提交给搜索引擎后，就会返回和用户输入内容相关的信息列表。其实，搜索引擎涉及多领域的理论和技术，如数字图书馆、数据库、信息检索、信息提取、人工智能、机器学习、自然语言处理、计算机语言学、统计数据分析、数据挖掘、计算机网络、分布式处理等，具有综合性和挑战性。

对普通网民而言，搜索引擎仅仅是一种查询工具，作为工具，用户要了解搜索引擎的功用、性能，探讨并掌握其使用方法和技巧。对商家来说，搜索引擎是一种赢利的产品或服务。作为产品，搜索引擎开发商要研制、改进和创新其搜索技术；作为服务，搜索引擎营销商要研究搜索引擎优化和推广。利用搜索引擎的目的不同，构成了搜索引擎研究的不同群体和对搜索引擎不同角度不同侧重的研究。常用的搜索引擎见表 1-1。

表 1-1　常用搜索引擎

网站名称	网　　址
Baidu	http://www.baidu.com/
360 搜索	https://www.so.com/
Google	http://www.google.com/

百度是全球最大的中文搜索引擎与中文网站。2000 年 1 月由李彦宏创立于北京中关村，致力于向人们提供"简单、可依赖"的信息获取方式。"百度"二字源于中国宋朝词人辛弃疾的《青玉案·元夕》词句"众里寻他千百度"，象征着百度对中文信息检索技术的执著追求，如图 1-26 所示。

图 1-26　百度搜索引擎

360 综合搜索，属于元搜索引擎，是搜索引擎的一种，它通过一个统一的用户界面帮助用户在多个搜索引擎中选择和利用合适的（甚至是同时利用若干个）搜索引擎来实现检索操作，是对分布于网络的多种检索工具的全局控制机制，如图 1-27 所示。

Google（中文名"谷歌"），是一家美国的跨国科技企业，致力于互联网搜索、云计算、广告技术等领域，开发并提供大量基于互联网的产品与服务，如图 1-28 所示。

图 1-27　360 搜索引擎

图 1-28　谷歌搜索引擎

•任务 1.4.3　掌握中国知网的论文检索

作为一名大学生，要了解本专业或学科的知识，仅仅靠课堂上老师所讲是远远不够的，还要了解一些学科前沿、专业发展动态和行业产业动态。中国知网就提供了这样的信息平台。

1．中国知网简介

中国知网是指中国国家知识基础设施资源系统，其英文名称为 China National Knowledge Infrastructure，简称 CNKI。CNKI 工程是以实现全社会知识资源传播共享与增值利用为目标的信息化建设项目，由清华大学、清华同方发起，始建于 1999 年 6 月。

中国知网目前是目前全球最大的中文数据库，涵盖的资源丰富，主要包括期刊、学位论文、会议、报纸、专利、标准、科技成果、年鉴、工具书、职业标准等。平台通过数据整合技术、数据挖掘技术、定制系统、推送系统、知网节技术等关键技术，提供专业的文献检索、知识元搜索、引文统计分析等信息检索服务。

2．使用中国知网检索论文

步骤 1：百度搜索"中国知网"，或者通过网址https://www.cnki.net/进入中国知网首页，如图 1-29 所示。

图 1-29　中国知网首页

中国知网的检索类型包括文献检索、知识元检索和引文检索，此处选择【文献检索】，中国知网导航栏下方提供 3 类平台资源，包括行业知识服务与知识管理平台、研究学习平台、专题知识库，用户可根据需要自行查看。

步骤 2：一般检索可通过相应的检索字段查询，检索字段包括主题、关键词、作者、单位、文献来源等，此处以【关键字】检索字段为例，如图 1-30 所示。

图 1-30　一般检索

步骤 3：检索字段选择【关键字】，在其文本框中输入内容"信息技术"，如图 1-31 所示。

检索结果以列表的形式显示，可选择按照主题、发表年度、研究层次等方式分组浏览。同时可对检索结果列表按照相关度、发表时间、被引量和下载量进行排序。

图 1-31　关键字检索

步骤 4：按照【研究层次】分类，选择【高等教育】类，并且按照【被引】降序将检索结果列表进行排序，如图 1-32 所示。

单击文章标题，可查看文章摘要、关键字、分类等内容，页面右上角提供记笔记、导出参考文献等功能，页面底部提供网页在线阅读、CAJ 文件下载或 PDF 文件下载功能。CAJ 文件类型需要下载中国知网专用的全文格式浏览器来打开（官网下载地址 https://www.cnki.net/software/xzydq.htm）。

图 1-32　排序

步骤 5：单击引用最高的一篇文章《微信公众平台在高校教育领域中的应用研究》，进入文章概况页面，如图 1-33 所示。

图 1-33　文章概况页

如果要高效快捷地定位到某篇文章，在高级检索中可增加多个检索条件，两两条件之间的逻辑关系有并含、或含、不含 3 类，并含要求两条件同时都需要满足，或含表示满足其一即可，不含表示排除后面的条件。同时还可增加"发表时间""文献来源""支持基金"等控制信息来逐步缩小检索范围。

步骤 6：首页选择【高级检索】进入高级检索页，输入检索条件关键词和作者信息，并将筛选结果按照【发表时间】降序进行排序，如图 1-34 所示。

图 1-34 高级检索

步骤 7：单击文章页面右上角的【记笔记】按钮，可以进入中国知网的记笔记平台，在该平台中，既可以看到文章的全部内容，又可以显示其大纲结构，在阅读的同时还可使用画线、笔记、文摘、复制等工具按钮，平台的右窗格可以查看自己的学习笔记、文章的参考文献信息和被引文献信息，如图 1-35 所示。

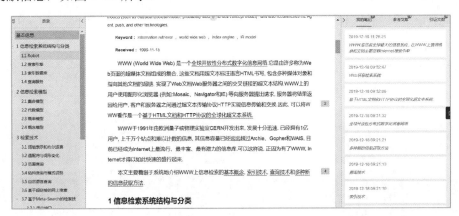

图 1-35 记笔记

▶ **同步训练**

1. 什么是信息检索？说说你对信息检索系统分层结构的理解。

2. 利用百度搜索引擎查找常用软件的下载网站有哪些？

3. 通过知网检索并下载一篇专业相关的论文。

模块 2
计算机办公基础

在当今大数据时代，越来越多的单位开始实行无纸化办公，而计算机是无纸化办公中必不可少的设备，它能有效地提高工作效率、促进协同办公，同时能够最大限度地降低办公成本。因此，办公人员必须要掌握计算机的基本使用方法、Office 办公软件和办公设备的使用等。

项目 2.1　搭建计算机办公硬件平台

▶ **项目描述**

某科技有限公司因业务扩大，急需购买部分计算机设备，请你帮该公司列出一份设备采购清单。

▶ **项目技能**

- 了解计算机的组成。
- 掌握计算机基本硬件设备的选购技能。
- 掌握计算机扩展硬件设备的选购和使用技能。
- 掌握组装计算机的技能。

▶ **项目实施**

任务 2.1.1　了解计算机的组成

计算机系统包括硬件系统和软件系统两大部分。

硬件是指组成计算机的各种物理设备，也就是计算机中那些看得见、摸得着的实际物理设备，包括计算机的主机和外部设备。

软件是指计算机系统中的程序及其文档。程序是计算机任务的处理对象和处理规则的描述，文档是为了了解程序而需要的阐明性资料。一般把软件系统分成系统软件和应用软件两大类。系统软件是管理和维护计算机资源的软件，包括操作系统、维护服务程序、程序设计语言、解释编译系统和数据库管理系统等。应用软件指除了系统软件之外的其他所有软件。

如图 2-1 所示是计算机系统的组成结构。

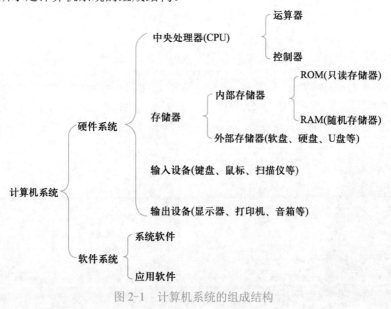

图 2-1　计算机系统的组成结构

任务 2.1.2　选购计算机基本硬件设备

通常情况下，一台计算机的基本硬件设备包括 CPU、内存、主板、硬盘、显卡、声卡、网卡、光驱、显示器、键盘、鼠标、机箱等。

1. 选购 CPU

CPU 也叫中央处理器，由运算器和控制器组成，是一台计算机的运算和控制核心，作用和人的大脑类似，负责处理、运算计算机内部的所有数据。在整个计算机系统中，CPU 应该是最先选购的配件，只有确定 CPU，才能选购相应的主板。

目前市场上较为主流的是四核 CPU，也不乏六核和八核等更高性能的 CPU。Intel（英特尔）和 AMD（超微）是目前较为知名的两大 CPU 品牌。

因为科技公司对计算机运算能力要求较高，从 CPU 性能、用途、性价比、质保等多方面综合考虑，决定选择 Intel Core i7 8700，这是一款六核十二线程的 CPU，采用先进的 Skylake 架构，相比上一代 Intel Core i5 处理器有大幅改进和强化，频率更高、缓存更大、可寻址内存更大，其外观如图 2-2 所示。

2. 选购内存

内存用于暂时存放 CPU 中的运算数据以及与硬盘等外部存储器交换的数据，是计算机中的重要部件之一。内存的容量与性能是决定计算机整体性能的一个决定性因素，即使 CPU 主频很高，硬盘容量很大，但如果内存容量很小，计算机的运行速度也快不了。

目前，主流计算机多采用 8 GB、16 GB 的 DDR4 内存。考虑到较大的内存空间可以保证内存容量不会成为系统性能的瓶颈，最后决定选用一根 8 GB 的金士顿 DDR4 内存条，工作频率为 2400 MHz，其外观如图 2-3 所示。

图 2-2　Intel Core i7 8700　　　　　　图 2-3　DDR4 内存条

📖 **扩展知识**

位、字节、字是计算机数据存储的单位。

- 位：英文 bit，音译为"比特"，位是计算机内部数据储存的最小单位，其值为"0"或"1"，一个二进制数就是一位（1 bit）。一个二进制位只可以表示 0 和 1 两种状态（2^1）；两个二进制位可以表示 00、01、10、11 这 4 种（2^2）状态；3 位二进制数可表示 8 种状态（2^3）等。
- 字节：英文 Byte，习惯上用大写的"B"表示。字节是计算机内部数据存储的基本单位。1 字节表示 8 个二进制数。在计算机内部，一个字节可以表示一个数据，也可以表示一个英文字母，两个字节可以表示一个汉字，1 B = 8 bit。

- 字（word）：计算机进行数据处理时，一次存取、加工和传送的数据长度称为字。一个字通常由一个或多个（一般是字节的整数位）字节构成。计算机的字长决定了其 CPU 一次操作处理实际位数的多少，由此可见计算机的字长越大，其性能越优越。

- 计算机内存容量通常用 KB、MB、GB 或 TB 表示，它们之间的换算关系如下：

1 Byte = 8 bit

1 KB = 1024 B

1 MB = 1024 KB

1 GB = 1024 MB

1 TB = 1024 GB

3．选购主板

主板又称系统板或母板（Mather Board），是计算机系统中极为重要的部件。主板一般为矩形电路板，上面安装了组成计算机的主要电路系统，并集成了各式各样的电子零件和接口。如果把 CPU 比作计算机的"大脑"，那么主板就是计算机的"躯干"。几乎所有的计算机部件都是直接或间接连接到主板上的，主板性能对整机的速度和稳定度都有极大影响。同时，需要注意不同的主板支持的 CPU 不尽相同，另外，有些主板集成了声卡、显卡或者网卡。

根据所选择的 CPU 型号，经过挑选，决定选用华硕 TUF Z370-PLUS GAMING 主板，如图 2-4 所示。这款主板支持 i7 处理器，集成声卡和网卡，提供 4 个 DDR4 插槽、2 个 PCI-E X16 显卡插槽、4 个 PCI-E X1 显卡插槽、2 个 M.2 接口、6 个 SATA III 接口和其他基本的鼠标键盘及 USB 接口等。

4．选购硬盘

硬盘是计算机最重要的外部存储器，计算机正常运行所需的大部分软件都存储在硬盘上。硬盘有机械硬盘（HDD）、固态硬盘（SSD）、混合硬盘（HHD）。

机械硬盘（HDD）也即传统硬盘，由一个或多个铝制或者玻璃制的碟片组成，这些碟片外覆盖有铁磁性材料，所有的碟片都装在一个旋转轴上，每张碟片之间是平行的，在每个碟片的存储面上有一个磁头，磁头与碟片之间的距离比头发丝的直径还小，所有的磁头连在一个磁头控制器上，由磁头控制器负责各个磁头的运动，目前常见的容量为 1 TB 或 2 TB，如图 2-5 所示。

图 2-4　华硕 TUF Z370-PLUS GAMING 主板

图 2-5　机械硬盘

固态硬盘（SSD）是用固态电子存储芯片阵列而制成的硬盘，如图 2-6 所示。它在接口的规范和定义、功能及使用方法上与机械硬盘完全相同。由于固态硬盘内部不存在任何机械部件，因此具有读写速度快、仿真抗摔性强、功耗低、无噪声、工作温度范围大、轻便等优点，缺点是容量小、寿命有限、售价高。

混合硬盘（HHD）是一块基于传统机械硬盘诞生出来的新硬盘，除了机械硬盘必备的碟片、马达、磁头等，还内置了闪存颗粒，这些颗粒将用户经常访问的数据进行存储，可以达到如 SSD 效果的读取性能，如图 2-7 所示。

图 2-6　固态硬盘

图 2-7　混合硬盘

由于科技公司平时数据运算量较大，需要配置大容量硬盘，因此选用 2 TB 的西部数据蓝盘 WD20EZRZ，接口速率达到 6 Gbit/s，转速为 5400 RPM，数据缓存为 64 MB。

5. 选购显卡

显卡又称为显示卡（Video Card），是计算机中一个很重要的组成部分，承担输出显示图形的任务。主流显卡的显示芯片主要由NVIDIA（英伟达）和AMD（超威半导体）两大厂商制造，通常将采用 NVIDAI 显示芯片的显卡称为 N 卡，而将采用 AMD 显示芯片的显卡称为 A 卡。

显卡的价格从几百元到几千元不等，在选购显卡时，一方面要注意显示芯片和显存，另一方面也要考虑品牌的因素，这里选用影驰 GeForce GTX 1650 大将显卡，如图 2-8 所示，价格为 1293 元。这款显卡拥有 4 GB 显存、12000 MHz 频率和强大的 3D 图形处理功能。

6. 选购光驱

光驱是对光盘上存储的信息进行读写操作的设备，如图 2-9 所示。光驱可分为CD-ROM 光驱、DVD 光驱（DVD-ROM）、康宝（COMBO）和刻录机等。CD-ROM光驱又称为致密盘只读存储器，是一种只读的光存储介质。DVD 光驱是一种可以读取 DVD 碟片的光驱。康宝（COMBO）光驱是一种集合了 CD 刻录、CD-ROM 和 DVD-ROM 为一体的多功能光存储产品。刻录机包括了 CD-R、CD-RW和 DVD刻录机以及蓝光刻录机等，使用刻录机可以刻录音像光盘、数据光盘、启动盘等，方便存储数据和携带。

图 2-8　影驰 GeForce GTX 1650 大将显卡

图 2-9　光驱

不过，随着 U 盘和移动硬盘的普及，作为曾经最主要的媒体文件存储介质，光驱的使用人群也在逐渐减少，而最新的台式机和笔记本电脑也都去掉了光驱的装配。

7. 选购机箱和电源

机箱作为计算机配件中的一部分，它起的主要作用是放置和固定各计算机配件，起到一个承托和保护作用。此外，计算机机箱具有屏蔽电磁辐射的重要作用。

机箱一般包括外壳、支架、面板上的各种开关、指示灯等。外壳用钢板和塑料结合制成，硬度高，主要起保护机箱内部元件的作用。支架主要用于固定主板、电源和各种驱动器。

机箱有很多种类型。现在市场比较普遍的是 AT、ATX、Micro ATX 以及最新的 BTX-AT 机箱。ATX 机箱是目前最常见的机箱，支持现在绝大部分类型的主板。Micro ATX 机箱是在 AT 机箱的基础之上建立的，为了进一步节省桌面空间，因而比 ATX 机箱体积要小一些。各个类型的机箱只能安装其支持类型的主板，一般不能混用，而且电源也有所差别，所以在选购时一定要注意。

主机电源是一种安装在主机箱内的封闭式独立部件，它的作用是将交流电变换为+5 V、–5 V、+12 V、–12 V、+3.3 V、–3.3 V 等不同电压、稳定可靠的直流电，供给主机箱内的系统板、各种适配器和扩展卡、硬盘驱动器、光盘驱动器等系统部件及键盘和鼠标使用。

根据所选主板的型号，经过挑选，决定选用先马黑洞机箱，如图 2-10 所示。该机箱有 2 个 USB2.0 接口，2 个 USB3.0 接口，采用高分子树脂吸音棉，主动降噪，静音效果非常好，此外还有一个控制风扇转速的调速开关，方便用户在散热与静音之间相互平衡。电源选择先马金牌 500W，如图 2-11 所示。该电源额定功率为 500W，提供 1 个 20+4pin 主板接口、1 个 4+4pinCPU 接口、2 个 6+2pin 显卡接口、4 个硬盘接口。

图 2-10　先马黑洞机箱　　　　　　　　图 2-11　先马金牌 500W 电源

8. 选购显示器

显示器是计算机重要的输出设备，计算机操作的各种状态、结果以及编辑的文本、程序、图形等都是在显示器上显示出来的。目前，液晶显示器以其低辐射、功耗小、可视面积大、体积小及显示清晰等优点，成为计算机显示器的主流产品。经过挑选，决定选用三星 C27F390FHC 显示器，如图 2-12 所示。

9. 选购键盘、鼠标

键盘是最常用也是最主要的输入设备，通过键盘可以将英文字母、数字、标点符号等输入到计算机中，从而向计算机发出命令、输入数据等。键盘的外形分为标准键盘和人体工程学键盘。键盘的接口有PS/2 接口和 USB 接口。

鼠标是计算机的一种外接输入设备，也是计算机显示系统纵横坐标定位的指示器，因形似老鼠而得名。通过鼠标可以完成移动光标、单击、双击等多种操作。鼠标按照接口可以分为PS/2鼠标和 USB 鼠标，按照工作原理可以分为机械鼠标和光电鼠标两种，按照有无连接线可分为有线鼠标和无线鼠标。

经过挑选，最终选用双飞燕 WKM-1000 针光键鼠套装，如图 2-13 所示。

图 2-12　三星 C27F390FHC 显示器

图 2-13　双飞燕 WKM-1000 针光键鼠套装

10. 制作配置报价单

经过前面的精心挑选，最终的计算机配置单见表 2-1。

表 2-1　计算机配置单

配件名称	配件型号	价格（元）
CPU	Intel Core i7 8700（盒装）	2499
内存	金士顿骇客神条 FURY 8 GB DDR4 2400	259
主板	华硕 TUF Z370 PLUS GAMING	1299
硬盘	西部数据蓝盘 2 TB SATA6 Gb/s 64 M	399
显卡	影驰 GeForce GTX 1650 大将	1293
声卡	主板集成	0
网卡	主板集成	0
机箱	先马黑洞	299
电源	先马金牌 500W	289
显示器	三星 C27F390FHC	1139
键盘、鼠标	双飞燕 WKM-1000 针光键鼠套装	69
合计		7545

任务 2.1.3　选购计算机扩展硬件设备

1. 选购打印机

打印机（Printer）是计算机的输出设备之一，用于将计算机处理结果打印在相关介质上。衡量打印机好坏的指标有 3 项：打印分辨率、打印速度和噪声。打印机按工作方式分为激光打印机、喷墨打印机、针式打印机等。

激光打印机打印速度快，清晰度高，噪声小，故障少，使用和维护很方便，可以批量打印，但价格较贵，如图 2-14 所示。喷墨打印机打印照片色彩艳丽，细节清晰，层次丰富，但批量打印能力相对较差，打印速度较慢，不适合批量打印，容易出现与墨水相关故障，如喷头堵塞，墨水混入气泡影响打印质量，维护比较麻烦，如图 2-15 所示。针式打印机使用打印针撞击色带和打印介质，进而打印出点阵，再由点阵组成字符或图形来完成打印任务的。针式打印机一次可以多联打印，因此也是票据专用打印机，如图 2-16 所示。

图 2-14　激光打印机　　　　　　　图 2-15　喷墨打印机

随着科技的发展，在激光打印机的基础上发展而来的兼有打印、复印和扫描等功能的多功能一体机的出现，使得用户可以一站式完成各项日常办公作业，没有了往返奔波的辛苦和忙乱。由于一体机是一个功能整合性单体设备，所以不像多台单功能设备系统那样，需要占用较大的空间，同时也减轻了维护量，降低了管理成本。激光一体机在企业办公中的应用，给用户带来了节约成本、提高效率的新型数字办公方式，深受用户的欢迎。目前，比较知名的品牌有 HP、佳能、三星等。

对于科技公司，日常工作中各种文件的打印、复印和扫描都是必不可少的，因此根据企业需要，决定选用 HP M126nw 激光多功能一体机，如图 2-17 所示。该一体机涵盖打印、复印、扫描功能，支持无线、有线网络打印，性能稳定。

图 2-16　针式打印机　　　　　　图 2-17　HP M126nw 激光一体机

2．选购移动存储设备

移动存储设备是指可以在不同的终端间移动的存储设备，方便了资料的存储和转移。目前较为普遍的移动存储设备主要有移动硬盘和 U 盘。

移动硬盘，主要指采用 USB 或 IEEE1394 接口，可以随时插上或拔下，小巧而便于携带的硬盘存储器，可以较高的速度与系统进行数据传输。目前市场上主流的移动硬盘容量有 1 TB、2 TB 等。

U 盘，全称"USB 接口闪存盘"，英文名 USB Flash Disk。它是一种使用 USB 接口的无须物理驱动器的微型高容量移动存储产品，通过 USB 接口与电脑连接实现即插即用。其最大的特点就是小巧便于携带、存储容量大、价格便宜，是常用的移动存储设备之一。目前市场上主流的 U 盘容量有 16 GB、32 GB、128 GB 等。

大数据时代已经来临，人们在工作生活中难免需要经常交换大量数据，如手机照片、文档、视频等，因此根据需要，决定选购 20 个金士顿 DataTraveler SE9 G2 3.0（64 GB）U 盘（如图 2-18 所示）、15 个希捷 Backup Plus Slim 1 TB（STDR1000300）移动硬盘（如图 2-19 所示）。

图 2-18 金士顿 SE9 G2 3.0（64 GB）U 盘 　　　图 2-19 希捷 Backup Plus Slim 1TB 移动硬盘

3. 选购路由器

路由器是连接两个或多个网络的硬件设备，可以用来建立局域网，实现办公室多台计算机同时上网，也可以将有线网络转换为无线网络。如今手机、平板电脑的广泛使用，使路由器成为不可缺少的网络设备。经过挑选，选用腾达 W18E 路由器，如图 2-20 所示。

图 2-20 腾达 W18E 路由器

•任务 2.1.4 连接计算机外部设备

1. 了解机箱背面接口

计算机采购回来后，首先要做的就是将其外部设备连接好才能开始使用。在连接这些外部设备前，需要把机箱背面的各个接口先认识清楚，各接口名称如图 2-21 所示。

图 2-21 机箱背面接口图

2．连接各外部设备

认识清楚机箱背面的各个接口之后，下面的工作就是按各接口功能将计算机外部各设备连接好。按照键盘→鼠标→显示器→打印机→网线→电源的顺序依次将各外部设备与机箱连接起来。连接的时候注意键盘的 PS/2 接口是紫色的，鼠标的 PS/2 接口是绿色的，不要连错。

3．开机检查各连接是否正常

按下机箱的电源开关，如果可以看到电源指示灯亮起，硬盘指示灯闪烁，显示器显示开机画面，并进行自检，这时表明计算机连接成功，开始正常工作。如果开机加电测试时没有任何警告音，也没有一点反应，则应该重新检查各个设备是否正确连接，供电电源是否有问题，显示器信号线是否连接正常等。

▶ **同步训练**

1．公司的同事需要配一台家用计算机，请帮他列一个配置清单。
2．请你帮助同事选购一台适合家用的打印机和路由器，同时再购买一个移动硬盘。
3．请你帮助同事将购买回来的计算机设备连接起来。

项目 2.2　搭建计算机办公软件平台

▶ **项目描述**

公司购买了计算机及其相关设备后，所面对的是硬盘没有分区和操作系统未安装的裸机，接下来需要对购买的计算机进行硬盘分区、安装操作系统、安装驱动程序、安装应用软件等一系列的操作，才能搭建好计算机办公软件平台，使之发挥作用。

▶ **项目技能**

- 掌握硬盘分区的方法。
- 掌握安装操作系统的方法。
- 具备安装驱动程序的技能。

▶ **项目实施**

•任务 2.2.1　硬盘分区

1．了解硬盘分区的概念

硬盘的容量通常都比较大，现在 PC 的标准配置中，硬盘的容量都在 2 TB 以上。硬盘的分区就是将一个硬盘分成多个独立的区域，相互之间保持一定的独立和联系。新硬盘只有分区和格式化后才能使用。硬盘好比一个柜子，分区就是将这个柜子划分成一个一个的抽屉，安装操作系统和软件就相当于在抽屉里放置物品。分区规定了硬盘的使用范围，不同用户对分区有不同的要求，不同容量的硬盘，分区也可能会有很大的差别。硬盘的分区正如大柜子的使用，其中的隔板即组成逻辑分区（表现为一个个的逻辑盘符），有着不分区绝对无法比拟的好处。硬盘的分区归纳起来主要有以下优点。

① 便于硬盘的规划、文件的管理。可以将不同类型、不同用途的文件，分别存放在硬盘分区后形成的逻辑盘中。对于多部门、多人员共用一台计算机的情况，也可以将不同部门、不同人员的文件，存放在不同的逻辑盘中，以利于分类管理，互不干扰，避免用户误操作（误执行格式化命令、删除命令等）而造成整个硬盘数据的丢失。

② 有利于病毒的防治和数据的安全。硬盘的多分区结构更有利于对病毒的预防和清除。对装有重要文件的逻辑盘，可以用工具软件设为只读，减少文件型病毒感染的概率。即使病毒造成系统瘫痪，由于某些病毒只攻击 C 盘，也可以保护其他逻辑盘的文件，从而把损失降到最低。

在计算机的使用中，系统盘（通常是 C 盘）因各种故障而导致系统瘫痪，这时往往要对 C 盘做格式化操作。如果 C 盘上只装有系统文件，而所有的用户数据文件都放在其他分区和逻辑盘上，这样即使格式化 C 盘也不会造成太大的损失，最多是重新安装系统。数据文件却得到了保护。

③ 可有效利用磁盘空间。硬盘以簇为单位为文件分配空间，而簇的大小与分区大小密切相关。划分不同的大小的分区和逻辑盘，可减少磁盘空间的浪费。

④ 提高系统运行效率。系统管理硬盘时，如果对应的是一个单一的大容量硬盘，无论是查找数据还是运行程序，其运行效率都没有分区后的效率好。

⑤ 便于为不同的用户分配不同的权限。在多用户多任务操作系统下，可以为不同的用户制定不同的权限。文件放置在不同的逻辑盘上，比放置在同一逻辑盘的不同文件夹内效果更好。

⑥ 安装多个操作系统时，可能需要使用不同类型的文件系统，这也只能在不同的分区上实现。

⑦ 分区后逻辑盘容量比较小，有利于提高文件系统性能。

2. 硬盘分区的规划

硬盘分区对计算机的正常运行以及系统的维护有着极其重要的作用。合理的分区，可以使整理系统时变得更加轻松。如果分区不合理，在以后的使用中计算机将会出现很多问题，如速度下降、系统不稳定等。因此对硬盘合理分区非常重要。当然，磁盘的分区并不是一成不变的，随着硬盘实际容量的不同和用户具体需求的不同，分区都会有差异。但是无论具体需求如何，硬盘分区一般都应坚持以下几个划分原则。

① 系统分区（即操作系统安装区域）不要过大，一般不能超过硬盘容量的 2/5，否则会降低机器的运行速度。安装 Windows 10 操作系统时，建议以系统分区在 50 GB 以上。

② 安装多个系统时，一定要把不同的系统安装在不同的分区中。

③ 系统和软件安装在不同分区，对于想使用虚拟光驱的用户，一定要划分一个足够大的分区，以便在使用的时候能有足够的硬盘空间。

④ 不同类型的文件一定要按照分区存放，否则一旦需要整理却无从下手。

⑤ 一定要划分出专门或特定的分区，做好文件与系统的备份。

3. 硬盘分区常用软件

常用的硬盘分区软件有很多，如 DM、DiskGenius、PartitionMagic、系统自带的磁盘管理工具等，用户可以根据不同的需求选择适合自己的分区软件。

任务 2.2.2　安装 Windows 10 操作系统

1. 制作安装介质

准备一个 8 GB 以上的 U 盘，插到计算机上，打开微软官方网站的 Windows 10 下载页面（https://www.microsoft.com/zh-cn/software-download/windows10），单击【立即下载工具】超链接，如图 2-22 所示。

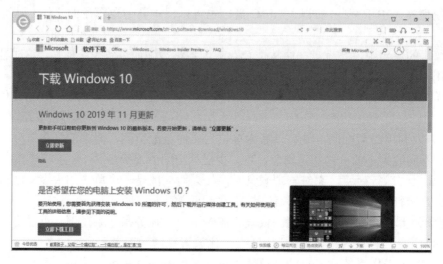

图 2-22　Windows 10 下载页面

在弹出的【新建下载任务】对话框中将【下载到】路径选择为 U 盘，下载完成后，U 盘中出现一个名为 MediaCreationTool1909.exe 的可执行文件，如图 2-23 所示。

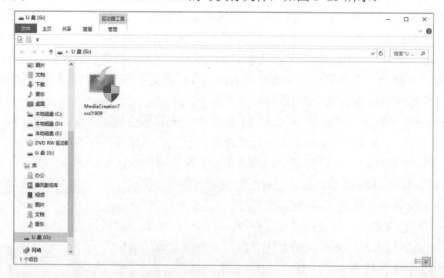

图 2-23　制作安装介质的工具

40

双击该文件图标，弹出 Windows 10 安装程序【适用的声明和许可条款】对话框，单击【接受】按钮，如图 2-24 所示。

在弹出的【你想执行什么操作】对话框中选中【为另一台电脑创建安装介质】单选按钮，单击【下一步】按钮，如图 2-25 所示。选择相应的【语言】【版本】和【体系结构】，单击【下一步】按钮，如图 2-26 所示。

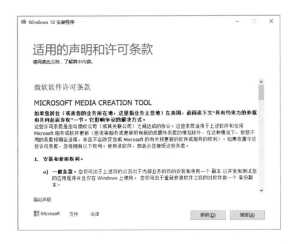

图 2-24　适用的声明和许可条款

图 2-25　选择要执行的操作

选择要使用的介质为 U 盘，单击【下一步】按钮，如图 2-27 所示。系统开始下载 Windows 10，下载完成后，系统会自动创建 Windows 10 介质，如图 2-28 所示。

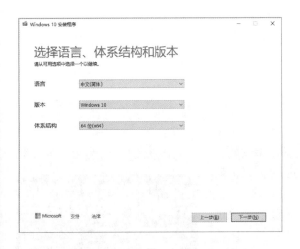

图 2-26　选择语言、体系结构和版本

图 2-27　选择要使用的介质

当进度达到 100% 后，Windows 10 介质就创建好了，弹出【你的 U 盘已准备就绪】对话框，如图 2-29 所示，单击【完成】按钮即可。此时 U 盘的名称变为【ESD-USB】，打开 U 盘即可看到 Windows 10 的安装程序，U 盘启动盘已经创建完成，如图 2-30 所示。

图 2-28 创建 Windows 10 介质

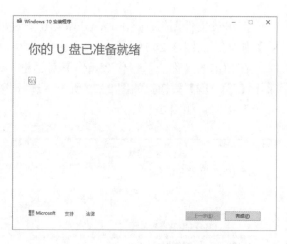

图 2-29 U 盘准备就绪

图 2-30 U 盘启动盘内容

2. 设置 BIOS

将 U 盘启动盘插到需要安装 Windows 10 操作系统的计算机上，在使用 U 盘启动盘安装 Windows 10 操作系统之前，需要通过设置 BIOS 将计算机的第一启动方式设置为 U 盘启动。

开机时在首界面按快捷启动键进入 BIOS，不同的计算机根据主板的型号按不同的快捷启动键。由于该科技公司选购的主板型号是华硕 TUF Z370-PLUS GAMING，因此开机时在首界面按 F8 键进入 BIOS 设置界面，【boot device】选项设置为【SanDisk】，即 U 盘启动，如图 2-31 所示。保存设置并重启。

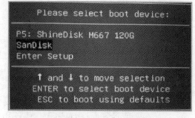

图 2-31 设置 U 盘启动

3. 安装 Windows 10

重启完成后打开 U 盘，双击 setup 程序图标，开始安装 Windows 10 操作系统。首先将【要安装的语言】和【时间和货币格式】都设置为【中文（简体，中国）】，【键盘和输入方法】设置为【微软拼音】，单击【下一步】按钮，如图 2-32 所示。单击【现在安装】，开始安装 Windows 10 操作系统，如图 2-33 所示。

图 2-32 设置语言和其他首选项

图 2-33 现在安装界面

输入产品密钥，单击【下一步】按钮，如图 2-34 所示。根据个人需要选择要安装的操作系统，建议选择【Windows 10 专业版】，单击【下一步】按钮，如图 2-35 所示。

图 2-34 输入产品密钥

图 2-35 选择要安装的操作系统

选择安装类型为【自定义：仅安装 Windows 高级（C:）】，如图 2-36 所示。选择将 Windows 安装在 C 盘，单击【下一步】按钮，如图 2-37 所示。

图 2-36 选择安装类型

图 2-37 选择安装位置

接下来请耐心等待安装完成，系统安装完毕后，会弹出【Windows 需要重启才能继续】对话框，单击【立即重启】按钮或者等待系统 10 秒后自动重启。

计算机重启后，需要等待系统进一步安装设置，此时屏幕上会显示【快速上手】界面，单击【使用快速设置】按钮，如图 2-38 所示。

图 2-38　快速上手

此时，系统会自动获取关键更新，并打开【谁是这台电脑的所有者？】界面，选择【我拥有它】选项，单击【下一步】按钮，进入【为这台电脑创建一个账户】界面，输入要创建的用户名、密码和提示内容，如图 2-39 所示。单击【下一步】按钮，进入 Windows 10 桌面，如图 2-40 所示。

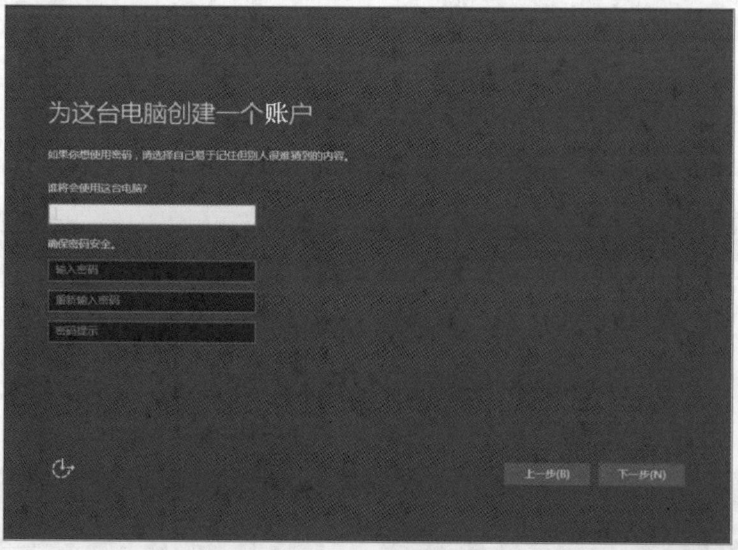

图 2-39　创建账户

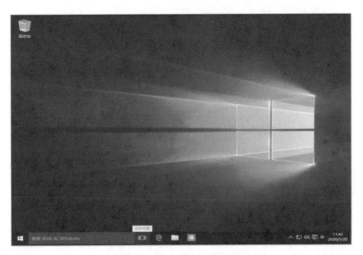

图 2-40　Windows 10 桌面

任务 2.2.3　安装显卡驱动程序

安装完操作系统后，接下来的工作就是安装各种硬件设备的驱动程序。如果不安装驱动程序，硬件设备就无法在操作系统下正常工作。公司此次采购的计算机的主板集成了声卡和网卡，因此主板驱动程序中还自带了声卡和网卡的驱动程序，但是没有安装显卡的驱动程序，为了保障计算机的正常使用，接下来需要给计算机安装显卡驱动程序。

步骤 1：右击【开始】按钮，在弹出的快捷菜单中选择【设备管理器】命令，查看硬件情况及驱动程序，如图 2-41 所示。

步骤 2：在打开的【设备管理器】窗口中找到【显示适配器】，单击其左侧的箭头【>】，显示出本机安装的显卡型号。右击显卡，在弹出的快捷菜单中选择【更新驱动程序】命令，如图 2-42 所示。

图 2-41　打开设备管理器

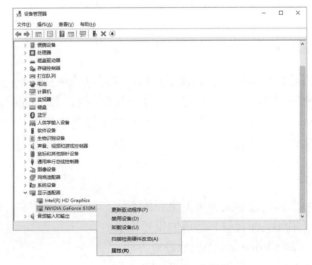

图 2-42　更新驱动程序

45

步骤 3：选择如何搜索驱动程序。若厂家提供了驱动光盘，则将驱动光盘放入光驱，单击【浏览我的计算机以查找驱动程序软件】按钮，此时，计算机会自动找到光盘中的显卡驱动程序，单击【下一步】按钮进行安装。若厂家没有提供驱动光盘，则单击【自动搜索更新的驱动程序软件】按钮，系统会自动搜索最新驱动程序版本并进行安装，如图 2-43 所示。驱动程序安装完成后，显卡即可正常使用。

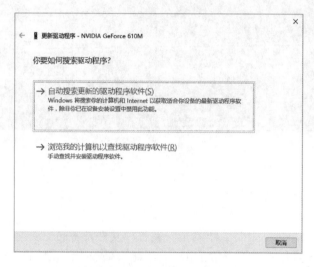

图 2-43　选择搜索驱动程序方式

▶ 同步训练

1．请你帮同事的计算机安装 Windows 10 操作系统。
2．请你帮同事的计算机安装常用的杀毒软件、办公软件、图像处理软件和聊天社交软件。

项目 2.3　创建个性化的系统环境

▶ 项目描述

　　搭建好计算机办公软件平台后，就可以使用计算机进行办公了，由于每个人的操作习惯和爱好都不尽相同，为了有效提高办公效率，对计算机的系统环境进行个性化设置是必不可少的。在 Windows 10 操作系统中，用户可以根据需求设置符合个人操作习惯和爱好的系统环境，从而提高操作效率。

▶ 项目技能

- 掌握创建和关闭虚拟桌面的方法。
- 了解桌面背景和颜色的设置方法。
- 掌握 Windows 主题的设置方法。
- 掌握屏幕保护程序的设置方法。

▶ **项目实施**

•任务 2.3.1   创建虚拟桌面

虚拟桌面是 Windows 10 操作系统中新增的一项功能，可以为一台计算机创建多个传统桌面环境，是一种窗口任务的虚拟分组方式，每个桌面就是一个分组。每创建一个虚拟桌面，就好像重新打开了一个 Windows，用户能够在一个全新的桌面环境下工作或学习，而之前桌面中打开的软件任务窗目，依然保留在那里，用户可以随时切换回原来的桌面。

虚拟桌面可以把不同的程序放在不同的桌面上从而让用户的工作更加有条理，如把工作常用的软件和文件放置到一个桌面作为"工作桌面"，把日常小游戏和影音娱乐软件放置到一个桌面作为"娱乐桌面"，把微信、QQ、邮件等软件放置到一个桌面作为"通讯桌面"。下面以创建一个"工作桌面"、一个"娱乐桌面"和一个"通讯桌面"为例，来介绍虚拟桌面的使用方法和技巧。

1. 新建桌面

单击系统桌面任务栏上的【任务视图】按钮 或按 Win+Tab 组合键，进入虚拟桌面操作界面，如图 2-44 所示。

图 2-44   任务视图

单击右下角【新建桌面】按钮，即可新建一个桌面，系统自动将其命名为"桌面 2"，同样的方法，再新建一个"桌面 3"，如图 2-45 所示。

2. 添加桌面内容

进入"桌面 1"操作界面，在其中右击"腾讯 QQ"窗口，在弹出的快捷菜单中选择【移动到】→【桌面 2】选项，即可将"桌面 1"中的"腾讯 QQ"窗口移动到"桌面 2"中，如图 2-46 所示。同样的方法，可以将"暴风影音"窗口从"桌面 1"中移动到"桌面 3"中。

图 2-45　新建虚拟桌面

图 2-46　添加桌面内容

3．切换虚拟桌面

用户创建虚拟桌面后，可以单击不同的虚拟桌面缩略图，打开该虚拟桌面，也可以按【Win+Ctrl+←/→】组合键，快速切换虚拟桌面。

4．关闭虚拟桌面

如果要关闭虚拟桌面，单击虚拟桌面列表右上角的【关闭】按钮即可，也可以在需要关闭的虚拟桌面环境中按【Win+Ctrl+F4】组合键关闭，此时被关闭的虚拟桌面中的窗口会自动移动到前一个虚拟桌面中。如图 2-47 所示，关闭"桌面 3"后，原来"桌面 3"中的"暴风影音"窗口自动移动到"桌面 2"中。

图 2-47　关闭虚拟桌面

•任务 2.3.2　设置个性化桌面

桌面是人和计算机对话的主要入口，也是人机交互的图形用户界面。桌面背景图片可以根据大小和分辨率来做相应调整，使计算机看起来更美观、更有个性。设置桌面背景和颜色的步骤如下。

1. 设置桌面背景

在桌面的空白处右击，在弹出的快捷菜单中选择【个性化】命令，如图 2-48 所示。

在弹出的【个性化设置】窗口中单击【背景】超链接，即可对桌面背景进行设置，如图 2-49 所示。桌面背景主要包含图片、纯色和幻灯片放映 3 种方式，用户可以选择喜欢的图片作为背景，也可以把某一种颜色作为背景，还可以将一些图片集合在一起以幻灯片放映的方式作为动态背景，每隔一段时间自动切换，如图 2-50 所示。

图 2-48　【个性化】命令

图 2-49　设置桌面背景

图 2-50　桌面背景方式

2．设置桌面颜色

在弹出的【设置】窗口中单击【颜色】超链接，即可对桌面主题颜色进行设置，如图 2-51 所示。

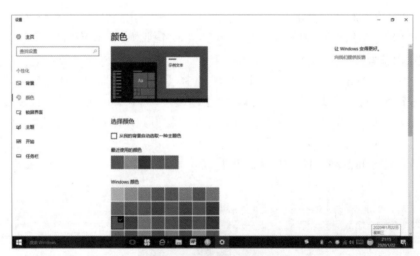

图 2-51　设置桌面背景颜色

3．设置主题

Windows 主题指的是 Windows 系统的界面风格，包括窗口的色彩、控件的布局、图标样式等内容，通过改变这些视觉内容以达到美化系统界面的目的。Windows 10 采用了新的主题方案，无边框设计的窗口、扁平化设计的图标等，使其更具现代感。

在桌面的空白处右击，在弹出的快捷菜单中选择【个性化】命令，在弹出的【个性化设置】窗口中单击【主题】超链接，会显示当前的主题效果，如图 2-52 所示。

单击当前主题右侧的【背景】【颜色】【声音】和【鼠标光标】超链接可以逐个更改相应的主题设置。向下拖曳鼠标浏览，可以看到【应用主题】列表，单击喜欢的主题，即可快速应用。

图 2-52　设置主题

4. 设置屏幕保护程序

　　屏幕保护程序是为了不让屏幕一直保持静态的画面太长时间，当在指定的一段时间内没有使用鼠标或键盘，屏幕保护程序就会出现在计算机屏幕上，此程序为移动的图片或图案。屏幕保护程序最初用于保护早期的 CRT 显示器免遭损坏，但现在对于 LCD 显示器它们主要是个性化设置或者是通过提供密码保护来增强计算机安全性的一种方式。设置屏幕保护程序的操作如下。

　　在桌面的空白处右击，在弹出的快捷菜单中选择【个性化】命令，在弹出的【个性化设置】窗口中单击【锁屏界面】超链接，会显示锁屏界面窗口，如图 2-53 所示。

图 2-53　锁屏界面

单击锁屏界面窗口下方的【屏幕保护程序设置】超链接，弹出【屏幕保护程序设置】对话框，如图 2-54 所示。在【屏幕保护程序】下拉列表中选择系统自带的屏幕保护程序，再设置【等待】时间，单击【确定】按钮即可完成屏幕保护程序的设置。

图 2-54 设置屏幕保护程序

▶ **同步训练**

1. 请你帮同事的计算机设置个性化的桌面。
2. 请你帮同事的计算机设置合适的屏幕分辨率。

项目 2.4 高效管理办公文件

▶ **项目描述**

在工作中会用到各种各样的程序和文件，久而久之，计算机中会存放大量杂乱无序的文件，导致人们无法快速找到所需的文件，因此掌握高效管理办公文件的方法，能够提高工作效率，事半功倍。

▶ **项目技能**

- 认识常见的文件类型。
- 了解文件和文件夹的命名规则。
- 掌握快速访问资源管理器的方法。

- 掌握创建库的方法。
- 掌握利用工具栏快速访问文件的方法。

▶ **项目实施**

● 任务 2.4.1 认识文件和文件夹

在 Windows 10 操作系统中,文件是最小的数据组织单位,文件中可以存放文本、图像和数值数据等信息。为了便于管理文件,还可以把文件组织到目录和子目录中,这些目录被称为文件夹,而子目录被称为文件夹的子文件夹。

1. 认识文件

文件是 Windows 存取磁盘信息的基本单位,一个文件是磁盘上存储的信息的一个集合,可以是文字、图片、影片和一个应用程序等。每个文件都有自己唯一的名称,文件名由"基本名"和"扩展名"两个部分组成,中间用一个小圆点"."隔开。基本名是文件名的必需部分,扩展名是根据需要加上的,通常代表文件的类型,在某些情况下也可以不要。例如文件"考勤.docx"的基本名是"考勤",扩展名是"docx",表明这是一个 Word 文档。

2. 认识常见文件类型

文件的扩展名是 Windows 操作系统识别文件的重要方法,一般情况下,文件可以分为文本文件、图像和照片文件、压缩文件、音频文件和视频文件等。常见文件类型和对应的扩展名见表2-2。

表 2-2 常见文件类型和扩展名表

扩展名	文件类型	扩展名	文件类型
.txt	文本文件	.zip	通过 ZIP 算法压缩的文件
.doc/.docx	Word 文件	.jar	Java 程序打包的压缩文件
.xls/.xlsx	Excel 文件	.wav	波形声音文件
.ppt/.pptx	PowerPoint 文件	.mp3	使用 MP3 格式压缩存储的声音文件
.pdf	PDF 文件	.wma	微软定制的声音文件
.jpeg	压缩图像文件	.swf	Flash 视频文件
.psd	Photoshop 文件	.avi	音频视频交错格式文件
.gif	互联网动图文件	.wmv	微软定制的视频文件
.bmp	位图文件	.exe	可执行文件
.png	便携式网络图形文件	.dll	动态链接库文件
.rar	通过 RAR 算法压缩的文件	.apk	Android 安装包文件

3. 认识文件夹

在 Windows 操作系统中,文件夹主要用来存放文件,是存放文件的容器。每一个文件夹对应一块磁盘空间,它提供了指向对应空间的地址,它没有扩展名,也就不像文件的格式用扩展名来标识。

文件夹一般采用多层次结构（树状结构），在这种结构中每一个磁盘有一个根文件夹，它包含若干文件和文件夹。文件夹不但可以包含文件，而且可包含下一级文件夹，这样类推下去形成的多级文件夹结构既帮助了用户将不同类型和功能的文件分类储存，又方便文件查找，还允许不同文件夹中文件拥有同样的文件名。

4．了解文件和文件夹的命名规则

① 文件名和文件夹名不能超过 255 个字符（一个汉字相当于两个字符），最好不要使用很长的文件名。

② 文件名或文件夹名不能使用以下字符：斜线（/）、反斜线（\）、竖线（|）、冒号（:）、问号（?）、双引号（" "）、星号（*）、小于号（<）、大于号（>）。

③ 文件名和文件夹名不区分大小写的英文字母。

④ 文件夹通常没有扩展名。

⑤ 在同一文件夹中不能有同名的文件或者文件夹，在不同文件夹中，文件名或文件夹名可以相同。

⑥ 可以使用多分隔符的文件名。

⑦ 查找和显示文件名时可以使用通配符"*"和"?"。前者代表所有字符，后者代表一个字符。

任务 2.4.2　快速访问文件资源管理器

Windows 10 操作系统新增了【快速访问】功能，它由常用文件夹和最近使用的文件两部分组成。用户近期打开的文件以及文件所属的文件夹，都会自动被记录在这里。

1．打开【快速访问】窗口

双击【此电脑】图标，单击导航栏左上角的【快速访问】按钮或按【Win+E】组合键，即可打开【快速访问】窗口，如图 2-55 所示。

图 2-55　快速访问窗口

2．查看最近使用的文件

【快速访问】窗口中默认显示 20 个最近使用的文件，用户可以通过最近使用的文件列表来快速找到需要的文件，双击即可打开该文件。

3．将文件夹固定在【快速访问】列表中

对于常用的文件夹，用户还可以将其固定在【快速访问】列表中。选中需要固定在【快速访问】列表中的文件夹并右击，在弹出的快捷菜单中选择【固定到"快速访问"】命令即可，如图 2-56 所示。

图 2-56　将文件夹固定到快速访问

任务 2.4.3　库的使用

在 Windows 10 操作系统中，库用于管理文档、音乐、图片和其他文件的位置。库实际上不存储项目，它们监视包含项目的文件夹，并允许用户以不同的方式访问和排列这些项目。使用库来管理文件更利于文件的存储和查找。

库所倡导的是通过建立索引和使用搜索快速地访问文件，而不是传统的按文件路径的方式访问。建立的索引也并不是把文件真的复制到库里，而只是给文件建立了一个快捷方式而已，文件的原始路径不会改变，库中的文件也不会额外占用磁盘空间。库里的文件还会随着原始文件的变化而自动更新。这就大大提高了工作效率，管理那些散落在各个角落的文件时，再也不必一层一层打开它们的路径，只需要把它添加到库中。

1．显示库

双击桌面的【此电脑】图标，在打开的【此电脑】窗口左侧窗格中找到【库】。若左侧窗格中没有出现【库】，可以在窗口左上角【查看】选项卡中单击【导航窗格】按钮，单击【显示库】按钮即可在【此电脑】窗口的左侧窗格中看到【库】，如图 2-57 所示。

图 2-57　显示库

2．创建库

　　用户可以根据自己的需要，把散落在不同磁盘的文件或文件夹添加到库中。下面以新建一个名为【办公】的库为例介绍如何新建库。右击【库】，在弹出的快捷菜单中选择【新建】→【库】命令，就会在左侧窗格的【库】中出现一个名为【新建库】的新库，如图 2-58 所示。右击【新建库】，在弹出的快捷菜单中选择【重命名】命令，将【新建库】改名为【办公】。

图 2-58　创建库

3．将文件夹添加到库中

　　双击刚建好的【办公】库，因为这个库是新建的，所以库里什么都没有。单击【包括一个文件夹】来为这个库添加文件夹，如图 2-59 所示。接着，在弹出的对话框中选择要添加到库的文件夹所在位置，然后单击【加入文件夹】按钮，即可将相应的文件夹添加到【办公】库中。

用户可以根据自己的需要，把平时用得最多的文件夹放到分类库中，这样就很方便快捷地访问到想要访问的文件夹。

图 2-59　添加文件夹到库中

•任务 2.4.4　妙用"工具栏"快速启动任意文件

在日常工作和生活中使用计算机时，经常需要启动固定的某些程序和文件，而任务栏只能直接固定常用的应用程序，无法固定文件或文件夹。为了提高工作效率，可以使用"工具栏"将常用的程序、文件和文件夹固定到任务栏，用户通过单击任务栏上的"工具栏"按钮快速启动这些应用程序或文件，从而帮助用户节省了到处去找程序、文件和文件夹的图标以及鼠标点击的时间。设置工具栏的步骤如下。

1. 新建"常用工具栏"文件夹

右击桌面空白处，在弹出的快捷菜单中选择【新建】→【文件夹】命令，并将该"新建文件夹"重命名为"常用工具栏"，如图 2-60 所示。

图 2-60　新建【常用工具栏】文件夹

2.把想要放置在工具栏中显示的程序、文件和文件夹放入"常用工具栏"文件夹

将文件"办公联系电话.xlsx"和微信、腾讯QQ、360安全浏览器等应用程序图标放置到"常用工具栏"文件夹中，如图2-61所示。

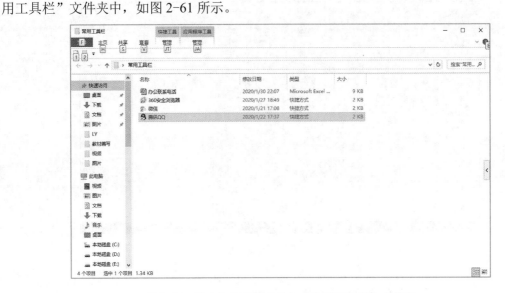

图 2-61　将文件和文件夹放入【常用工具栏】文件夹

3.将"常用工具栏"文件夹固定到【任务栏】

右击桌面下方【任务栏】，在弹出的快捷菜单中选择【工具栏】→【新建工具栏】命令，在弹出的【新工具栏-选择文件夹】对话框中选择【桌面】→【常用工具栏】文件夹，单击【选择文件夹】按钮，如图2-62所示，即可将"常用工具栏"文件夹固定到桌面下方的【任务栏】中。

图 2-62　选择文件夹

▶ **同步训练**

1．请你帮同事将【设计方案】文件夹固定到【快速访问】列表。

2．请你帮同事创建两个名为【办公文件】和【邮件】的库。

3．请你帮同事将 Photoshop、微信、QQ 和美图秀秀等软件添加到常用工具栏。

模块 3
文字处理

　　文字处理是指利用计算机软件对图文类信息处理的基本手段。常用到的文字处理软件包括微软公司的 Office 套件中的 Word 和国内金山公司的 WPS Office 套件下的 Word，功能和使用相差不大。本书将使用微软公司的 Word 2016 教学。

　　文字处理主要解决现实生活中经常用到公文处理、文档编写、报表编制、图文制作等工作。本模块通过 5 个真实的项目，学习文字及版面效果控制、插图、制表、数学公式、邮件合并、批注和修订、样式模板运用等常用文字处理的操作技能。

项目 3.1　制作高职 1 班学期成绩表

▶ 项目描述

学期结束，高职 1 班的班主任需掌握班级学生的成绩，为学生评优评助提供依据。为此要制作一个课程体系图（图 3-1）、各科均分的饼图（图 3-2）和成绩汇总表（图 3-3）。

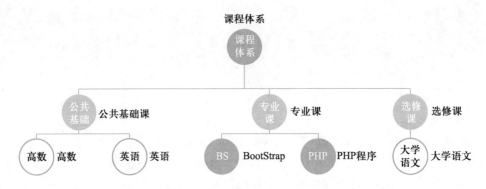

图 3-1　学期课程体系

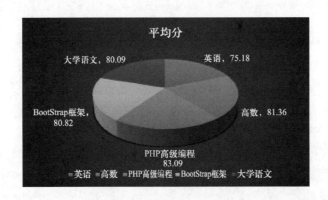

图 3-2　"各科平均分"饼图

要求：

① 在课程体系图中用直观的结构展示本学期开设公共基础课、专业课、选修课各有哪些具体课程。

② 在成绩汇总表中，要求列出在课程体系中的所有课程成绩，并统计每门课程的最高分、最低分和平均分，统计每个学生的总分，总分中的最高分和最低分，并且自动在下一页显示表头。

③ 用饼图展示所有课程的平均分，可以一目了然地看到课程教学的总体效果。

62

高职 1 班 2017—2018-2 学期成绩表							
编号	姓名 课程	公共基础课		专业课		选修课	总分
		英语	高数	Php 高级编程	Bootstrap 框架	大学语文	
1	张美丽	90	97	67	87	95	436
2	刘雄	87	97	85	89	90	448
3	李英姿	67	86	80	65	86	384
4	程动	60	76	85	90	75	386
5	黄伟龙	98	90	94	94	100	476
6	刘晶晶	84	55	79	93	77	388
7	张李	60	56	76	77	90	359
8	李简颐	80	76	86	75	55	372
9	蔡红军	66	85	96	73	66	386
10	可可	70	79	94	71	77	321

高职 1 班 2017—2018-2 学期成绩表							
编号	姓名 课程	公共基础课		专业课		选修课	总分
		英语	高数	Php 高级编程	Bootstrap 框架	大学语文	
11	吴天	65	98	72	75	70	380
12	张三丰	87	56	88	94	100	425
13	灵仙儿	83	76	89	90	90	428
14	黄伟龙	86	78	55	77	60	356
15	萨苹菲	66	43	54	60	56	279
16	欧贝示	90	94	91	95	90	460
17	张蕊儿	88	82	90	83	82	425
18	李梅	65	62	61	60	60	308
19	张婷	77	64	60	59	70	330
20	张志飞	79	85	87	67	77	395
21	荷花	77	79	71	90	89	406
22	张晓霖	87	88	83	90	90	438
23	苏乐乐	92	85	80	65	90	412
24	苏亚你	84	76	90	88	77	415
统计单科成绩	最高分	98	98	96	95	100	
	最低分	60	43	54	59	55	
	平均分	78.67	77.63	79.71	79.46	79.67	

图 3-3　成绩汇总表

项目技能

- 熟悉 Word 2016 的基本界面和基础操作。
- 使用 Word 模板。
- 理解文档的共享目的和实现方法。
- 插入 SmartArt 图形，修改 SmartArt 图形布局和样式，编辑 SmartArt 图形。
- 插入表格、表格样式设计与布局、表格的属性设置（表格边框、底纹，对齐方式、标题各页重复）、插入行、插入列、合并单元格、使用函数计算表格。
- 使用图表。

项目实施

任务 3.1.1　熟悉 Word 2016 的基本界面

1. 启动 Word 2016

单击任务栏上【开始】按钮，查找并选择 Word 2016，启动中文 Word 2016，打开如图 3-4

所示启动页面窗口。在该窗口分两个区域，左侧是"最近使用过的文档区"列出最近打开过的
Word 文档名，单击可以快速打开这些文档。右侧是【文档选择区】或者【模板区】，提供许多
现成的文档模板，单击这些模板，可以帮助快速建立这类型的文档。如果没有需要的模板类型，
还可以通过提供的联机搜索框输入文字，通过网络找需要的模板。如输入"求职信"按〈Enter〉
键，将会通过互联网找到许多与求职有关的模板。

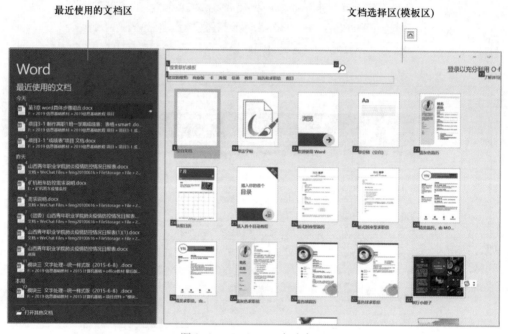

图 3-4　Word 2016 启动窗口

2．认识 Word 2016 文档界面的组成

在启动页面窗口单击【空白文档】模板，进入 Word 2016 的文档编辑窗。该窗口包括功能区、
文档编辑区、状态栏区 3 个大区。其中功能区又包含快速访问工具栏、功能选项卡区、文档名
称区、功能区显示切换按钮和用于多人协作的【登录】和【共享】按钮，如图 3-5 所示。

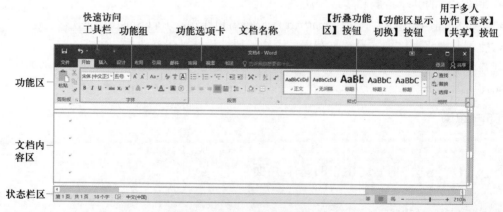

图 3-5　Word 2016 文档编辑界面

64

　　快速访问工具栏：默认情况下包括【保存】【撤销】【重复】3 个按钮。单击最右侧的【自定义快速访问工具栏】按钮 ，列出可以添加的操作项，选择需要添加的项目，如图 3-6 所示。

　　功能选项卡：基本界面包括一个【文件】菜单和 8 个功能选项卡（包括【开始】【插入】【设计】【布局】【引用】【邮件】【审阅】【视图】）。单击【文件】会打开其下拉式菜单。每个选项卡下包括多个功能组。如【开始】选项卡包括【字体】【段落】【样式】【编辑】等 7 个功能组。

　　在文档中随着选中对象不同，会动态增加新的选项卡。例如，如果选中文档中的图片，会增加【图片工具-格式】选项卡，选中图形会增加【格式】和【设计】选项卡。

　　文档名称区：已经保存的文档名称会在该位置以"**文档名.docx-Word**"格式显示，新建的没有保存的文档使用默认名称显示，如"文档 1-Word"。

图 3-6　自定义快速访问工具栏列表

　　【功能区显示切换】按钮：单击功能区右上角按钮 ，可以切换功能区显示范围。"自动隐藏功能区"可以在不使用功能按钮操作时，最大范围显示文档内容。

　　【登录】和【共享】按钮：在微软公司的 OneDrive 云服务器创建一个账户，以该账户登录后，可以将文档上传到云端服务器保存。云端的文件可以共享给同在服务器的任何账户实现共同编辑或者查看，达到多人协作的目的。微软公司的 Office 2016 还支持移动端的文档共享，具体操作过程如图 3-7 和图 3-8 所示。

图 3-7　注册和登录 OneDrive 云服务器步骤

　　例如，最近疫情防控，要求班主任老师每天统计假期中每位学生的情况，于是老师建立一个 Word 表格后，以他的账户登录云服务器后，把文档保存到云服务器，然后通过微信或者 QQ

或者邮箱共享给全班同学。所有同学通过手机或者计算机网页，在线打开文档，填报各自的信息。老师自动从云端看到每个学生信息。这时候使用该功能特别方便。

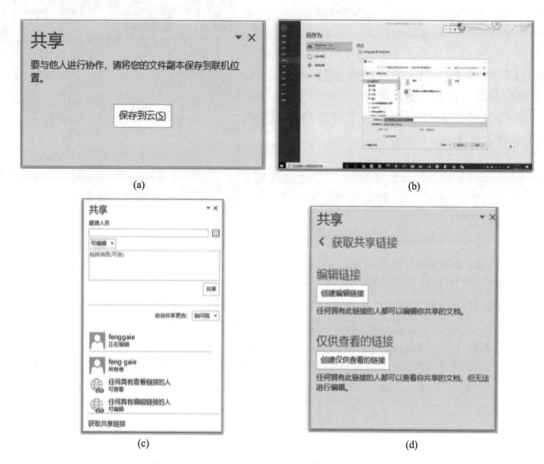

图 3-8　共享文档步骤图

　　但是在实际操作中，建议使用国产金山公司 WPS 云盘共享文档，通过微信群和 QQ 群实现文档共享和协作，更加方便。微软云注册登录相对繁琐。具体操作类似以上说明。

　　状态栏区：默认状态栏显示文档总页数、当前页面、文档字数、视图切换、文档缩放比例等。右击任务栏任何位置，在弹出的快捷菜单中选择所需项目，其将会在任务栏中显示。

3．Word 常用操作

（1）按钮的状态

　　Word 2016 中各个功能区的命令按钮，可分为两大类，一类只有一种状态，单击一次表示完成一个动作，如【复制】、【剪切】、【粘贴】。另一类按钮有【按下】和【弹起】两个状态，单击按钮时会在这两个状态间互相切换，如字体的加粗、倾斜、下画线按钮的状态 **B** *I* U ·是按钮的弹起状态，**B** *I* U ·这是按钮的按下状态。此外，【复制】【剪切】等按钮的操作必须先选中内容，才可以使用。当按钮成灰色显示时，表示当前按钮不可用。

（2）如何弹出子菜单

Word 2016 中单击【文件】会弹出子菜单。还有一部分按钮的右侧或者下侧带有小三角形，单击小三角形可以弹出其下拉菜单。如【查找】按钮 🔍 查找 、段落自动【编号】按钮 ☰、【粘贴】按钮 📋 等。

（3）折叠功能区

功能区右下角有一个 ⌃ 按钮，单击会收起功能区，按钮变成 ⌄ 状态。再次单击将会展开工具栏功能区。收起功能区可以有更大区域展示文档内容。

•任务 3.1.2 使用 Word 2016 "书法字帖" 模板创建文档

1．建立字帖文档

启动 Word 2016，在如图 3-4 所示窗口，选择 "书法字帖" 模板，打开【增减字符】窗口，如图 3-9 所示，选择【书法字体】→【汉仪柳楷繁】选项（指柳楷的繁体字），在【排列顺序】项目中选择【根据形状】选项，在下方字符区域，双击所要的字，或者单击【添加】按钮，将字添加到右侧。选择完成后，单击【关闭】按钮，创建一个书法练习的字帖文档，如图 3-10 所示。

图 3-9 【增减字符】窗口

2．修改文档内容和格式

单击右上角【书法】选项卡，可以分别单击 📄、📄、📄、📄 给文档添加内容，并修改为竖排、田字格样式，如图 3-11 所示。

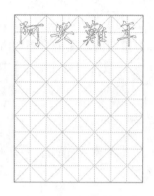

图 3-10　字帖文档图　　　　　　　　　图 3-11　修改后字帖文档

3. 保存文档

文档完成后，选择【文件】→【保存】命令，或者单击快速访问工具栏中的 【保存】按钮![保存图标]，打开【另存为】对话框（图 3-12），选择文件保存的位置，修改文件的名称为"字帖.docx"，单击【保存】按钮，关闭对话框。第一次保存完成，以后每次修改文档后都需要单击【保存】按钮保存文档新修改内容。完成文档后打印，就可以练习书法，不用再买字帖。

图 3-12　【另存为】对话框

•任务 3.1.3　制作高职 1 班 2017—2018-2 学期课程体系图

1. 使用"SmartArt 图形"建立体系图结构

打开一个空白文档，在功能区单击【插入】→【插图】→【SmartArt】按钮![SmartArt图标]，打开【选择 SmartArt 图形】对话框，如图 3-13 所示，在对话框中选择【层次结构】→【图形图片层次结构】选项，在文档中会插入一个 SmartArt 图形。单击图形中的每个【文本】区，录入课程体系中文字，如图 3-14 所示。

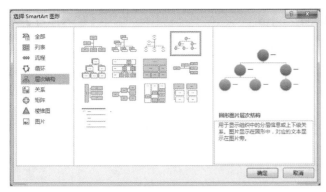

图 3-13　【选择 SmartArt 图形】对话框

图 3-14　插入的 SmartArt 图形

2. 使用 SmartArt 图形的添加形状，给课程体系添加新分支

步骤 1：选择图形中的"课程体系"，在功能区选择【SmartArt 工具-设计】→【创建图形】→【添加形状】 添加形状 →【在下方添加形状】命令，在新添加的形状中输入"选修课"。

步骤 2：同样的方法给"专业课"添加"BootStrap 框架"分支，"选修课"添加"大学语文"两个分支，如图 3-15 所示。如果多添加了形状，则选中它直接按 Delete 键删除。

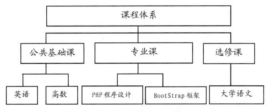

图 3-15　添加"形状"

3. 通过"文本"窗格，编辑课程体系图

步骤 1：选择图中"选修课"，单击【SmartArt 工具-设计】→【创建图形】→【文本窗格】按钮 文本窗格，或单击 SmartArt 图形左侧边沿处的小箭头 ，弹出"文本"窗格，在其中的"选修课"后按 Enter 键，录入"音乐素养"。选中"音乐素养"，单击【SmartArt 工具-设计】→【创建图形】→【降级】按钮，或直接按 Tab 键，刚录入的内容将会降到下一级，如图 3-16 所示。

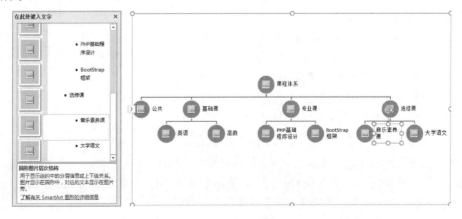

图 3-16　通过"文本"窗格输入和编辑 SmartArt 图形

步骤 2：选择图中课程名称左边图标，或者单击"文本"窗格图标，打开【插入图片】对话框，如图 3-17 所示，选择【从文件】选项，单击【浏览】按钮，打开【插入图片】对话框，选择路径"模块三 素材"文件夹→"项目 3-1"文件夹，选择与文字一致的图片插入。

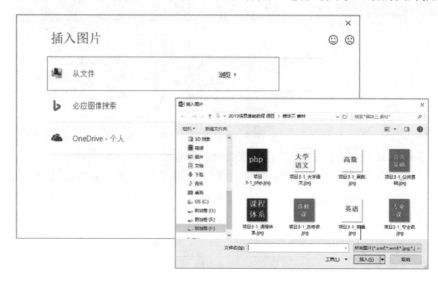

图 3-17　【插入图片】对话框

> **注意**
>
> ①"必应图像搜索"（英文名：Bing）是指使用微软公司的全新搜索引擎服务必应，搜索来自世界各地的高质量图片。搜到的图片还可以按照大小、颜色、类型做筛选过滤。
>
> ②"OneDrive-个人"是指微软公司的个人云服务器，个人云端可以保存用户的文档和图片。此处选择云端的图片，但是需要个人注册云并登录后才可以使用。

4．更改课程体系图的布局和样式

（1）更改布局

选择 SmartArt 图形，选择【SmartArt 工具-设计】→【布局】→【层次结构】布局类型。

（2）更改图形中线条颜色"颜色"和"样式"，并设置背景色

选中 SmartArt 图形，选择【SmartArt 工具-设计】→【SmartArt 样式】→【更改颜色】→【彩色范围-个性色 3 至 4】，修改线条颜色，如图 3-18 所示。选中 SmartArt 图形，单击【SmartArt 工具-设计】→【SmartArt 样式组】右侧下拉箭头→在弹出的下拉列表中选择【强烈效果】样式，修改课程体系图的样式，图 3-19 所示。选中 SmartArt 图形，选择【SmartArt 工具-格式】→【形状样式】→【形状填充】→【白色，背景 1，深度 15%】主题颜色，完成图形背景色设置。

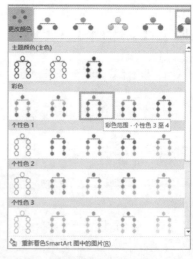

图 3-18　修改颜色

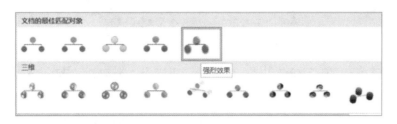

图 3-19　SmartArt 样式

•任务 3.1.4　制作高职 1 班 2017—2018-2 学期成绩表

1. 插入"高职一班 2017—2018-2 学期成绩表"

步骤 1：选择【插入】→【表格】→【表格】→【插入表格】命令，弹出"插入表格"对话框，列数选择 8、行数选择 30，如图 3-20 所示。

步骤 2：鼠标指针放在表格第 1 行最左侧，箭头变向右指向时单击鼠标，选中本行所有单元格，单击【表格工具-布局】→【合并】→【合并单元格】按钮，或选中首行后右击，在弹出的快捷菜单中选择【合并单元格】命令，图 3-21 所示。

2. 录入表格标题和表头信息并调整表格

步骤 1：参照最终效果，如图 3-22 所示，输入表格中第 1 行和第 2 行内容。左侧单击第 1 行，选中所有内容，在【开始】选项卡【字体】功能组中选择【黑体】【小二】，并单击【加粗】 B 按钮。同样方法，选中第 2 行所有单元格，设置字体加粗。

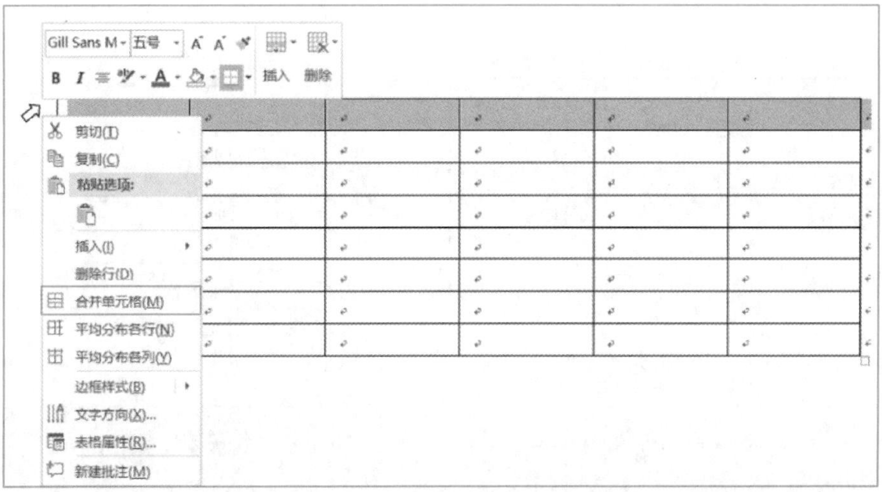

图 3-20　【插入表格】对话框

图 3-21　合并表格首行的单元格

高职 1 班 2017—2018-2 学期成绩表						
学生编号	姓名	公共基础课		专业课		选修课	总分
		英语	高数	PHP 高级编程	BootStrap 框架	大学语文	
1	张美丽	90	97	67	87	95	436

图 3-22　表格设置列尺寸后效果图

步骤 2：调整各列宽度。单击表格左上角的十字箭头 ⊞ 图标，选中表格，单击【表格工具-布局】→【单元格大小】→【自动调整】下拉按钮，在弹出的下拉菜单中选择【根据窗口自动调整表格】命令，如图 3-23 所示。

3．录入"学生成绩"并设置对齐

录入大约 24 人的成绩信息，注意总分、最高分、最低分和平均分不需要录入。选中表格，单击【表格工具-布局】→【对齐方式】→【水平居中】按钮 ▣。选中第 2 行以后的所有行，在【开始】选项卡中设置字体为五号、宋体。

4．计算学生总分、最高分和平均分

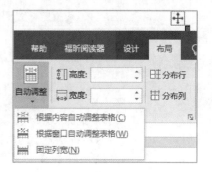

图 3-23　表格尺寸调整

（1）计算总分（SUM 函数的使用）

步骤 1：单击第 1 个学生的"总分"单元格，单击【表格工具-布局】→【数据】→【公式】按钮，打开【公式】对话框，【公式】栏已有默认值"=SUM(LEFT)"，表示该单元格的值等于其左侧所有连续数字列的和。SUM()是求和函数，LEFT 表示左侧可计算的各列。单击【确定】按钮，就会计算出该学生所有课程的总分，如图 3-24 所示。

步骤 2：完成第 1 个学生总分后，选中总分，使用快捷键 Ctrl+C 复制，再选中其余所有的学生总分单元格，使用快捷键 Ctrl+V 粘贴，此时所有学生总分都是第 1 个学生的总分。然后选中每一个学生的总分并右击，在弹出的快捷菜单中选择【更新域】命令，就可以得到该同学的总成绩，如图 3-25 所示。

图 3-24　在【公式】对话框值录入 SUM 函数　　图 3-25　使用【更新域】命令更新公式值

（2）计算最高、最低分（MAX、MIN 函数的使用）

步骤 1：将光标定位在"英语"课程的"最高分"单元格，单击【表格工具-布局】→【数据】→【公式】按钮，打开"公式"对话框，【公式】栏已有默认值"=SUM(LEFT)"，删除默认值，在【粘贴函数】中选择 MAX()，在括号内输入 ABOVE，表示将统计该单元格上面所有连续数字列的最大值。单击【确定】按钮，就会计算出该"英语"的最高分，如图 3-26 所示。注意公式中不要丢掉"="号。

步骤 2：用同样的方法，在最低分单元格内插入函数"=MIN（ABOVE）"，将会计算本课程所有学生的最低成绩。同计算总分一样，使用【更新域】命令，可以计算所有课程的最高分、最低分。

（3）计算平均分（AVERAGE 函数的使用）

步骤 1：将光标定位在"英语"课程的"平均分"单元格，在"公式"对话框的粘贴函数中选择【AVERAGE()】（平均值的意思），在函数的括号内输入"c3:c27"，这儿 c 表示求得是第 3 列（第 1 列 a、第 2 列 b…），数字 3 和 27 表示第 3 行和第 27 行，"c3:c27"表示将计算第 3 列第 3 行到第 27 行数据的平均值。输入结束单击【确定】按钮即可计算该门课程的平均分，如图 3-27 所示。

图 3-26　录入 MAX 函数

图 3-27　录入 AVERAGE 函数

步骤 2：复制第 1 个平均值，粘贴到其他课程的平均分单元格，右击每一个均分值，在弹出的快捷菜单中选择【编辑域】命令，在打开的对话框中修改公式中的列字母，单击【确定】按钮关闭对话框，计算出所有课程的平均分。

任务 3.1.5　美化成绩表的格式

1. 设置表格样式和表格内容的对齐

鼠标指针移动到表格左上角会出现十字按钮 ⊞，单击十字按钮选中整张表格。在【表格工具-设计】→【表格样式】选择【网格表 4-着色 5】样式。在【表格工具-布局】→【对齐方式】中单击【水平居中】按钮。

2. 绘制表头

步骤 1：在"姓名"列任意位置单击，在【表格工具-布局】→【表】中单击【属性】按钮

，打开【表格属性】对话框，选择【列】选项卡，如图 3-28 所示，单击【前一列】或【后一列】按钮，确保选中的是"姓名"列，选中【指定宽度】复选项，修改宽度值为 4 厘米。单击【确定】按钮关闭对话框。

　　步骤 2：确保鼠标焦点在表格内，在【表格工具-设计】→【绘图边框】功能组中，【笔颜色】选择【黄色】，切换到【表格工具-布局】→【绘图边框】功能组，其中的【绘制表格】按钮 此时为按下状态，鼠标状态变成笔状，鼠标指针移动到"姓名"单元格，从左上角按下鼠标左键绘制到右下角。绘制结束，再次单击 按钮使鼠标指针恢复正常状态。在"姓名"前输入"课程"换行，选中"课程"行，在【开始】→【段落】功能区中单击【右对齐】按钮。

　　步骤 3：鼠标指针放在表格左侧，变成空心箭头时，移动鼠标，选中表格前 3 行，单击【表格工具-布局】→【数据】→【重复标题行】按钮。

> ⚠ **注意**
>
> 或采用在【表格属性】对话框中选中 ☑在各页顶端以标题行形式重复出现(H) 复选项实现，效果一致。

　　步骤 4：做完的表头边框线和底纹颜色接近，可以重新调整表头内边框线的颜色：选中前 3 行，单击【表格工具-设计】→【表格样式】→【边框】按钮，在弹出的下拉列表中选择【边框和底纹】命令，打开【边框和底纹】对话框，选择【全部】→【颜色：浅灰色】。单击【确定】按钮，如图 3-29 所示。

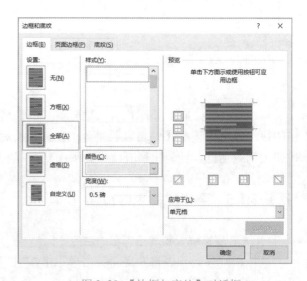

图 3-28　【表格属性】对话框　　　　　　　　　图 3-29　【边框与底纹】对话框

　　步骤 5：选中表格，在【开始】→【段落】功能组中单击【居中】按钮，将表格整体在页面居中。设置完成后效果如图 3-30 所示。

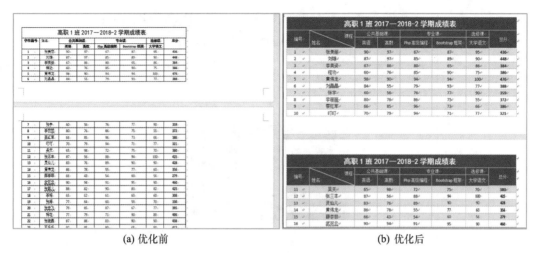

<table>
<tr><td>(a) 优化前</td><td>(b) 优化后</td></tr>
</table>

图 3-30　表格优化前后效果对比

•任务 3.1.6　利用图表分析学生成绩

插入图表

单击【插入】→【插图】→【图表】按钮，打开【插入图表】对话框，如图 3-31 所示。选择【饼图】→【饼图】选项，将会在文档插入一个饼图。编辑数据表的行和列，最终效果如图 3-32 所示。

图 3-31　【插入图表】对话框

▶ 同步训练

1．使用 Word 2016 中的相册模板制作自己的相册。

2．使用 Word 2016 中求职模板编写求职信。

3．制作一个简单的 Word 表格，通过 WPS Word 打开该文档，登录 WPS 云，把该文档分享到班级微信群，让每个同学填写各自学号、姓名、生日等，最后从云端卸载文档。

4．制作一个如图 3-33 所示"个人简历"的 Word 表格，并请填写自己的信息。

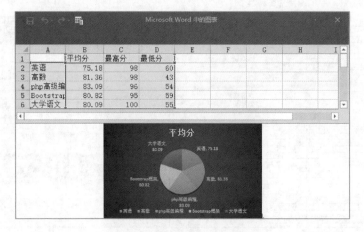

图 3-32　编辑"图表数据源"

基本信息							
姓名		性别		民族		出生年月	相片
籍贯				属相		政治面貌	
身份证号码						最高学历	
学历类型	普通高等□　成人高等□　民办学历□　军校□　党校□　成人高校、军事院校设立的全日制普通班□　自学考试□　电大函授等非脱产院校□　其它_____						
	留学人员请明确：是否取得教育部留学服务中心认证　是□　否□　认证中□　留学形式：中外院校合作□　全日制出国留学□　远程授课_____						
求职方向	机务□　采购□　客服□　服务□　市场□　财务□　人力资源□　行政后勤　其它____						
英语水平	TEM-8 □，分数____　　TEM-4 □，分数____　　CET-6 □，分数____　　CET-4 □，分数____　　A级　□，分数____　　无　□，其它语种_____　证书或水平描述_____						
健康状况	身高（净高）____CM　体重____KG　血型____　　视力（5分制）：左____　右____						
	是否有色弱、色盲：无□　有　□			精神系统疾病、传染性疾病、家族遗传病史、既往重病史：　无□有　□，请注明_____			
手机号码			电子邮件				
应聘部门			应聘岗位			服从调配：是□ 否□	
职业兴趣方向目标							
自诉：							

公司声明：
1、国民就业属于国家口岸办系统，接触公众广泛，精神系统与传染性疾病、家族遗传病史请各应聘者谅解并告知面试考官。2、毕业证、学位证、外语、计算机、职称等相关资历证书与身份证复印件作为本表附件，为拥有面试资格的必备条件。3、面试时敬请携带以上证书、身份证原件备查（未毕业人员毕业证与学位证可免带）应聘入户籍：本人保证本表中填写的各项资料及提供的各项应聘材料真实无误，如有伪造、欺骗或将销行为，自愿接受与机相关规定处理。

（手写正楷最佳）签名：　　　时间：

图 3-33　个人简历

项目 3.2　制作"2019 女排世界杯赛"版面

▶ **项目描述**

2019 年 9 月 9 日，第 13 届世界杯女排赛于在日本举行，共有 12 支参赛队伍。中国队以 11 战全胜战绩卫冕世界杯，第 10 次荣膺世界"三大赛"冠军。

本项目两个任务：

① 制作女排比赛新闻的宣传画报，展示中国女排精神。

② 制作漂亮的比赛日程海报。效果如图 3-34 所示。

图 3-34　制作的中国女排比赛新闻及比赛日程海报最终效果图

▶ **项目技能**

● 字体设置：字体、字号、字形、颜色、艺术字、特殊字符、文字边框、文字样式等设置。

● 段落设置：段落缩进、对齐、段前后间距、项目符号、段落自动编号、边框底纹等设置。

● 形状使用：插入编辑形状、形状样式、形状填充、轮廓、效果、层次、位置等属性设置。

● 页面设置：纸张大小、方向、页边距、文字分栏等设置。

● 图片应用：插入和重设图片，图片样式、颜色、亮度、艺术效果调整，图片边框、效果、位置、层次等处理。

项目实施

•任务 3.2.1　宣传画报版面设计和布局

1. 画报页面设计

本项目属于画报，纸张大小不能使用默认的 A4，设计大小为 27 cm×43 cm，因不需要装订，所以页边距上为 3.0 cm，其他都是 1.6 cm。

2. 画报整体布局结构设计

画报分为 4 个区域，如图 3-35 所示。

区域①：采用两行不同标题设置。

区域②：文本框大小宽高为 8.5 cm×30 cm，右侧距正文 0.6 cm。

区域③：图片宽 14 cm，正文第 2 段采用分栏设计，左侧栏 42 字符，右侧 21 字符，段落左右边界各 1.5 个字符。

区域④：采用无边框表格布局内容，表格宽度小于 14 磅。

图 3-35　画报整体布局结构设计

•任务 3.2.2　制作女排比赛新闻的宣传画报

1. 页面设置

新建空白文档，单击【页面布局】→【页面设置】→【纸张大小】按钮 ，在弹出的下拉列表中选择【其他纸张大小】命令，打开【页面设置】对话框，按任务 3.2.1 的设计值填写。选择【页边距】选项卡，设置上下左右值，选择【应用于】为【本节】，如图 3-36 所示。保存文档并命名为"女排比赛新闻的宣传画报.docx"。

2. 区域①（标题和副标题）的实现

步骤 1：在文档中输入"中国女排"，选中文字，在【开始】→【样式】功能组中选择【标题 1】样式。在【开始】→【字体】功能组中设置文字为新宋体、75 磅、加粗，字体颜色为【蓝-灰，文字 2】 ；段落为【居中】 ；单击【边框】按钮 旁边的小三角形，在弹出的下拉列表中选择【边框与底纹】命令，打开【边框与底纹】对话框，选择【设置】为【自定义】、【样式】为【双实线】、【颜色】为【蓝色】。单击右侧预览区文字上下边沿。添加文字边框，如图 3-37 所示。

步骤 2：换行输入"有一种拼搏叫永不放弃，有一种精神叫中国女排"作为副标题。在【开始】→【字体】功能组设置字体为新宋体、小二、加粗，"蓝-灰，文字 2"、居中对齐。

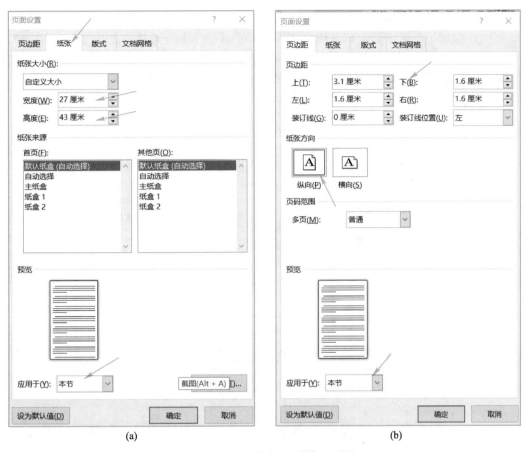

图 3-36　Word【页面设置】对话框

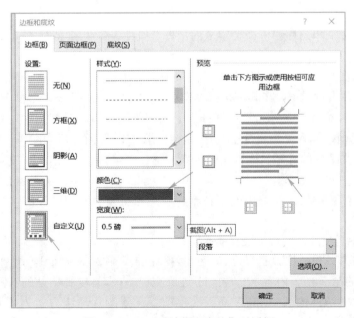

图 3-37　Word【边框和底纹】对话框

3. 区域②（左侧文字和图片区域）的实现

步骤 1：添加布局文本框。在文档第 3 行，单击【插入】→【插图】→【形状】按钮，在弹出的下拉列表中选择【文本框】选项🔲，鼠标指针变成十字形，在文档左侧按下鼠标左键移动，画出文本框，单击文本框右侧【布局选项】按钮🔲，弹出【布局选项】列表，单击【查看更多】超链接，打开【布局】对话框，在其中设置【文字环绕】和【大小】选项卡中相关选项，如图 3-38 所示，单击【确定】按钮。

(a)

(b)

图 3-38 【布局】对话框

步骤 2：添加文字和图片。单击文本框内，将"项目 3-2_女排精神素材文字.txt"的第一部分内容复制粘贴进文本框。

步骤 3：添加图片。将光标定位在文字的最前面，单击【插入】→【插图】→【图片】按钮，打开【插入图片】对话框，在其中选择"模块三 素材文件夹"→"项目 3-2"文件夹→"项目 3-2_女排精神传承.jpg"文件，单击【插入】按钮关闭窗口。调整图片尺寸以合适。将光标定位在文字的最后面，插入"项目 3-2_女排精神传承 2.jpg"图片，如图 3-39（a）所示。

步骤 4：选中文字中的标题，设置字体为新宋体、二号、橙色、加粗。文字上下边框为【浅灰色，背景 2，深色 50%】、宽度为 3.0 磅。选中文字其余内容，单击【开始】→【段落】→【编号】旁边的小三角按钮📋，在弹出的下拉列表中选择想要的编号样式；字体为宋体、五号、间距为 1.5 倍行距。

4. 区域③（右侧文字和图片区域）的实现

步骤 1：添加文字和图片。重复操作上一步操作的步骤 2 和步骤 3，将"项目 3-2_女排精神素材文字.txt"的第 2 部分内容（"女排 11 连胜完美……"）复制粘贴到右侧文档区，将素材中"项目 3-2_女排精神传承 3.jpg"插入文字前。设置图片环绕方式为【四周型】，效果如图 3-39（b）所示。

(a)

(b)

(c)

图 3-39 "插入图片"效果图

步骤 2：设置标题"女排 11 连下方胜完美收官"为微软雅黑、12 磅、加粗、居中；内容"那些我们曾经，……故事"部分设置为宋体、小二，上边框为【浅灰色，背景 2，深色 25%】，宽度为 3.0 磅，下边框为【浅灰色，背景 2，深色 25%】，宽度为 0.25 磅；选中第 2 部分内容"新华时评……"内容，单击【布局】→【页面设置】→【分栏】按钮 在弹出的下拉列表中选择【更多栏】命令，打开【分栏】对话框，设置如图 3-40 所示。

5. 区域④（右侧下比分结果区域）的实现

步骤 1：插入布局表格。将光标定位在文字下方，单击【插入】→【表格】→【表格】按钮，在弹出的下拉列表中选择【插入表格】命令，在打开的对话框中设置【行数】为 7，【列数】为 2，插入一个 7 行 2 列表格，其中表格第 1 行完成"合并单元格"操作。

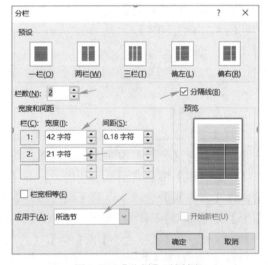

图 3-40 【分栏】对话框

步骤 2：添加文字。参照效果图，在表格中输入"女排精神素材文字.txt"中比赛结果。

步骤 3：设置格式。设置表格中第 1 行字体为微软雅黑、四号、加粗、红色，字符间距加宽 5 磅。其余单元格为微软雅黑、10 磅，其中"中国"和比分文本设置为红色。

步骤 4：给比分结果项目添加符号。单击【开始】→【段落】→【项目符号】按钮 旁边倒三角形，在弹出的下拉列表中选择【定义新项目符号】命令，打开【定义新项目符号】对话框，单击【符号】按钮，打开【符号】对话框，选择所要的符号，单击【确定】按钮，关闭对话框，如图 3-41 所示。

81

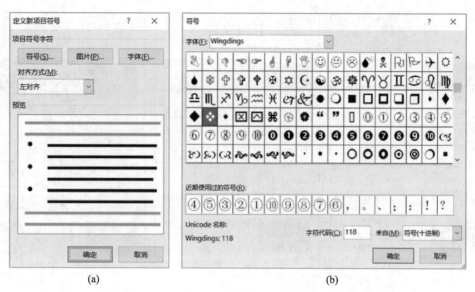

图 3-41　【定义新项目符号】和【符号】对话框

步骤 5：设置表格边框及背景颜色。选中表格，单击【开始】→【段落】→【边框】下拉按钮，在弹出的下拉列表中选择【边框和底纹】命令，打开【边框和底纹】对话框，选择【边框】选项卡，在【设置】区选择【无】选项，选择【底纹】选项卡，设置【填充】为【金色，个性色 4，淡色 80%】。

任务 3.2.3　制作漂亮的比赛日程海报

1．页面设置

完成任务 3.2.2 之后，将光标移动到最后，单击【插入】→【页面】→【分页】按钮，切换到下一页。单击【布局】→【页面设置】中的对话框启动器，打开【页面设置】对话框，在【页边距】选项卡设置【纸张方向】为【横向】，【应用于】为【本节】，具体页边距设置如图 3-42 所示；在【纸张】选项卡设置【纸张大小】为【A4】，【应用于】为【本节】。

2．设置标题：艺术字

步骤 1：添加画布。单击【插入】→【插图】→【形状】下拉按钮，在弹出的下拉列表中选择【新建绘图画布】命令，在上一步设置好的页面中插入矩形块的画布，选择画布四周的小圈，调整画布大小和页面一致。

步骤 2：添加并设置艺术字。单击【插入】→【文本】→【艺术字】按钮，在画布插入艺术字输入提示框，在提示框内输入文字"2019 世界女排大赛中国参赛日程"，选中文字，设置文字为华文琥珀、小初。单击【绘图工具-格式】

图 3-42　【页面设置】对话框
【页边距】选项卡

→【艺术字样式】→【文本填充】下拉按钮，在弹出的下拉列表中选择【金色，个性 4】选项，同样，在【文本效果】下拉列表中选择【转换】→【正方形】以及【发光】→【蓝色】。移动艺术字框到画布上部合适位置，效果如图 3-43 所示。

图 3-43　艺术字效果

3. 设置图行化比赛日程

步骤 1：单击【插入】→【插图】→【形状】下拉按钮，在弹出的下拉列表中选择【基本形状】→【椭圆】选项，按住 Shift 键可以画出一个圆形，选中形状，单击【绘图工具-格式】→【形状样式】→【形状填充】按钮 ⬥ 形状填充 ▾，在弹出的下拉列表中选择【图片】命令，在打开的对话框中选择素材里国旗图片文件，完成背景图片的填充；在【形状轮廓】下拉列表中选择【无轮廓】；在【形状效果】下拉列表中选择【棱台】→【硬边缘】效果，然后在【绘图工具-格式】→【形状样式】→【形状效果】下拉列表中选择【三维旋转】→【三维旋转选项】，在右侧显示【设置形状格式】面板，设置效果如图 3-44 所示。

步骤 2：单击【插入】→【插图】→【形状】下拉按钮，在弹出的下拉列表中选择【矩形】→【圆角矩形】形状，单击【绘图工具-格式】→【形状样式】列表右下角箭头，在展开的列表中选择【彩色轮廓，绿色，强调 6】主题。右击图形，在弹出的快捷菜单选择【添加文字】命令，输入和国旗一致的国家名称。移动该矩形叠加在圆的一边。选中圆形，单击【绘图工具-格式】→【排列】→【上移一层】下拉按钮，在弹出的下拉列表中选择【置于顶层】命令，效果如图 3-45 所示。

步骤 3：同上一步继续插入圆角矩形，并选中，单击【绘图工具-格式】→【形状样式】→【形状轮廓】下拉按钮，选择【无轮廓】命令，单击【绘图工具-格式】→【形状样式】→【形状填充】下拉按钮，在弹出的下拉列表中选择【渐变】→【其他渐变】命令，在右侧显示【设置形状格式】面板，选择【射线】类型。选中图形并右击，在弹出的快捷菜单中选择【添加文字】命令，输入 "VS"，并设置为左对齐，三号字体。调整矩形图形的位置，设置效果如图 3-45 所示。

步骤 4：同上操作，插入椭圆，单击【绘图工具-格式】→【形状样式】右下角箭头，在弹出的列表中选择【彩色填充-金色】样式，设置其【形状轮廓】为【白色】。单击【绘图工具-格式】→【插入形状】→【编辑形状】旁边倒三角形按钮，在弹出的下拉列表中选择【编辑顶点】命令，在黑色顶点按下鼠标移动位置修改图形到要求格式，如图 3-45 所示。右击该形状，在弹出的菜单中选择【添加文字】命令，参照图例内容输入比赛时间。

步骤 5：按下鼠标左键+Shift 键，同时选择已经做好的国旗和国家名称，按住 Ctrl 键，拖动复制另一份，移动到合适位置，设置向上移动一层，修改复制的国旗和名称为美国。

步骤 6：按住 Shift 键，单击制作好每一个图形，全部选中并右击，在弹出的菜单中选择【组合】命令，将所有选中的图形组合一起，移动到合适的位置。

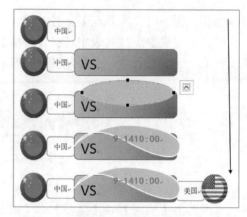

图 3-44　设置"三维格式"　　　　　　图 3-45　比赛日程制作步骤和效果

步骤 7：移动选中制作好的该比赛日程，复制粘贴，共 11 个。对每一个比赛日程国旗、国家名称、比赛时间，一一修改。最后效果图如图 3-45 所示。

4. 背景图设置

步骤 1：在画布上，单击【插入】→【插图】→【图片】按钮，打开【插入图片】对话框，选择素材文件夹下的"3-2 背景图.jpg"图片。

步骤 2：调整图片。选中插入的图片，在【绘图工具-格式】→【调整】功能组中使用【颜色】、【艺术效果】、【更正】命令按钮按照个人喜好调整。

步骤 3：设置图片为背景图。选中图片，移动位置和大小使其充满画布，右击图片，在弹出的快捷菜单中选择【排序】→【置于底层】命令，效果如图 3-34 所示。

▶ 同步训练

1. 制作点菜餐单，效果如图 3-46 所示。要求：菜名用表格布局，酒水用普通文字。整个页面采用分栏处理，图片要求增加透明度。所需图片参照本项目提供的素材资料。

2. 制作"生活趣味新闻稿"，效果如图 3-47 所示。使用分栏+文本框+文字+背景图片实现。参照本项目提供的素材资料。

图 3-46　点菜餐单效果图　　　　　　图 3-47　"生活趣味新闻稿"效果图

项目 3.3   制作录取通知书和邮寄通知书信封

▶ 项目描述

又一年度招生工作已经结束，每个学校都面临为新生打印录取通知书和通知书信封的繁重工作，传统的方法，一个一个编辑打印既费时费力还容易出错，使用 Word 2016 中提供的"邮件合并"功能，利用已有的录取信息可以批量生成录取通知书和信封。

邮件合并的基本思想：先建立两个文档，一个 Word 主文档、一个数据源文档（文档类型可以是 txt 文件、电子表格文件、Word 的表格或者数据库等），使用"邮件合并"功能可以将数据源文档的信息插入主文档中，合成新的文档，新文档可以直接保存，也可以打印出来，或可以邮件形式直接发出去。最终效果如图 3-48 所示。

图 3-48   录取通知书和邮寄通知书信封最终效果图

▶ 项目技能

- 了解"主文档"和"数据源"的关系。
- 学会使用向导制作中文信封。
- 熟悉"邮件合并"的操作流程。
- 使用文档部件。
- 提高"邮件合并"的操作能力。

▶ 项目实施

•任务 3.3.1   制作录取通知书主文档

1. 纸张设置

新建空白文档，单击【布局】→【页面设置】→【纸张方向】下拉按钮，在弹出的下拉列表中选择【横向】命令，同时设置页边距都是 2.5 cm，保存文档"录取通知书模板.docx"。

2. 插入"录取通知书"内容

参考如图 3-49 所示录入文字，设置标题"康……学院"为华文行楷、初号；"录取通知书"为微软雅黑、一号、加粗、红色；正文内容设置为宋体、三号、下画线；"凡满 18 岁……"行设置为加粗，段前为 1 行，段后为 1.5 行；在标题的右边插入一个单元格的"表格"，并设置表格属性为宽 3.5 cm、居右、环绕，调整高度。在照片下方插入文本框，录入"考生号："，调整大小及其位置。

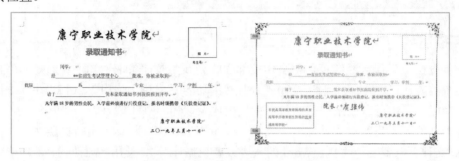

图 3-49　录取通知书模板图

3．以"文档部件"方式插入学校资质和院长签名

如果有经常重复使用的文字与图形、页眉页脚或者文档属性等，可以使用 Word 2016 的"文档部件"功能，该功能以"构建基块"的形式把常用内容保存到文档部件库中。在使用时一键插入，无需复制粘贴。

Word 2016 的文档部件包含"自动图文集""文档属性""域代码" 3 种类型。通过"构建基块管理器"管理文档部件库中所有"构建基块"（即可以重复使用的内容，默认提供很多常用的基块）。

（1）以"自动图文集"方式插入院长签名

步骤 1：在新建的文档中，输入文字"院长"，设置为华文行楷、16 磅、加粗。在文档中再插入素材资料图片文件"签名.png"。使用 Ctrl 键选中文字和图片，单击【插入】→【文本】→【文档部件】按钮 ，在弹出的下拉列表中选择【自动图文集】→【将所选内容保存到自动图文集】命令，打开【新建构建基块】对话框，在【名称】处输入"院长签名"，如图 3-50 所示。

步骤 2：切换到主文档，将光标定位在"录取通知书"内容的最后一行，换行，单击【插入】→【文本】→【文档部件】，在弹出的下拉列表中选择【自动图文集】→【院长签名】选项，效果如图 3-49 所示。

（2）使用"构建基块管理器"功能插入学校资质说明

步骤 1：新建一个 Word 文档，插入文本框，输入文本"本校是……的普通高等学校"，设置文本为宋体、22 磅、红色、段前 0.5 行，行距为 1.5 倍行距。设置文本框边框为红色、3 磅，通过鼠标拖曳调整文本框大小。

步骤 2：选中文本框，单击【插入】→【文本】→【文档部件】按钮 ，在弹出的下拉列表中选择【将所选内容保存到文档部件库】命令，打开【新建构建基块】对话框，【名称】处输入"学校资质说明"、【库】为【文本框】、【选项】为【仅插入内容】，单击【确定】按钮。

步骤 3：切换到主文档，将光标定位在"院长"前，单击【插入】→【文本】→【文档部件】按钮，在弹出的下拉列表中选择【构建基块管理器】命令，在【构建基块】列表中选择"学校资质说明"，单击【插入】按钮，如图 3-51 所示。

4．通过插入"水印"方式设置通知书背景花纹

在主文档文件，单击【设计】→【页面背景】→【水印】按钮 ，在弹出的下拉列表中选择【自定义水印】命令，打开【水印】对话框，选中【图片水印】单选按钮，单击【选择图片】

按钮，打开【插入图片】窗口，单击【从文件】→【浏览】按钮，在打开的【插入图片】对话框中选择素材文件夹中的"通知书背景图.png"，插入图片后，在编辑页眉状态下适当调整图片大小到合适，效果如图 3-49 所示，最后保存文档。

图 3-50 【新建构建基块】对话框   图 3-51 【构建基块管理器】对话框

• 任务 3.3.2 准备录取通知书数据源

"数据源"的种类繁多，它可以是 Word 文档、Excel 工作表、数据库等。本项目采用 Excel 工作表作为数据源。项目使用素材资源文件夹提供的已有的招生信息文件"项目 3.3 录取通知书数据源.xlsx"。要求必须包括姓名、系、专业名称、层次、学制、日期、考生号、照片、收信地址、邮编等信息。

• 任务 3.3.3 批量生成通知书的信封

步骤 1：新建一个 Word 2016 文档，保存为"信封.docx"。

步骤 2：单击【邮件】→【创建】→【中文信封】按钮，在打开的信封制作向导中单击【下一步】按钮，在【信封样式】选择【国内信封-ZL(230×120)】选项 国内信封-ZL (230x120)　∨ 。单击【下一步】按钮，在【选择生成信封的方式和数量】中选中【基于地址簿文件，生成批量信封】单选按钮，单击【下一步】按钮。

步骤 3：在打开的【从文件中获取并匹配收件人信息】页单击【选择地址簿】按钮，在打开的【打开】对话框中选择"项目 3-3 录取通知书数据源.xlsx"，返回窗口。在【匹配收件人信息】列表中【姓名】选择对应数据源中【姓名】字段，【地址】选择对应数据源中【收信地址】字段，【邮编】选择对应数据源中【邮编】字段。

步骤 4：单击【下一步】按钮，在【输入寄信人信息】页填写，其中【姓名】为"招生处"、【单位】为"康宁职业技术学院"、【地址】为"太原市小店区"、【邮编】为"030000"。

步骤 5：由于收件人换行会导致有一页空白信封，调整纸张大小高度为 13 cm，如图 3-52 所示。

图 3-52　"信封"效果图

任务 3.3.4　批量生成录取通知书

步骤 1：打开"录取通知书模板.docx"文件。

步骤 2：单击【邮件】→【开始邮件合并】按钮，在弹出的下拉列表中选择【信函】命令。单击【选择收件人】下拉按钮，在弹出的下拉列表中选择【使用现有列表】命令，选择本项目提供"项目 3-3　录取通知书数据源.xlsx"。

步骤 3：将光标定位在要插入内容的下画线上，单击【邮件】→【编写和插入域】→【插入合并域】下拉按钮，根据录取通知书上内容插入对应的字段名称，如图 3-53 所示。

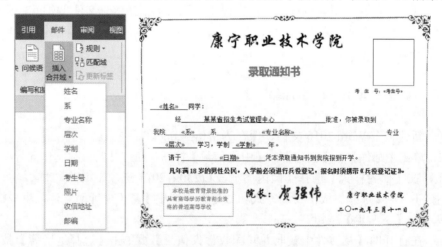

图 3-53　"录取通知书"插入字段名称

步骤 4：将光标定位在照片所在的表格中，单击【插入】→【文本】→【文档部件】下拉按钮，在弹出的下拉列表中选择【域】命令，打开【域】对话框，设置【域名】值为 IncludePicture，在【域属性】的【文件名或 URL】中输入图片保存的绝对路径"E:\模块三　素材\pic\"，取消选中【更新时保留原格式】复选项，单击【确定】按钮关闭对话框，如图 3-54 所示。

图 3-54 【域】对话框

步骤 5：选中插入的域框，同时按下 Shift+F9 组合键（有的计算机需按下 Fn+Shift+F9 组合键），会自动切换显示域代码，如图 3-55 所示。

步骤 6：将光标定位在域代码"E:\\模块三 素材\\项目 3-3\\pic\\"后，单击【插入合并域】按钮，选择【照片】。按 F9 功能键，显示照片。通过鼠标手动调整照片大小直到合适尺寸，如图 3-56 所示。

图 3-55 域代码图

图 3-56 插入"照片"

步骤 7：单击【邮件】→【预览结果】→【预览结果】按钮，检查结果是不是预期个数。通过导航按钮，可以查看前一条、下一条和指定记录。

步骤 8：单击【邮件】→【完成】→【完成并合并】按钮，在弹出的下拉列表中选择【编辑单个文档】命令，打开【合并到新文档】对话框，如图 3-57 所示。选中【全部】单选按钮，单击【确定】按钮，即可生成一个新的包括全部学生录取通知书的 Word 文档，保存为"项目 3-3 录取通知书合并后文档.docx"。

步骤 9：完成后，会发现图片都是一样的，这时需要使用组合键 Ctrl+A 全选文档，按下功能键 F9 即可。

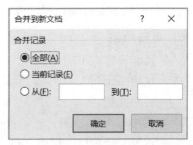

图 3-57 【合并到新文档】对话框

▶ **同步训练**

1. 批量制作毕业证书，参考案例如图 3-58 所示。

2. 使用【邮件】→【开始邮件合并】→【开始邮件合并】中的"邮件合并分布向导"功能批量制作奖状，效果如图 3-59 所示。

图 3-58　毕业证书效果

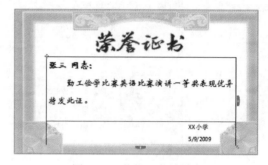

图 3-59　奖状证书效果

> ⚠ **注意**
>
> 证书图片和奖状图片可以通过提供的资料查找，或者网络下载。使用表格设置格式内容。

项目 3.4　制作和打印数学试卷

▶ **项目描述**

制作一个如图 3-60 所示"试卷模板"、一份如图 3-61 所示"数学试题"，利用 Word 2016 的文档合并功能得到一份规范的数学试卷。项目完成后的最终效果如图 3-62 所示。

试卷完成以后，有关负责人需审核试卷，审核过程对错误之处进行修订，对内容还需要进行批注，本项目通过 Word 2016 完成这些工作，项目中批注、修订等具体要求如下：

① 对数学试卷中"考试形式"做批注，批注内容为"开卷笔试""闭卷笔试""开卷机试""闭卷机试"；对"课程试卷"做批注。批注内容为"A 卷用于正式考试，B 卷用于补考"。

② 修改试卷的用户名为用户自己的姓名。

③ 修订并打印已有数学试卷。

④ 限制试卷被编辑和修改。

▶ **项目技能**

- 页面设置：页眉、页脚、奇偶页设置、页面版式、页边距。
- 使用 Word 的数学公式编辑数学题。
- 合并文档。
- 批注和修订文档。
- 设置文档的修改权限。
- 打印文档为 PDF 格式。

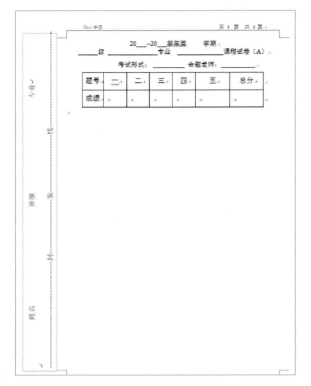

图 3-60　试卷模板

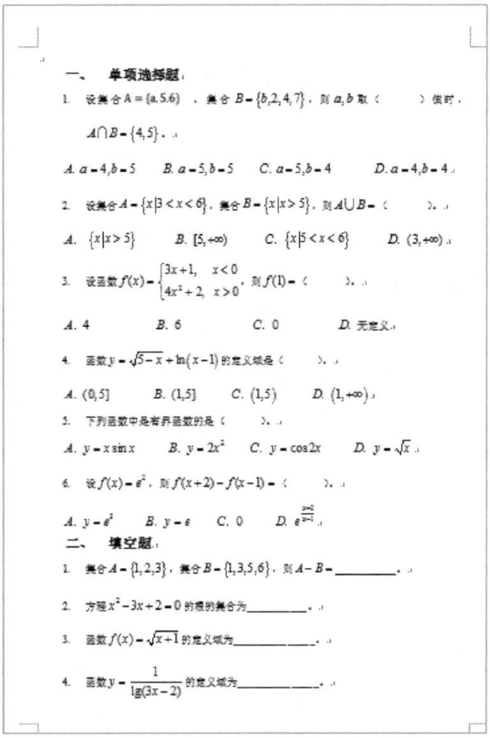

图 3-61　数学试题

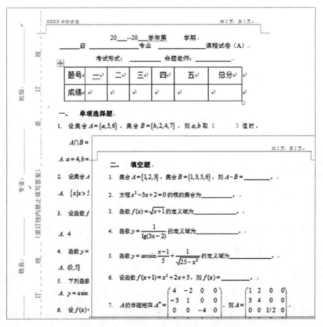

图 3-62　数学试卷最终效果图

▶ **项目实施**

任务 3.4.1　制作试卷通用模板

1.新建文档

打开 Word 2016，新建空白文档，在【文件】选项卡选择【保存】命令，打开对话框，选择保存路径，文件命名为"试卷模板.docx"，单击对话框中的【工具】按钮，在弹出的下拉菜单中选择【保存选项】命令，打开【Word 选项】对话框，选择【保存】选项卡，修改自动保存为 5 分钟一次，单击【确定】按钮关闭对话框。

2.录入试卷模板的内容

录入试卷模板的内容，如学年、学期、年级、专业、课程、考试形式、命题老师、得分表等，格式如图 3-63 所示。字体设置为宋体、四号。填空的空格处使用字体下画线+空格实现。

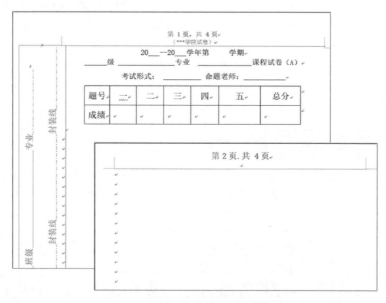

图 3-63　模板奇偶页不同效果图

3.试卷模板的页面设置

（1）版式设置

单击【布局】→【页面设置】对话框启动器，打开【页面设置】对话框，在对话框中选择【版式】选项卡，在【节的起始位置】选择【奇数页】、【页眉页脚】栏目选中【奇偶页不同】复选项。

【节的起始位置】为"奇数页"的含义是首页从 1 开始，如果选择偶数页首页从 2 开始。"奇偶页不同"是指奇数页的页眉内容和偶数页的页眉内容可以不同，如图 3-64 所示。

（2）页边距设置

在"页面设置"对话框中，选择【页边距】选项卡，【纸张方向】选择【纵向】、【页码范围】选择【对称页边距】，【应用于】选择【整篇文档】，如图 3-64 所示（注：具体选择的含义请参见项目小节中的解释）。

(a)　　　　　　　　　　　(b)

图 3-64　页面设置"版式"和"页边距"

4. 制作奇偶页的页眉页脚

（1）插入页码

单击【插入】→【页眉和页脚】→【页码】下拉按钮，在弹出的下拉列表中选择【页面顶端】→【加粗显示的数字 1】命令，插入格式【1/1】的页码。在此基础上修改格式为"第 1 页共 1 页"（注：不要删除两个 1，在第 1 个"1"前后分别添加"第"和"页"，删除"/"，在第 2 个"1"前后分别添加"共"和"页"）。设置字体为宋体、五号。在第 1 页的页眉，补充录入"×× ××学院试卷"，这样所有的奇数页都显示该内容，但偶数页都不会显示。移动到第 2 页，用同样的方法插入页码，设置格式一致。

（2）插入"封装线"等内容

单击【插入】→【页眉和页脚】→【页眉】下拉按钮，在弹出的下拉列表中选择【编辑页眉】命令，进入页眉页脚编辑状态，单击【插入】→【文本】→【文本框】下拉按钮，在弹出的下拉列表中选择【绘制文本框】命令，鼠标移动到页眉左侧，绘制一个文本框。单击【绘图工具-格式】→【形状样式】→【形状填充】按钮，在弹出的下拉列表中选择【无填充】命令，单击文本框内文字区域，设置字体为宋体、四号。单击【绘图工具-格式】→【文本】→【文字方向】按钮，在弹出的下拉列表中选择【将所有文字旋转 270°】命令，如图 3-65 所示。

图 3-65　文字方向设置

在文本框中录入"姓名_____班级___专业____"，换行录入"封装线____"等文字内容（注：

93

封装线可以在【开始】→【字体】→【下画线】 U ▾ 下拉列表中选择【点画线】，连续录入空格完成）。完成输入单击【开始】→【段落】→【垂直居中】按钮。

　　单击【页眉和页脚工具-设计】→【关闭】→【关闭页眉页脚】按钮，退出页眉页脚的编辑状态（注：也可以在文档区域双击，退出页眉页脚）。至此试卷的模板制作完毕。

●任务 3.4.2　编排数学试题文档

1.　新建文档

打开 Word 2016，新建空白文档，保存文件名为"数学试题.docx"，设置自动保存时间为 5 分钟。

2.　设置文档页面

与模板的页面设置必须一致，参照模板的设置。即，在【节的起始位置】为【奇数页】；【页眉和页脚】栏选中【奇偶页不同】复选项；【纸张方向】为【纵向】；【页码范围】为【对称页边距】；【应用于】为【整篇文档】。

3.　录入单项选择题及其备选答案

参照素材文件夹的"数学试题.pdf"录入试题。

步骤 1：录入"一、1"的试题。单击【插入】→【符号】→【公式】按钮 π，功能区增加数学公式的【公式工具-设计】选项卡，如图 3-66 所示，单击【公式工具-设计】→【工具】→【abc 普通文本】按钮 abc 普通文本，在提示区域录入文本"设集合 A="，单击【abc普通文本】按钮，此时【abc 普通文本】按钮恢复正常。单击【公式工具-设计】→【结构】→【括号】按钮 {O}，在弹出的下拉列表中选择【方括号】中第 3 个形状，会插入一个虚线框 设集合 A=[□]，移动←键，看到选中虚线框时，录入集合 A 的值。同样的方法录入集合 B。单击【公式工具-设计】→【符号】中的符号∪，完成 A 和 B 的并集录入。样式见素材文件夹"数学试卷.pdf"。

图 3-66　数学公式的【公式工具-设计】选项卡

步骤 2：录入"一、1"的试题答案。选择题答案的输入方法是采用表格布局，对齐更方便。在答案行插入一个 1×4 的表格，选中整行，选择自动编号并设置编号格式，表格边框为无。

a) a=4,b=5	b) a=5,b=5	c) a=5,b=4	d) a=4,b=4

4.　录入第 3 题分段函数

单击【插入】→【符号】→【公式】按钮，窗口显示【公式工具-设计】选项卡，单击【结构】→【括号】下拉按钮，在弹出的下拉列表中选择【常用方括号】中的【事例示例】选项，此时会在文档中插入一个分段函数，修改内容为 $\begin{cases} 3+x, & x<0 \\ 4x^2+2, & x>0 \end{cases}$ 即可（或者使用【括号】→【事例和堆栈】→【事例（两条件）】先在文档中插入符号 ，然后编辑虚线框内容），如图 3-67 所示。

在录入 "x^2" 时，单击【公式工具-设计】→【结构】→【上下标】按钮e^x，在弹出的下拉列表中选择【上标和下标】→【上标】□□ 图标，然后单击□□ 下边的虚线方块，录入 "x"，单击上边的虚线方块录入 "2"。使用快捷键 Ctrl+S 保存文档。

5. 录入开方和对数函数

操作步骤同上，进入数学公式的【公式工具-设计】选项卡以后，单击【结构】→【根式】按钮，在弹出的下拉列表中选择【根式】→【平方根】$\sqrt{\Box}$，单击公式中的虚线方块，录入 "$5-x$"。

单击【公式工具-设计】→【结构】→【极限和对数】按钮$\lim_{n\to\infty}$极限和对数，在弹出的下拉列表中选择【函数】→【自然对数】$\ln\Box$，录入 "$(x-1)$"。结果为 $\sqrt{5-x}+\ln(x-1)$。

图 3-67 数学公式-括号

6. 录入 4×4 行列式和矩阵

操作步骤同上，单击【公式工具-设计】→【结构】→【矩阵】按钮，在弹出的下拉列表中选择【括号矩阵】中的$\begin{bmatrix}\Box&\Box\\\Box&\Box\end{bmatrix}$，插入一个 2×2 的方括号矩阵。选择每个虚方框，分别继续单击【矩阵】按钮，在弹出的下拉列表中选择【空矩阵】中 2×2 的$\begin{bmatrix}\Box&\Box\\\Box&\Box\end{bmatrix}$，矩阵就变成 4×4 的格式。类似其他公式的处理，单击每个虚方框后录入具体数字。结果为 $A^* = \begin{pmatrix} 4 & -2 & 0 & 0 \\ -3 & 1 & 0 & 0 \\ 0 & 0 & -4 & 0 \\ 0 & 0 & 0 & -1 \end{pmatrix}$。按照以上方法，可以录入其他数学公式。录入完成，按组合键 Ctrl+S 保存文档。

•任务 3.4.3 在 "试卷模板" 中插入 "数学试题" 子文档

步骤 1：打开 "试卷模板.docx" 文档，光标移到成绩登记栏下的空白处。单击【插入】→【文本】→【对象】按钮，在弹出的下拉列表中选择【文件中的文字】命令，打开【插入文件】对话框，选择 "数学试题.docx"，插入文件。

步骤 2：选择【文件】→【另存为】命令，打开【另存为】对话框，选择文件保存的路径，命名文件为 "数学试卷.docx"。

•任务 3.4.4 批注数学试卷

1. 插入批注

顾名思义，"批注" 就是对文档中的某些内容做注释或者备注。本案例项目中对数学试卷中的考试形式和试卷分类中的（AB 卷）做批注。批注是审阅的一种方式。

打开文档 "数学试卷.docx"。选中 "考试形式"，单击【审阅】→【批注】→【新建批注】

按钮，将会打开"批注窗格"，输入批注的内容"包括'开卷笔试''闭卷笔试''开卷机试''闭卷机试'"，如图 3-68 所示。同样的方法，对"课程试卷"做"A 卷用于正式考试，B 卷用于补考"的批注。

图 3-68　批注窗

2. 查看"批注"内容

单击【审阅】→【批注】→【显示批注】按钮，展开批注内容，如图 3-69 所示。

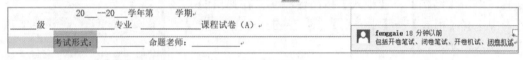

图 3-69　查看批注

3. 取消批注

选中现有的批注，单击【审阅】→【批注】→【删除】按钮，即可删除批注。删除时还可以选择删除哪一条批注，或者文档中所有批注。

●任务 3.4.5　修订数学试卷

写好的文档经常需要主管或者编审进行审阅，在审阅过程中会做内容修改，希望能看到修改前和修改后的所有内容。Word 提供的"修订"功能可以满足该需要。"批注"也是一种修订。在"修订"功能中，提供了是否查看批注内容，可以选择只查看修订不查看批注。

1. 修订状态下，检查与修改"修订选项"

步骤 1：单击【审阅】→【修订】→【修订】按钮，进入修订状态。

步骤 2：单击【修订】组对话框启动器，打开【修订选项】对话框，如图 3-70 所示。本次为了只清晰查看删除和修改的修订内容，取消选中【批注】复选项；设置在【'所有标记'视图中的批注框显示】为【无】。

步骤 3：为了设置本次修订人的名称，单击【更改用户名】按钮，打开【Word 选项】对话框，在【用户名】处输入"冯改娥"，如图 3-71 所示。单击【确定】按钮关闭对话框。

步骤 4：在【审阅】→【修订】中设置【所有标记】，单击【显示标记】下拉按钮，在弹出的下拉菜单中选择【批注框】→【以嵌入方式显示所有修订】命令，完成设置。

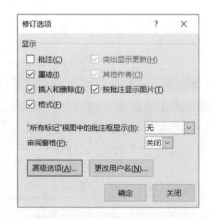

图 3-70　【修订选项】对话框

2. 在修订状态下，开始修订文档

步骤 1：在试卷中将"单项选择题"前的"单项"删除，将一（2）题下的"a，b取（　）"

修改为"a,b 的值是（ ）"。观察在修订状态下被修改的显示形式，并且在修改行的右侧会显示"外框线"，如图 3-72 所示。

图 3-71 【Word 选项】对话框

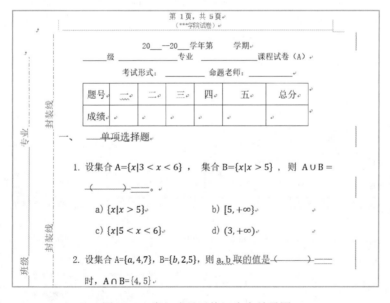

图 3-72 嵌入式显示修订内容效果图

步骤 2：使用"查找/替换"功能修改文档，要求把填空题中"（ ）"统一修改为下画线"___"。如果一个一个修改费时费力，使用 Word 提供的"查找/替换"功能可以一次搞定。

单击【开始】→【编辑】→【替换】按钮 ，打开【查找和替换】对话框，如图 3-73 所示。在【查找内容】区输入"（ ）"，在【替换为】区输入"＿＿"，单击【全部替换】按钮。

（图：查找和替换对话框）

图 3-73 【查找和替换】对话框

步骤 3：单击【修订】按钮，恢复到弹起状态。

3．接受或者拒绝对试卷的修订

修订完成后，经核对，认可或者不认可修订内容，可以通过单击【审阅】→【更改】中的【接受】按钮 或者【拒绝】按钮 处理修订内容。

一般多个用户修订同一篇文档，会以不同的颜色显示出各自所修订部分。如果想查看具体修订者和修订部分，可以使用【审阅】→【修订】→【显示标记】→【批注框】→【在批注框中显示修订】命令。也可以通过单击【审阅窗格】按钮 打开审阅窗格，查看修订详细内容。

如果是"一对一工作"建议采用"以嵌入式显示所有修订"方式，如果多人合作选择"在批注框中显示修订"，如图 3-74 所示。

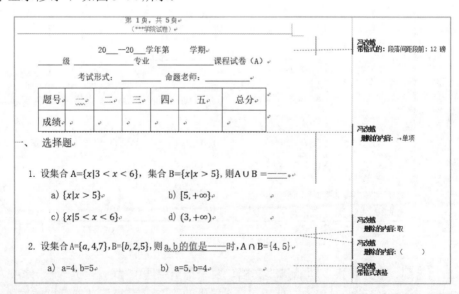

图 3-74 修订框显示修订内容

• 任务 3.4.6　设置试卷的修改权限

步骤 1：当试卷处理结束，需要限制别人修改试卷时，可以单击【审阅】→【保护】→【限制编辑】按钮 ，打开【限制编辑】窗格，如图 3-75 所示。

在【限制编辑】窗格中，选中"2. 编辑限制"的【仅允许在文档中进行此类型的编辑】复选项，并选择【不允许任何更改（只读）】选项。

步骤 2：单击【是，启动强制保护】按钮，打开【启动强制保护】对话框，如图 3-76 所示。输入新密码和确认新密码，单击【确定】按钮关闭对话框。

图 3-75　【限制编辑】窗格　　　　　　　　图 3-76　【启动强制保护】对话框

被保护以后的文档不可以编辑。如果要编辑，打开【限制编辑】窗格，单击【停止保护】按钮，打开【停止保护】对话框，输入保护密码即可停止保护。

• 任务 3.4.7　打印 PDF 格式试卷

1. 打印

页面设置结束，在打印试卷之前，还需安装打印机驱动程序。在安装完成后，选择【文件】→【打印】命令，单击【打印】按钮即可，如图 3-77 所示。

2. 打印成 PDF 格式文件

选择【文件】→【打印】命令，在弹出的打印设置窗口中，选择 Word 2016 自带的"Microft Print to PDF"打印机。同时，在打印设置窗口中，可以选择全部打印或者打印指定的页，也可以在该窗口重新设置纸张方向、页边距、纸张大小等内容。单击【打印】按钮 ，打开【将打印输出另存为】对话框，输入文件名，将其打印成 PDF 格式的文件。扩展名为 PDF 格式的文件是一种模拟打印的文件，如图 3-78 所示。

图 3-77　打印设置

图 3-78　【将打印输出另存为】对话框

▶ **同步训练**

1. 参考教材，请完成一份完整的高等数学试卷。要求有选择题、填空题、计算题三大类。内容自定。

2. 使用自己制作的模板打印题目 1 制作好的数学卷子，并查看效果。

项目 3.5　排版毕业论文

▶ **项目描述**

一本书一般会有上百页内容，还有很多章、节，以及目录、摘要、对词汇的注释、书后附有参考文献的引用等内容，如何排版保证章节内容格式一致、目录指定的页数和实际自动对应，如何自动统一格式的给文章插入题注、引用、脚注和尾注等，这些问题在 Word 2016 中都有特定功能帮助我们实现。

　　本项目通过一篇毕业论文的排版和设置，讲解长文档的排版，学习以上知识点，也有利于学生毕业最后一个作业的完成，效果如图 3-79 所示。

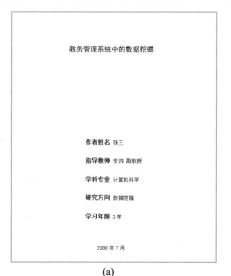

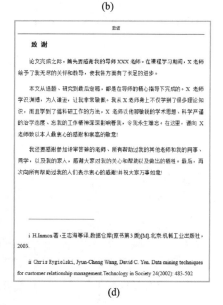

图 3-79　毕业论文最终效果图

▶ **项目技能**

- 创建文档结构。
- 修改和应用样式。
- 设置分页符。

- 插入页眉和页脚。
- 插入题注、引用、脚注和尾注。
- 纸张设置、打印、预览。
- 添加目录。
- 更新目录。

▶ **项目实施**

•任务 3.5.1　制作毕业论文封面

页面设置

步骤 1：打开"模块三 素材"文件夹→"项目 3-5"文件夹→"论文素材.docx"。单击【布局】→【页面设置】→【页边距】按钮，在弹出的下拉列表中选择【自定义页边距】命令，打开【页面设置】对话框，设置上边距、左边距各 3 厘米，下边距、右边距各 2.5 厘米，装订线 1 厘米，装订线位置靠左，单击【确定】按钮。

步骤 2：在将光标定位在文档最前端，单击【插入】→【页面】→【空白页】按钮。也可以单击【封面】下拉按钮 📄封面 ，在弹出的下拉列表中选择内置封面效果。

步骤 3：本例以空白页为例。标题"教务管理系统中的数据挖掘"设置为黑体、三号、水平居中；"作者姓名""指导教师""学科专业""研究方向""学习年限"等设置为宋体、四号、加粗、水平居中。

步骤 4：通过设置段落间距或按 Enter 键的方法，调整段落到合适位置，如图 3-80 所示。

图 3-80　"教务管理系统中的数据挖掘"封面图

102

•任务 3.5.2 制作论文指定文本样式

Word 2016 提供了文本、标题、题注等各种内置样式，但是实际操作中毕业生需要严格按照学校论文给出的规范去做，为此需要对内置样式进行修改。

1. 正文样式设置

步骤1：在【开始】→【样式】中选择【正文】样式，如图 3-81 所示。右击，在弹出的快捷菜单中选择【修改】命令，打开【修改样式】对话框，如图 3-82 所示。

图 3-81 【样式】功能区

步骤2：在【修改样式】对话框中，设置正文格式为小四、宋体、字符不缩放、字符间距为"标准"。在该对话框中单击【格式】按钮，在弹出的下拉菜单中选择【段落】命令，打开【段落】对话框，设置段前、段后间距各 0.5 行、1.5 倍行距，首行缩进 2 个字符，如图 3-83 所示。

图 3-82 【修改样式】对话框　　　　图 3-83 【段落】对话框

2. 标题设置

步骤1：选择【样式】功能组中的【标题 1】样式，右击，在弹出的快捷菜单中选择【修改】命令，在打开的对话框中设置其格式为四号、黑体、加粗、左对齐、1.5 倍行距。

步骤 2：选择【样式】功能组中的【标题 2】样式，同样方法设置其格式为小四、黑体、加粗、左对齐、1.5 倍行距。

步骤 3：选择【样式】功能组中的【标题 3】样式，同样方法设置其格式为小四、宋体、加粗、左对齐、1.5 倍行距。

任务 3.5.3　制作论文各级标题

步骤 1：单击【视图】→【视图】→【大纲视图】按钮，打开大纲视图窗口，大纲视图有 9 级标题和正文文本，如图 3-84 所示。

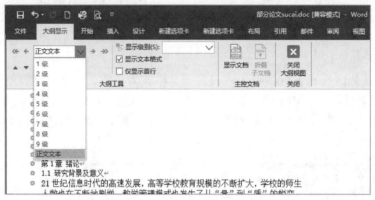

图 3-84　大纲视图窗口

步骤 2：在文档中选择"第 1 章 绪论"→【1 级】，选择"1.1 研究背景及意义"→【2 级】或者单击提升箭头 ，选择"2.1.1 数据仓库的概述"→【3 级】。重复以上步骤，逐一完成"教务管理系统中的数据挖掘"所有标题，文档结构最终效果如图 3-85 所示。

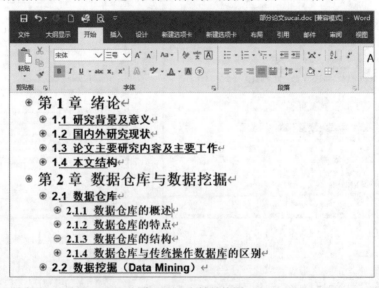

图 3-85　文档结构图

步骤 3：单击【视图】→【视图】→【页面视图】按钮，在【视图】→【显示】功能组中选中【导航窗格】复选项，在文档编辑区左侧出现导航窗格，如图 3-86 所示。

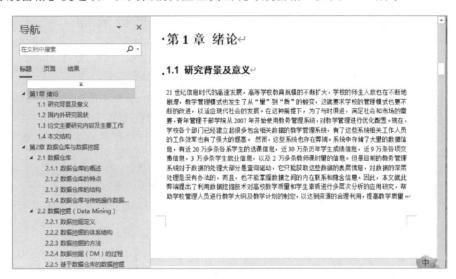

图 3-86　【导航】窗格

•任务 3.5.4　创建毕业论文页眉/页脚

论文的"页眉/页脚"通常包括以下内容：封面和目录不显示页眉/页脚的内容；中英文题目、摘要和关键词页面用罗马数字标注页码；正文中用阿拉伯数字标注页码；正文中偶数页眉显示"教务管理系统中的数据挖掘"；奇数页眉显示"第 1 章　绪论"/"第 2 章　数据仓库与数据挖掘"以此类推，输入内容对应的章节标题。

1．插入分节符

步骤 1：将光标定位在"摘要"文字前，单击【布局】→【页面设置】→【分隔符】下拉按钮，在弹出的下拉列表中选择【分节符】→【下一页】命令，如图 3-87 所示。

步骤 2：同样操作，在各一级标题前分别插入一个"分节符（下一页）"。

2．插入摘要页页脚

步骤 1：将光标定位到摘要页，单击【插入】→【页眉和页脚】→【页脚】按钮，在弹出的下拉列表中选择【编辑页脚】命令，然后单击【页眉和页脚工具-设计】→【导航】→【链接到前一节】按钮。

步骤 2：单击【页眉和页脚】→【页码】按钮，在弹出的下拉列表中选择【设置页码格式】命令，打开【页码格式】对话框，在【编号格式】下拉列表框中选择罗马数字【I，II，III，…】，在【页码编号】选项组中选中【起始页码】单选按钮，单击【确定】按钮，如图 3-88 所示。

步骤 3：单击【页眉和页脚】→【页码】按钮，在弹出的下拉列表中选择【页面底端】→【普通数字 2】格式。

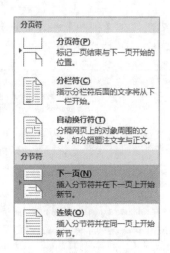

图 3-87　插入分节符

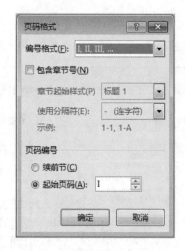

图 3-88　【页码格式】对话框

3．插入正文页页码

步骤 1：将光标定位到正文第 1 页，重复操作上述 2（1）中的操作。

步骤 2：单击【插入】→【页眉和页脚】→【页码】按钮，在弹出的下拉列表中选择【设置页码格式】命令，打开【页码格式】对话框，在【编号格式】下拉列表框中选择阿拉伯数字【1，2，3，…】，在【页码编号】选项组中选中【起始页码】单选按钮，单击【确定】按钮。

步骤 3：重复操作上述"2.插入摘要页页脚"的步骤 3 中的操作。

4．插入页眉

论文的封面、目录和摘要不需要设置页眉，从论文正文开始设置页眉。其中，偶数页页眉显示"教务系统中的数据挖掘"；奇数页页眉显示每一章的标题。

步骤 1：单击【插入】→【页眉和页脚】→【页眉】下拉按钮，在弹出的下拉列表中选择【编辑页眉】命令，在【页眉和页脚工具-设计】→【导航】功能组中单击【链接到前一节】按钮。在【选项】功能组中选中【首页不同】复选框和【奇偶页不同】复选框。

步骤 2：将光标定位到"首页页眉第 3 节"页眉处，输入"第 1 章 绪论"，居中对齐。

步骤 3：将光标定位到"偶数页页眉"处，输入"教务管理系统中的数据挖掘"，居中对齐。

> **注意**
>
> 　　页眉编辑状态下，一定要确定左边显示当前页眉的节数与上一节页眉节数的关系，从而输入对应的页眉内容。若当前页眉不需要和上一节页眉相同，则取消选择【链接到前一节】。

任务 3.5.5　插入题注、交叉引用

1．插入题注

在论文中有效管理图、表、公式等，需要对其进行自动编号，当编号发生变化时自动更新文档中的引用。

步骤 1：单击【引用】→【题注】→【插入题注】按钮，打开【题注】对话框，单击【新建标签】，打开【新建标签】对话框，在对话框中输入"图 4-"，单击【确定】按钮，题注就会

自动编号，如图 3-89 所示。

图 3-89　【题注】对话框

步骤 2：选中图片，然后单击【引用】→【题注】→【插入题注】按钮，在图片下方就会自动生成"图 4-1"题注，如图 3-90 所示。

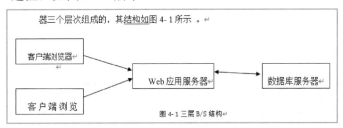

图 3-90　"图 4-1"题注

2．交叉引用

将光标定位到文中"其结构如"字符和"所示"字符中间，单击【引用】→【题注】→【交叉引用】按钮，打开【交叉引用】对话框，在【引用类型】选择新建的"图 4-"，【引用哪一个题注】列表中选择对应的题注，【引用内容】选择【仅标签和编号】，单击【插入】按钮，如图 3-91 所示。

图 3-91　【交叉引用】对话框

> **注意**
>
> 若增加或删除题注后，只需要选择文中图示文字并右击，在弹出的快捷菜单中选择【更新域】命令即可更新交叉引用。

• 任务 3.5.6 制作论文目录

步骤 1：将光标定位在封皮文档末尾，单击【布局】→【页面设置】→【分隔符】下拉按钮，在弹出的下拉列表中选择【分节符】→【下一页】命令，输入"目录"，并将其格式设置为三号、黑体、加粗、居中、字间空两字符。

步骤 2：单击【引用】→【目录】→【目录】下拉按钮，在弹出的下拉列表中选择【自定义目录】命令，打开【目录】对话框，如图 3-92 所示。

步骤 3：选中【显示页码】和【页码右对齐】复选框；【制表符前导符】一般选择【细虚线】；【显示级别】一般选择 3 级。

步骤 4：单击【确定】按钮，自动生成论文的目录，如图 3-93 所示。

图 3-92 【目录】对话框

图 3-93 论文目录

• 任务 3.5.7 更新论文目录

论文目录生成后，如果论文的内容增加或减少，目录需要做出相应的调整。此时光标定位在目录区，右击，在弹出的快捷菜单中选择【更新域】命令，打开【更新目录】，选中【只更新页码】单选按钮即可，如图 3-94 所示；如果论文中标题也发生了变化，那么在弹出的【更新目录】对话框中，选中【更新整个目录】单选按钮即可。

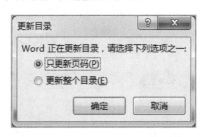

图 3-94　【更新目录】对话框

•任务 3.5.8　制作论文脚注和尾注

"脚注"和"尾注"都是对文档的补充说明。"脚注"位于当前页面的底部，可以作为文档某处内容的注释；"尾注"一般位于文档的末尾，列出引文的出处等。

1. 插入脚注

将光标定位到要"……，用来支持管理决策。"文本后面，单击【引用】→【脚注】→【插入脚注】按钮，则在光标处插入一个编号，在当前页面最底部插入了一条横线和对应的统一编号，输入脚注内容。效果如图 3-95 所示。

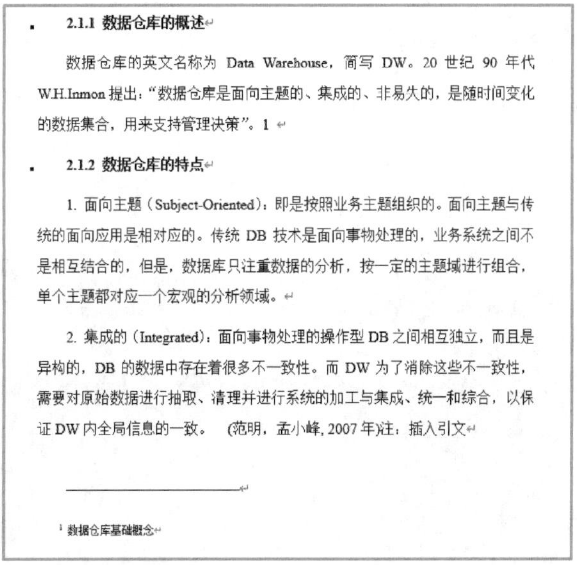

图 3- 95　插入脚注效果图

2. 插入尾注

单击【引用】→【脚注】→【插入尾注】命令，则在光标处插入一个编号，在当前文档末尾插入了一条横线和对应的统一编号，输入尾注内容。

3. 修改脚注/尾注的编号

单击【引用】→【脚注】对话框按钮，打开【脚注和尾注】对话框，在【格式】栏【编号格式】下拉菜单列表中选择所需编号格式，单击【应用】按钮即可，如图 3-96 所示。

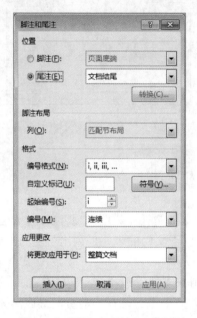

图 3-96 【脚注和尾注】对话框

▶ 同步训练

制作公司招聘计划书，详细材料请参照素材"自主练习"。

模块 *4*
数据处理

Excel 2016 是 Office 2016 的重要组件之一，是一款电子表格制作软件。Excel 2016 提供丰富的函数，有报表制作功能，可生成直观的图表；可以完成电子表格数据的录入、运算、统计、分析等工作，能够提高使用人员的工作效率。Excel 2016 增加了一些新功能，例如在【操作说明搜索】文本框中输入关键字，可以快速找到需要的操作命令，并能选择最近使用过的操作命令，提高工作效率，还增加了树状图、旭日图、直方图、箱形图和瀑布图等多种图表。

项目 4.1　制作销售公司职员基本情况表

▶ 项目描述

利用 Excel 2016 的简单功能，制作销售公司职员基本情况表，格式如图 4-1 所示。本项目要求：表头文字为黑体、18 磅、加粗、浅蓝色底纹、行高 30 磅；其他文字均为宋体、12 磅，行高 18 磅，自动调整列宽；标题行文字为蓝色，浅绿色底纹填充。

销售公司职员基本情况表

序号	姓名	性别	民族	婚否	籍贯	学历	身份证号	出生日期	政治面貌	联系电话
1	赵延坤	男	汉族	已	山西	大专	140105198208156578	1982/08/15	党员	0351-5691234
2	李婉婷	女	汉族	否	山西	本科	140103199303162421	1993/03/16	团员	0351-5692865
3	张丹丹	女	汉族	否	山西	大专	140102199106195722	1991/06/19	团员	0351-5686923
4	王小刚	男	汉族	已	山西	中专	140311198812074618	1988/12/17	群众	0351-5695623
5	程凤仪	女	汉族	已	山西	中专	140105198310032420	1983/10/13	群众	0351-5693053
6	欧阳峰	男	汉族	否	山西	初中	140101199002274537	1990/02/17	团员	0351-5697589
7	王志强	男	汉族	已	山西	本科	140105198609122576	1986/09/12	党员	0351-5694732
8	孙小梅	女	汉族	否	山西	本科	140103199211085843	1992/11/18	团员	0351-5693567

图 4-1　销售公司职员基本情况表

▶ 项目技能

- 熟悉 Excel 2016 工作环境。
- 掌握单元格中录入数据的技巧。
- 掌握对单元格的操作。
- 掌握对工作表的基本操作。
- 掌握对工作簿的操作。

▶ 项目实施

• 任务 4.1.1　熟悉 Excel 2016 工作环境

启动 Excel 2016 软件后，首先出现的界面如图 4-2 所示，可以选择其中的空白工作簿进行个性化设计，也可以选择系统已经设置好的工作簿模板，实现快速新建相应文件。

选择空白工作簿进入工作界面，还可以通过单击【文件】回到选择模板界面。

1. 基本构成

① 工作簿：Excel 2016 创建的文件为工作簿。启动 Excel 2016 应用程序后，会自动创建一个名为"工作簿 1.xlsx"的文件。

② 工作表：每一个新的工作簿预设有一张空白工作表，利用工作表标签（如 Sheet1）来区分和切换不同的工作表。如果需要增加工作表，可以插入新的工作表。

③ 单元格：工作表中的每个方格为"单元格"，单元格是 Excel 的最基本单位，对应有一个列标和一个行号，单元格的名称用列标和行号表示，如工作表左上角的单元格位于第 A 列第 1 行，就用"A1"表示这个单元格。

112

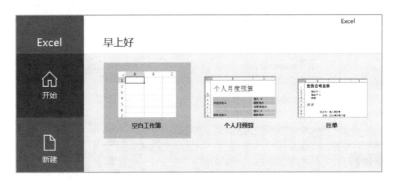

图 4-2   Excel 启动界面

2. 窗口结构

在如图 4-3 所示的 Excel 2016 工作窗口中，有如下元素。

图 4-3   Excel 2016 工作窗口

①【快速访问工具栏】：其中是一些常用的工具按钮，方便快速完成相应操作。可以通过自定义快速访问工具栏加上自己常用的工具。如果要使用的命令不在下拉列表中，可单击【其他命令】按钮，打开【Excel 选项】对话框，在其中进行设定，如图 4-4 所示。

②【功能区选项卡】：常用的有【开始】【插入】【页面布局】【公式】【数据】【审阅】【视图】等选项卡，每个选项卡都带有相应的功能区，功能区中是实现各种命令的工具按钮，功能相近的工具按钮按组进行划分。

【文件】菜单：其中包括执行与文件有关的命令，如【新建】【打开】【打印】【保存】及【关闭】等命令。【文件】菜单会列出最近所用文件，方便再次打开。另外还可以选择更多的模板。

③【名称栏】：显示当前活动单元格的名称，【编辑栏】可为当前活动单元格录入数据、公式和函数。

④ 视图方式：在状态栏的右侧，有 3 个视图方式按钮，依次是【普通】【页面布局】【分页预览】。用户可以在不同的视图方式下浏览数据。

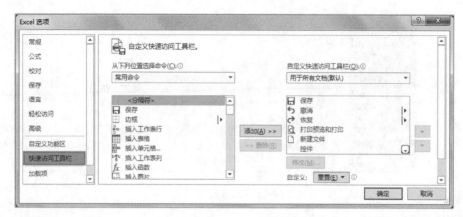

图 4-4　【Excel 选项】对话框

⑤ 显示比例工具：在视图方式右侧是【显示比例】区，显示目前工作表的比例。单击【+】或【-】按钮可放大或缩小工作表的显示比例，也可以直接拖动中间的滑块，往【+】按钮方向拖动可放大显示比例，往【-】按钮方向拖动可缩小显示比例。

此外，也可以单击左侧的【缩放比例】按钮，打开【显示比例】对话框，设定显示比例。

任务 4.1.2　录入职员基本情况中的数据

Excel 2016 中基于示例填充数据的"快速填充"功能更为高效和智能。可以实现批量提取数字和字符串、提取合并一步实现、将两列单元格的不同内容合并起来、调整字符串的顺序、大小写的转换和重组、从身份证提取出生日期、自动添加字符串分隔符。

单元格的数据大致可分成可计算的数字数据（包括日期、时间）和不可计算的文字数据两类。

① 可计算的数字：由数字 0～9 及一些符号（如小数点、+、-、$、%…）所组成，例如 15.36、-99、$350、75%等都是数字数据。日期与时间也属于数字资料，只不过含有少量的文字或符号，如 2012/06/10、08:30PM、3 月 14 日…等。

② 不可计算的文字数据：包括中文、英文字母、数字（如邮政编码等）。

步骤 1：新建工作簿。启动 Excel 2016 的同时会打开一个空白工作簿。对新建的工作簿，Excel 2016 会依次以"工作簿 1""工作簿 2"……来命名，可通过保存文件来重新命名。

在单元格中可输入数据。单击 A1 单元格，此时 A1 单元格边框显示为加粗。

步骤 2：在活动单元格 A1 中输入"序号"，按 Enter 键或单击编辑栏左侧的【输入】按钮即可完成输入，用相同的方法输入第一行和姓名列的数据。

步骤 3："序号"列的数据输入。可先在 A2 单元格中输入"1"，将鼠标指针移到 A2 右下角的实心方框上，此时指针会变为"+"状，称之为"填充柄"，按住鼠标左键向下拖动至 A8。在拖动鼠标的过程中，会看到指针旁边显示的数据为"1"，按下 Ctrl 键，数据变为相应的序列"2""3"……或者拖动到 A8 单元格后，单击【自动填充选项】按钮，在弹出的下拉选项中选择【填充序列】命令，可实现序号的自动填充。

　　步骤 4："身份证号"列与"所在班级"列的数据输入。这两列的数据虽然都是数字，但属于文本，不属于数值。输入前先选取单元格区域，然后在数字功能区将【常规】改为【文本】。输入数据后，在单元格的左上角会有一个绿色的小三角形。

　　步骤 5："出生日期"列的数据输入。身份证信息包含了出生日期，在以往的 Excel 版本中需要使用函数或公式来提取。使用 Excel 2016，利用【快速填充】可以直接提取这些信息。首先设置单元格格式为自定义"yyyy/mm/dd"，然后在第 1 个和第 2 个单元格中分别输入对应身份证号中的出生日期，选中第 3 个单元格，如图 4-5 所示，按 Ctrl+E 组合键就可以填充左侧有数据的所有人的出生日期。

　　步骤 6："性别"列的数据输入。选取性别为"女"的单元格，在其中一个单元格中输入"女"，如图 4-6 所示，按 Ctrl+Enter 组合键，即可快速填充。相同的方法输入数据"男"。

　　步骤 7："联系电话"列的数据输入。在旁边列输入不带区号的电话号码，在"联系电话"列第 1 个和第 2 个单元格给电话号码加区号，在第 3 个单元格输入"0"时系统会自动显示填充建议，如图 4-7 所示，按 Enter 键即可实现带区号电话号码的输入。

　　其他列数据输入可使用前面介绍的相应方法。

图 4-5　出生日期输入　　　　　图 4-6　性别输入　　　
　　　　　　　　　　　　　　　　　　　　　　　　　　图 4-7　联系电话输入

📖 扩展知识

1. 快速填充

　　Excel 2016 的"快速填充"功能强大，有别于"自动填充"。只要给出前 3 个示例的共同填充规律，软件便会智能地"猜出"后续的填充结果，工作效率更高。

（1）提取数字和字符串

　　当需要从缺乏规律的源数据提取字符串中的数字或字符串，使用一些比较复杂的公式，对于初级用户来说难度比较大，使用"快速填充"功能则相对简单。在前面 2 个单元格连续手工提取 2 个数字，接下来在第 3 个单元格输入起始数字，此时会自动显示填充建议，只要按 Enter 键即可。

（2）提取合并一步实现

　　"快速填充"功能在提取的同时还可以将两列单元格的不同内容合并起来。例如，可以利用"快速填充"通过"0001-刘明"和"副班长"，得到"刘副班长"的结果。

（3）调整字符串的顺序

"快速填充"可以调整字符串的前后顺序。

（4）大小写字母的转换和重组

利用"快速填充"可以完成将姓名拼音的首字母转换为大写。在目标单元格手工输入首字母大写的数据，再在下一单元格继续输入，看到填充建议后，按 Enter 键即可。

（5）自动添加字符串分隔符

利用"快速填充"可以实现用间隔号分隔一些字符串。例如，从身份证号码中提取年月日数字，然后修改为"1992-10-12"格式。先用方法（1）提取数字，再输入"1992-10-12"，随后再接连 3 次输入类似的数据，可以看到填充建议，按 Enter 键即可。

2．选取单元格

（1）选取一个单元格

单击要选取的单元格，此时该单元格边框显示为加粗，称之为活动单元格。

（2）选取多个相邻的单元格

① 将鼠标指针指向区域左上角的第 1 个单元格，然后按住鼠标左键拖动到区域右下角最后一个单元格，松开左键，即可选取相邻的单元格。

② 单击区域左上角的第 1 个单元格，按住 Shift 键，移动鼠标到区域右下角的最后一个单元格，单击该单元格，松开 Shift 键，即可选取相邻的单元格。

（3）选取不连续的多个单元格或单元格区域

先选取第 1 个单元格或区域，然后按住 Ctrl 键，再选取第 2 个单元格或区域，松开 Ctrl 键，即可同时选取多个单元格或单元格区域。

（4）选取整行或整列

单击行号或列标，即可选取相应的整行或整列。

（5）选取整个工作表

① 单击行号与列标交叉位置处的【全选】按钮，即可选取整个工作表。

② 单击工作表中数据区域外的任意一个空白单元格，按 Ctrl+A 组合键，即可选取整个工作表。

3．插入单元格

插入单元格时，首先选取要插入单元格的数量，如两行（列）或同一行（列）两个，选取几个单元格，即可插入相同几个或几行（列）单元格。

① 选取两个单元格，右击，在弹出的快捷菜单中选择【插入】命令，或单击【开始】→【单元格】→【插入】按钮，在弹出的下拉列表中选择【插入单元格】命令，打开【插入】对话框，选中【整行】单选按钮，单击【确定】按钮，完成插入一行的操作，在新插入的单元格中录入"销售公司职员基本情况"。

② 单击【开始】→【单元格】→【插入】按钮，在弹出的下拉列表中选择【插入工作表行】命令，可插入与选取的单元格相同数量的行。

③ 单击【开始】→【单元格】→【插入】按钮，在弹出的下拉列表中选择【插入工作表列】命令，可插入与选取的单元格相同数量的列。

•任务 4.1.3 设置单元格格式

1. 调整列宽和行高

（1）自动调整

方法 1：单击 A 列的列标，按住 Shift 键，再单击 K 列的列标，选取数据所在的所有列，把鼠标指针移到 A 列～K 列中任意两列的列标之间，当指针变为左右双向箭头时，双击，选取的所有列列宽都自动调整为最适合数据的宽度；同样的方法，可自动调整适合数据的行高。

方法 2：选取数据所在单元格区域，单击【开始】→【单元格】→【格式】按钮，在弹出的下拉列表中选择【自动调整列宽】或【自动调整行高】命令。

（2）精确调整

方法 1：选取需要调整的单元格，鼠标指针移到列标右侧或行号下方，当指针变为左右或上下双向箭头时，按下鼠标左键，可看到相应列的列宽，或相应行的行高，拖动鼠标，同时观察列宽和行高，直到符合要求即可。

方法 2：选取需要调整的单元格区域，单击【开始】→【单元格】→【格式】按钮，在弹出的下拉列表中选择【列宽】命令，打开【列宽】对话框，根据要求修改数值。同样的方法可修改行高。

2. 设置表头格式

① 选择表头文字"销售公司职员基本情况"，在【开始】功能区里设置字体为宋体，字号为 16 磅。

② 选取单元格区域 A1:K1，单击【开始】→【对齐方式】→【合并后居中】按钮，完成表头的合并居中操作。

③ 选取合并后的单元格，设置底纹颜色。

方法 1：单击【开始】→【字体】→【填充颜色】按钮，在弹出的下拉菜单的标准色中选择浅蓝色，如图 4-8 所示，完成对表头填充浅蓝色底纹的操作。

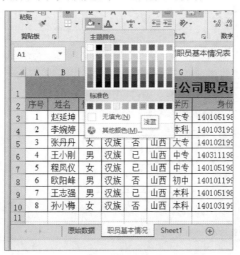

图 4-8 填充颜色

　　方法 2：右击，在弹出的快捷菜单中选择【设置单元格格式】命令，或单击【开始】→【单元格】→【格式】按钮，在弹出的下拉列表中选择【设置单元格格式】命令，打开如图 4-9 所示【设置单元格格式】对话框，在【填充】选项卡中选择标准色中的浅蓝色。

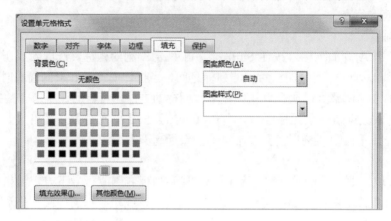

图 4-9　设置单元格格式—填充

3．设置标题行格式

① 选择标题行文字，设置字体为宋体、字号为 11 磅，并单击【加粗】按钮。

② 同上面方法 2，选择浅绿色填充。

4．给表格加边框

选取表格所在单元格区域 A2:K10，可用以下两种方法给表格加边框。

　　方法 1：单击【开始】→【字体】→【边框】按钮，在弹出的下拉菜单中选择【所有框线】命令。

　　方法 2：右击，在弹出的快捷菜单中选择【设置单元格格式】命令，或单击【开始】→【单元格】→【格式】按钮，在弹出的下拉列表中选择【设置单元格格式】命令，打开如图 4-10 所示【设置单元格格式】对话框，单击【外边框】和【内部】按钮，即可给表格加上边框。

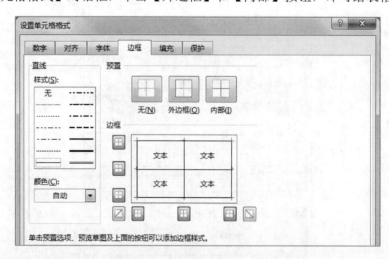

图 4-10　设置单元格格式—边框

118

📖 **扩展知识**

在【设置单元格格式】对话框中有【数字】【对齐】【字体】【边框】【填充】和【保护】6 个选项卡，可分别对单元格进行数字的不同格式、数据的对齐方式、文字的格式、单元格的边框、单元格的底纹以及锁定单元格和隐藏公式做相应的操作。

• 任务 4.1.4　对工作表的操作

学会数据的输入及设置单元格格式方法后，接着学习如何对工作表进行操作，插入、重命名、复制、移动、选定、删除等。

1. 插入工作表

Excel 2016 工作簿预设有一张工作表，若不够用时可以自行插入新的工作表。

方法 1：单击最后一个工作表标签右侧的【新工作表】按钮，可在最后插入新的工作表。

方法 2：单击【开始】→【单元格】→【插入】按钮，在弹出的下拉列表中选择【插入工作表】命令，可在当前工作表前插入新的工作表。

方法 3：按 Shift+F11 组合键，可在当前工作表前插入新的工作表。

2. 重命名工作表

对工作表重命名，使用用户可以从工作表标签处直观地了解到此工作表的主要内容。

方法 1：右击 Sheet1 工作表标签，在弹出的快捷菜单中选择【重命名】命令，此时 Sheet1 标签呈选中状态，输入"职员基本情况"，即完成了对工作表的重命名。

方法 2：双击 Sheet1 工作表标签，Sheet1 标签呈选中状态，输入"职员基本情况"，完成对工作表的重命名。

3. 复制、移动工作表

步骤 1：右击职员基本情况工作表标签"职员基本情况"，在弹出的快捷菜单中选择【移动或复制】命令，打开【移动或复制工作表】对话框，选择目标工作簿和工作表位置，选中【建立副本】复选项，单击【确定】按钮，完成对工作表的复制，不选中该复选项则完成对工作表的移动。

步骤 2：拖动职员基本情况工作表标签"职员基本情况"，黑色三角形到达目标位置后松开鼠标，可完成同一工作簿中对工作表的快速移动。

步骤 3：同一工作簿中对工作表的快速复制，使用 Ctrl+步骤 2 即可完成。

4. 选定工作表

步骤 1：单击工作表标签可选定一个工作表，被选定的工作表即为当前工作表。

步骤 2：单击第一个工作表标签，按下 Shift 键，单击需要选定的最后一个工作表，可以选定连续的工作表。

步骤 3：按下 Ctrl 键，依次单击需要选定的工作表，可以选定不连续的工作表。

5. 删除工作表

步骤 1：右击 Sheet3 工作表标签，在弹出的快捷菜单中选择【删除】命令，可以完成对 Sheet3 工作表的删除。删除后的工作表不可以恢复，所以删除时要谨慎。

步骤 2：单击【开始】→【单元格】→【删除】按钮，在弹出的下拉列表中选择【删除工作表】命令，可删除当前工作表。

·任务 4.1.5   保护和隐藏工作簿、工作表

1. 保护工作簿

保护工作簿可以防止对工作簿的结构进行不需要的更改，如移动、删除或添加工作表。指定一个密码，输入密码后可以取消对工作簿的保护，并允许进行更改。

步骤 1：单击【审阅】→【保护】→【保护工作簿】按钮，打开如图 4-11 所示对话框，设置密码，单击【确定】按钮。右击【职员基本情况】，在弹出的如图 4-12 所示的快捷菜单中可以看到，对工作簿结构进行更改的选项都变为灰色显示，表示当前不可用。

步骤 2：再次单击【审阅】→【保护】→【保护工作簿】按钮，打开如图 4-13 所示对话框，输入密码，单击【确定】按钮，可撤销对工作簿的保护。

图 4-11 【保护结构和窗口】对话框　　图 4-12　保护工作簿后的　　图 4-13 【撤销工作簿保护】对话框

操作选项

2. 保护工作表

保护工作表可防止对工作表中的数据进行不需要的更改。指定一个密码，输入密码后可以取消对工作表的保护，即允许进行更改。

步骤 1：单击【审阅】→【保护】→【保护工作表】按钮，或【开始】→【单元格】→【格式】按钮，在弹出的下拉列表中选择【保护工作表】命令，或右击工作表标签，在弹出的快捷菜单中选择【保护工作表】命令，打开如图 4-14 所示对话框，选择允许用户进行的操作，设置密码，单击【确定】按钮。用户将不能再进行未选择的操作，如插入行列、删除行列等，如图 4-15 所示。如果用户进行未选择的操作时，系统弹出如图 4-16 所示提示信息。

步骤 2：单击【审阅】→【保护】→【撤销工作表保护】按钮，或【开始】→【单元格】→【格式】按钮，在弹出的下拉列表中选择【撤销工作表保护】命令，或右击工作表标签，在弹出的快捷菜单中选择【撤销工作表保护】命令，打开如图 4-17 所示对话框，输入密码，单击【确定】按钮，可撤销对工作表的保护。

图 4-14 【保护工作表】对话框   图 4-15   保护工作表后的操作选项

图 4-16   进行未选择操作的提示信息

图 4-17 【撤销工作表保护】对话框

3.隐藏工作簿

隐藏当前窗口，使其不可见。单击【视图】→【窗口】→【隐藏】按钮，工作簿【职员基本情况】被隐藏起来，看不到其窗口，如图 4-18 所示。

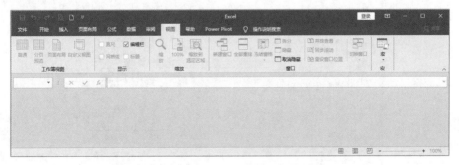

图 4-18   隐藏工作簿后的窗口

121

单击【视图】→【窗口】→【取消隐藏】按钮，打开【取消隐藏】工作簿对话框，如图 4-19 所示，选择需要取消隐藏的工作簿，单击【确定】按钮，即可取消对工作簿的隐藏。

4. 隐藏工作表

步骤 1：单击【开始】→【单元格】→【格式】按钮，在弹出的下拉列表中选择【隐藏和取消隐藏】→【隐藏工作表】命令，或右击工作表标签，在弹出的快捷菜单中选择【隐藏】命令，当前工作表即被隐藏。

步骤 2：单击【开始】→【单元格】→【格式】按钮，在弹出的下拉列表中选择【隐藏和取消隐藏】→【取消隐藏工作表】命令，或右击任意一个工作表标签，在弹出的快捷菜单中选择【取消隐藏】命令，在打开的对话框中选择要取消隐藏的工作表名称并单击【确定】按钮，如图 4-20 所示，当前工作表即被取消隐藏。

图 4-19　【取消隐藏】工作簿对话框

图 4-20　【取消隐藏】工作表对话框

任务 4.1.6　保存文件

1. 直接保存文件

单击【快速访问工具栏】中的【保存】按钮，或在【文件】菜单中选择【保存】或【另存为】命令，在打开的【另存为】对话框中，如图 4-21 所示，选择文件的保存位置、更改文件名及选择保存类型后，单击【保存】按钮，即可对文件进行保存。

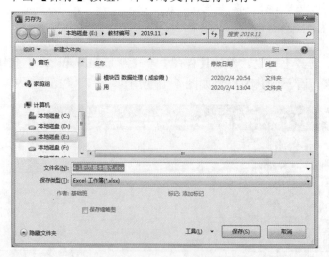

图 4-21　Excel【另存为】对话框

2. 保存文件时给工作簿加密码

在如图 4-21 所示的【另存为】对话框中，单击【工具】按钮，弹出【工具】列表，如图 4-22 所示，选择【常规选项】命令，在打开的【常规选项】对话框中设置【打开权限密码】和【修改权限密码】，单击【确定】按钮，如图 4-23 所示，即可为工作簿加上密码。

图 4-22　【工具】列表　　　　　　　　图 4-23　【常规选项】对话框

3. 定时保存

在【文件】菜单中选择【选项】命令，打开【Excel 选项】对话框，如图 4-24 所示。选择【保存】选项卡，在右侧【保存自动恢复信息时间间隔】中设置所需要的时间间隔。

图 4-24　【Excel 选项】对话框保存

▶ **同步训练**

制作如图 4-25 所示学生信息表。要求：快速录入表中所有数据并全部居中显示；表头文字"学生信息表"为宋体、16 磅，加橙色底纹；其他数据为宋体、11 磅，标题行文字加粗，加浅绿色底纹；工作表重命名为"学生信息表"；保存文件为"学生信息表.xlsx"。

学生信息表						
学号	姓名	身份证号	性别	出生日期	年龄	入学年份
201903001	张小丽	140103199404162002	女	1994-04-16	21	081301
201903002	李珊珊	144322199312157034	女	1993-12-15	22	081302
201903003	张兵	140501199408231132	男	1994-08-23	21	081301
201903004	赵志强	140105199510010010	男	1995-10-01	20	081303
201903005	李红玉	142512199409126121	女	1994-09-12	21	081301
201903006	周明明	142304199305080032	男	1993-05-08	22	081302
201903007	程伟	140311199511231117	男	1995-11-23	20	081303
201903008	张晓晓	140105199409282022	女	1994-09-28	21	081302
201903009	郭小刚	140212199511191233	男	1995-11-19	20	081301
201903010	赵光明	140103199302152013	男	1993-02-15	22	081303

图 4-25　学生信息表

123

项目 4.2　制作职员销售工资表

▶ **项目描述**

1. 制作销售提成工资表，效果如图 4-26 所示，要求：

表：销售提成工资表

															单位：元　天	
序号	姓名	职务	实发	签名	底薪	出勤	销售额	成本	毛利润	利润率	提成率	提成	通讯补贴	应发	伙食	住宿	出勤扣款	扣款小计
1	赵延坤	职员	3950		1800	24	101000	50000	51000	0.50	0.05	2550	200	4550	300	300	0	600
2	李婉婷	职员	5150		1800	24	150000	75000	75000	0.50	0.05	3750	200	5750	300	300	0	600
3	张丹丹	职员	5950		1800	23	175000	80000	95000	0.54	0.05	4750	200	6750	300	300	200	800
4	王小刚	职员	5150		1800	24	135000	60000	75000	0.56	0.05	3750	200	5750	300	300	0	600
5	程凤仪	职员	5900		1800	24	180000	90000	90000	0.50	0.05	4500	200	6500	300	300	0	600
6	欧阳峰	职员	4750		1800	24	125000	58000	67000	0.54	0.05	3350	200	5350	300	300	0	600
7	王志强	职员	5650		1800	24	155000	70000	85000	0.55	0.05	4250	200	6250	300	300	0	600
8	孙小梅	职员	5650		1800	24	160000	75000	85000	0.53	0.05	4250	200	6250	300	300	0	600
平均			5269		1800	23.9	147625	69750	77875	0.53	0.05	3894	200	5894	300	300	25	625
总计			47419		14400	191	1181000	558000	623000	0.53	0.05	31150	1600	47150	2400	2400	200	5000

图 4-26　销售提成工资表

① 计算每个职员销售毛利润及利润率。

② 计算每个职员的提成、应发、出勤扣款、扣款小计及实发。

③ 计算每列平均及总计情况。

④ 给实发小于 5000 的工资设置白色文本、红色底纹。

2. 给每个职员制作一张个人工资单。要求序号可从下拉菜单中选取，选取序号后个人工资情况相应发生变化，如图 4-27 所示。

3. 制作个人工资条，要求如图 4-28 所示。

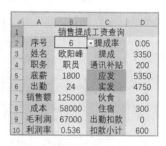

图 4-27　个人工资查询结果

图 4-28　个人工资条

▶ **项目技能**

- 使用公式及常用函数，包括求和、求平均等。
- 使用条件格式。

- 掌握数据验证对单元格的数据录入的设置。
- 使用高级函数索引。
- 掌握定位方法。
- 掌握排序方法。

▶ **项目实施**

在 Excel 中，对数据进行运算，可以使用公式或函数，本项目主要使用求和（SUM()）、求平均（AVERAGE()）、索引函数（VLOOKUP()）。

在 Excel 2016 的函数库中有很多函数的类型，如图 4-29 所示，可以从各种类型中选择需要的函数。

图 4-29　【公式】功能区的函数库

•任务 4.2.1　制作销售提成工资表

录入原始数据表，如图 4-30 所示。

序号	姓名	职务	实发	签名	底薪	出勤	销售额	成本	毛利润	利润率	提成率	提成	通讯补贴	应发	伙食	住宿	出勤扣款	扣款小计
1	赵延坤	职员			1800	24	101000	50000			0.05		200		300	300		
2	李婉婷	职员			1800	24	150000	75000			0.05		200		300	300		
3	张丹丹	职员			1800	23	175000	80000			0.05		200		300	300		
4	王小刚	职员			1800	24	135000	60000			0.05		200		300	300		
5	程凤仪	职员			1800	24	180000	90000			0.05		200		300	300		
6	欧阳峰	职员			1800	24	125000	58000			0.05		200		300	300		
7	王志强	职员			1800	24	155000	70000			0.05		200		300	300		
8	孙小梅	职员			1800	24	160000	75000			0.05		200		300	300		

职员11月份销售提成工资表

图 4-30　职员销售提成工资表

1. 计算毛利润及利润率

步骤 1：选定工作表"销售提成工资表"中的单元格 J4，输入公式"=H4-I4"，按 Enter 键即可算出毛利润，双击单元格 J4 右下角的填充柄，或拖动填充柄，即可复制公式，求出所有职员的销售毛利润。

步骤 2：选定工作表"销售提成工资表"中的单元格 K4，输入公式"=J4/H4"，按 Enter 键即可算出利润率，双击单元格 K4 右下角的填充柄，或拖动填充柄，即可复制公式，求出所有职员的销售利润率。

2. 计算提成

选定工作表"销售提成工资表"中的单元格 M4，输入公式"=J4*L4"，按 Enter 键即可算出提成，双击单元格 M4 右下角的填充柄，或拖动填充柄，即可复制公式，求出所有职员的销售提成。

3. 计算应发

选定工作表"销售提成工资表"中的单元格 O4，输入公式"=F4+M4+N4"，按 Enter 键即可算出毛利润，双击单元格 O4 右下角的填充柄，或拖动填充柄，即可复制公式，求出所有职员的应发工资。

4. 计算出勤扣款及扣款小计

（1）计算出勤扣款

选定工作表"销售提成工资表"中的单元格 R4，输入公式"=(24-G4)*200"，按 Enter 键即可算出出勤扣款，双击单元格 R4 右下角的填充柄，或拖动填充柄，即可复制公式，求出所有职员的出勤扣款。

（2）计算扣款小计

方法 1：选定工作表"销售提成工资表"中的单元格 S4，输入公式"=P4+Q4+R4"，按 Enter 键即可算出扣款小计，双击单元格 S4 右下角的填充柄，或拖动填充柄，即可复制公式，求出所有职员的扣款小计。

方法 2：单击【开始】→【编辑】→【自动求和】按钮，单元格 S4 显示"=SUM(F4:R4)"，重新选择求和区域为 P4:R4，按 Enter 键求出第 1 位职员的扣款小计，后面步骤同方法 1。

方法 3：单击【公式】→【函数库】→【自动求和】按钮，后面步骤同方法 1。

方法 4：在单元格 S4 中录入"=SUM(P4:R4)"，按 Enter 键确认，后面步骤同方法 1。

方法 5：单击【编辑栏】左侧【插入函数】按钮，或【公式】→【函数库】→【插入函数】按钮，打开【插入函数】对话框，如图 4-31 所示。选择【常用函数】类别，选择【SUM】，单击【确定】按钮，打开如图 4-32 所示对话框，根据提示，光标定位在第一个文本框中，从表格中选取 P4:R4 单元格区域，单击【确定】按钮，即可计算出第 1 位职员的扣款小计，后面步骤同方法 1。

图 4-31 【插入函数】对话框

图 4-32 SUM【函数参数】对话框

方法 6：选取单元格区域 P4:S11，按组合键 Alt+=，即可计算出所有职员的扣款小计。

5. 计算实发

选定工作表"销售提成工资表"中的单元格 D4，输入公式"=O4-S4"，按 Enter 键即可算出实发工资，双击单元格 D4 右下角的填充柄，或拖动填充柄，即可复制公式，求出所有职员的实发工资。

使用以上方法求出每一列数值的平均值和总计值。

6. 突出显示实发低于 5000 的工资

使用条件格式功能，可以根据用户的要求，快速对特定单元格进行必要的标识，起到突出显示的作用。

选取单元格区域 D4:D11，单击【开始】→【样式】→【条件格式】按钮，在弹出的下拉列表中选择【突出显示单元格规则】→【小于】命令，在打开如图 4-33 所示的对话框中输入 5000，在【设置为】中选择【自定义格式】，打开【设置单元格格式】对话框，将【字体颜色】设置为【白色】，【填充颜色】设置为【红色】。

图 4-33 【小于】规则对话框

📖 **扩展知识**

使用样式的条件格式，还可以用数据条、色阶、图标的方式显示数据，让用户对数据一目了然。

• 任务 4.2.2　制作个人工资查询表

在如图 4-34 所示"工资查询"工作表中，完成个人工资查询功能，数据来源为"销售提成工资表"。

1. 设置序号数据验证

选定"工资查询"工作表中单元格 B2，单击【数据】→【数据工具】→【数据验证】按钮，在弹出的下拉列表中选择【数据验证】命令，打开如图 4-35 所示的【数据验证】对话框，在【设置】选项卡中的【允许】文本框中选择【序列】，在【来源】文本框中选择"销售提成工资表"中的单元格区域 A$4:$A$11，单击【确定】按钮，完成 B2 单元格序号的数据验证设置。用户可以通过 B2 单元格右侧的下拉按钮打开下拉选项，从中选择需要的数据，如图 4-36 所示。

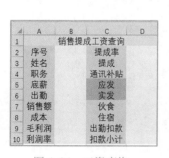

图 4-34 工资查询

图 4-35 【数据验证】对话框

图 4-36 序号

2．根据序号计算其他字段的值

在单元格 B3 中插入函数"=VLOOKUP($B$2,销售提成工资表!$A$3:$S$11,MATCH(A3,销售提成工资表!$A$3:$S$3,0), FALSE)"，根据单元格 B2 中选择的数据，计算出单元格 B3 中相应的姓名，向下拖动或双击填充柄，计算出单元格区域 B4:B10 中相应的结果，复制单元格 B3 的公式到单元格 D2，计算出单元格 D2 中相应的提成率，向下拖动或双击填充柄，计算出单元格区域 D3:D10 中相应的结果。

在序号下拉列表中选择一个数字，会自动查询到该序号对应的职员工资。

📖 **扩展知识**

① VLOOKUP()函数的功能是搜索区域首列满足条件的元素，确定待检索单元格在区域中的行序号，再进一步返回选定单元格的值。

函数格式：

VLOOKUP(lookup_value,table_array,col_index_num,range_lookup)

其中 lookup_value 表示需要在首列搜索的值，table_array 表示需要在其中搜索数据的区域，col_index_num 表示满足条件的单元格在数据区域中的列序号，range_lookup 表示在查找时是精确匹配，还是模糊匹配。

② MATCH()函数的功能是返回特定值特定顺序的项在数组中的相对位置。函数格式：

MATCH(lookup_value,lookup_array,match_type)

lookup_value 表示所要查找匹配的值，lookup_array 表示要查找的值所在的连续单元格区域，match_type 表示前两个参数数值进行匹配的方式。

•任务 4.2.3　制作个人工资条

步骤 1：复制"销售提成工资表"中的标题行，在"工资条"工作表中粘贴与职员人数相同的行数。

步骤 2：复制"销售提成工资表"中所有职员的记录，粘贴到"工资条"工作表中。

步骤 3：在最后一列右侧列中录入 1 至职员人数的数字，复制，在其下方依次粘贴 3 次，如图 4-37 所示。

序号	姓名	职务	实发	签名	底薪	出勤	销售额	成本	毛利润	利润率	提成率	提成	通讯补贴	应发	伙食	住宿	出勤扣款	扣款小计	1
序号	姓名	职务	实发	签名	底薪	出勤	销售额	成本	毛利润	利润率	提成率	提成	通讯补贴	应发	伙食	住宿	出勤扣款	扣款小计	2
序号	姓名	职务	实发	签名	底薪	出勤	销售额	成本	毛利润	利润率	提成率	提成	通讯补贴	应发	伙食	住宿	出勤扣款	扣款小计	3
序号	姓名	职务	实发	签名	底薪	出勤	销售额	成本	毛利润	利润率	提成率	提成	通讯补贴	应发	伙食	住宿	出勤扣款	扣款小计	4
序号	姓名	职务	实发	签名	底薪	出勤	销售额	成本	毛利润	利润率	提成率	提成	通讯补贴	应发	伙食	住宿	出勤扣款	扣款小计	5
序号	姓名	职务	实发	签名	底薪	出勤	销售额	成本	毛利润	利润率	提成率	提成	通讯补贴	应发	伙食	住宿	出勤扣款	扣款小计	6
序号	姓名	职务	实发	签名	底薪	出勤	销售额	成本	毛利润	利润率	提成率	提成	通讯补贴	应发	伙食	住宿	出勤扣款	扣款小计	7
序号	姓名	职务	实发	签名	底薪	出勤	销售额	成本	毛利润	利润率	提成率	提成	通讯补贴	应发	伙食	住宿	出勤扣款	扣款小计	8
1	赵廷坤	职员	3950		1800	24	101000	50000	51000	0.505	0.05	2550	200	4550	300	300	0	600	1
2	李娥婷	职员	5150		1800	24	150000	75000	75000	0.5	0.05	3750	200	5750	300	300	0	600	2
3	张丹丹	职员	5950		1800	23	175000	80000	95000	0.5429	0.05	4750	200	6750	300	300	200	800	3
4	王小刚	职员	5150		1800	24	135000	60000	75000	0.5556	0.05	3750	200	5750	300	300	0	600	4
5	程凤仪	职员	5900		1800	24	180000	90000	90000	0.5	0.05	4500	200	6500	300	300	0	600	5
6	欧阳峰	职员	4750		1800	24	125000	58000	67000	0.536	0.05	3350	200	5350	300	300	0	600	6
7	王志强	职员	5650		1800	24	155000	70000	85000	0.5484	0.05	4250	200	6250	300	300	0	600	7
8	孙小梅	职员	5650		1800	24	160000	75000	85000	0.5313	0.05	4250	200	6250	300	300	0	600	8
																			1
																			2
																			3
																			4
																			5
																			6
																			7
																			8

图 4-37　录入并粘贴数字

步骤 4：选择最后一列数据，单击【开始】→【编辑】→【排序和筛选】按钮，在弹出的下拉列表中选择【升序】命令，如图 4-38 所示。

步骤 5：在打开的如图 4-39 所示【排序提醒】对话框中，系统默认选中【扩展选定区域】单选项，单击【排序】按钮。表中数据按照数字升序排列，如图 4-40 所示。

图 4-38　【排序和筛选】列表　　　　　　　　图 4-39　【排序提醒】对话框

序号	姓名	职务	实发	底薪	出勤	销售额	成本	毛利润	利润率	提成率	提成	通讯补贴	应发	伙食	住宿	出勤扣款	扣款小计	1
1	赵廷坤	职员	3950	1800	24	101000	50000	51000	0.50	0.05	2550	200	4550	300	300	0	600	1
																		1
序号	姓名	职务	实发	底薪	出勤	销售额	成本	毛利润	利润率	提成率	提成	通讯补贴	应发	伙食	住宿	出勤扣款	扣款小计	2
2	李婉婷	职员	5150	1800	24	150000	75000	75000	0.50	0.05	3750	200	5750	300	300	0	600	2
																		2
序号	姓名	职务	实发	底薪	出勤	销售额	成本	毛利润	利润率	提成率	提成	通讯补贴	应发	伙食	住宿	出勤扣款	扣款小计	3
3	张丹丹	职员	5950	1800	23	175000	80000	95000	0.54	0.05	4750	200	6750	300	300	200	800	3
																		3
序号	姓名	职务	实发	底薪	出勤	销售额	成本	毛利润	利润率	提成率	提成	通讯补贴	应发	伙食	住宿	出勤扣款	扣款小计	4
4	王小刚	职员	5150	1800	24	135000	60000	75000	0.56	0.05	3750	200	5750	300	300	0	600	4
																		4
序号	姓名	职务	实发	底薪	出勤	销售额	成本	毛利润	利润率	提成率	提成	通讯补贴	应发	伙食	住宿	出勤扣款	扣款小计	5
5	程灵仪	职员	5900	1800	24	180000	90000	90000	0.50	0.05	4500	200	6500	300	300	0	600	5
																		5
序号	姓名	职务	实发	底薪	出勤	销售额	成本	毛利润	利润率	提成率	提成	通讯补贴	应发	伙食	住宿	出勤扣款	扣款小计	6
6	欧阳峰	职员	4750	1800	24	125000	58000	67000	0.54	0.05	3350	200	5350	300	300	0	600	6
																		6
序号	姓名	职务	实发	底薪	出勤	销售额	成本	毛利润	利润率	提成率	提成	通讯补贴	应发	伙食	住宿	出勤扣款	扣款小计	7
7	王志强	职员	5650	1800	24	155000	70000	85000	0.55	0.05	4250	200	6250	300	300	0	600	7
																		7
序号	姓名	职务	实发	底薪	出勤	销售额	成本	毛利润	利润率	提成率	提成	通讯补贴	应发	伙食	住宿	出勤扣款	扣款小计	8
8	孙小梅	职员	5650	1800	24	160000	75000	85000	0.53	0.05	4250	200	6250	300	300	0	600	8

图 4-40　按照数字升序后

步骤 6：删除最后一列辅助数字。给全部数据加边框。

步骤 7：单击【开始】→【编辑】→【查找和选择】按钮，在弹出的下拉菜单中选择【定位条件】命令，如图 4-41 所示。

步骤 8：在打开的如图 4-42 所示【定位条件】对话框中选中【空值】单选按钮，单击【确定】按钮。

步骤 9：单击【开始】→【字体】→【边框】按钮，在弹出的下拉菜单中选择【其他边框】命令，打开【设置单元格格式】对话框，并定位于【边框】选项卡，在其中去掉所有空行的左中右边框，设置所有空行内部水平线为点画线，如图 4-43 所示。

一份如图 4-28 所示，打印出来可以沿虚线裁剪的工资条即完成了。

图 4-41　【查找和选择】菜单

图 4-42　【定位条件】对话框

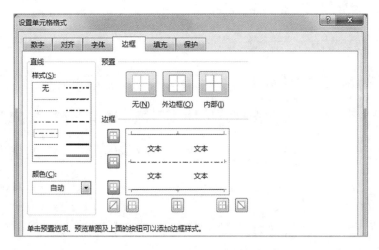

图 4-43　设置空行边框

📖 **扩展知识**

1. 数据验证

① 在"原始数据"工作表中录入姓名时，要求只能录入 2～4 个字，否则弹出"姓名录入错误！"提示信息。

步骤 1：选定"原始数据"工作表中单元格 B3，单击【数据】→【数据工具】→【数据验证】按钮，在弹出的下拉菜单中选择【数据验证】命令，打开如图 4-35 所示的【数据验证】对话框。

步骤 2：在【设置】选项卡中设置【允许】为【文本长度】、【数据】为【介于】、【最小值】为 2、【最大值】为 4，如图 4-44 所示。

步骤 3：在【出错警告】选项卡中的【样式】下拉列表框中选择【信息】，在【标题】文本框中输入"姓名"，在【错误信息】文本框中输入"姓名录入错误！"，如图 4-45 所示。

图 4-44 数据验证-文本长度

图 4-45 出错警告-信息

步骤 4：单击【确定】按钮，完成 B3 单元格"姓名"的数据验证设置。

步骤 5：在"姓名"列复制 B3 设置。

用户在 B3 中输入小于 2 或大于 4 的字数时，系统会弹出如图 4-46 所示信息。

② 在"原始数据"工作表的"职务"列中通过下拉列表选择，选择项为"项目经理""带班组长""职员"，用户自行输入数据时，弹出停止操作提示框，内容为"操作有误，请从下拉列表中选择！"。

图 4-46 录入错误提示信息

步骤 1：选定"原始数据"工作表中单元格 C3，打开【数据验证】对话框。

步骤 2：在【设置】选项卡中设置【允许】为【序列】、【来源】为"项目经理,带班组长,职员"，中间分隔符号为英文状态下的逗号，如图 4-47 所示。

步骤 3：在【出错警告】选项卡中的【样式】下拉列表框中选择【停止】，在【标题】文本框中输入"职务"，在【错误信息】文本框中输入"操作有误，请从下拉列表中选择！"，如图 4-48 所示。

图 4-47 设置来源

图 4-48 出错警告-停止

步骤 4：单击【确定】按钮，完成 C3 单元格"职务"的数据验证设置。

步骤 5：在"职务"列复制 C3 设置。

用户在 C3 中输入而不是在下拉列表中选择职务时，系统会弹出如图 4-49 所示信息。

用户可以通过 C3 单元格右侧的下拉按钮打开下拉选项，从中选择需要的数据。

图 4-49 停止信息

2. 多条件排序

步骤 1：单击【数据】→【排序和筛选】→【排序】按钮，如图 4-50 所示，或单击【开始】→【编辑】→【排序和筛选】按钮，在弹出的下拉菜单选择【自定义排序】命令，如图 4-51 所示，打开如图 4-52 所示【排序】对话框。

图 4-50 【排序】按钮

图 4-51 自定义排序

图 4-52 【排序】对话框

步骤 2：在【主要关键字】下拉列表框中选择相应字段，选择默认的数值作为【排序依据】，【次序】选择默认的【升序】，单击【确定】按钮，即可完成按照主要关键字排序操作。

步骤 3：在【排序】对话框中，单击【添加条件】按钮，此时在对话框中显示【次要关键字】，与设置【主要关键字】方法相同，在下拉菜单中选择相应字段，如图 4-53 所示，单击【确定】按钮，即可完成主要关键字相同的数据按次要关键字排序操作。

图 4-53 添加次要关键字条件

根据需要，在 Excel 2016 中，排序条件最多可以添加到 64 个关键字。

▶ 同步训练

1. 利用"化妆品营销情况"表在"营销结果"中完成如图 4-54 所示的操作。

本月化妆品营销情况表										(单位：元　瓶)				
化妆品名	种类	进价	售价	营销人员业绩							进货量	进货成本	营销量	营业额	营销成本	所得利润	存货	积压资金
护肤防晒晶莹粉饼	防晒	300	590	4	5	3	5	2	4	3	6	100	30000	32	18880	944	8336	68	20400
舒压无倦凝胶乳霜	保湿	161	328	2	8	4	7	9	6	4		100	16100	43	14104	705.2	6475.8	57	9177
眼部明亮紧致精华素	眼霜	225	488	7	5	9	10	13	6	12	8	100	22500	70	34160	1708	16702	30	6750
蓝色欲望男士香水	香水	128	248	8	6	4	7	6	7	4	9	100	12800	51	12648	632.4	5487.6	49	6272
润白净化洁面喱哩	洁面	112	228	8	6	3	2	7	6	9		100	11200	49	11172	558.6	5125.4	51	5712
牛仔男士香水	香水	86	168	5	7	3	8	4	8	6	9	100	8600	50	8400	420	3680	50	4300
海洋美白防晒乳	防晒	60	138	2	4	8	3	4	7	5		100	6000	43	5934	296.7	3057.3	57	3420
滋润丝柔粉底液	保湿	160	318	9	13	8	12	14	16	17		150	24000	97	30846	1542.3	13783.7	53	8480
光采活力无痕眼霜	眼霜	145	290	11	15	17	13	10	14	15	19	150	21750	114	33060	1653	14877	36	5220
高性能活肤提拉乳霜	保湿	109	218	11	9	12	14	16	10	14	18	150	16350	104	22672	1133.6	10202.4	46	5014
超凡晶漱美白洁肤乳	洁面	131	268	10	15	12	17	20	18	14	22	200	26200	128	34304	1715.2	15820.8	72	9432
去油光角质净化凝胶	保湿	119	248	12	16	23	18	27	18	13	12	200	23800	139	34472	1723.6	16207.4	61	7259
海洋美白维C精华霜	美白	81	178	12	13	18	23	12	19	21		200	16200	138	24564	1228.2	12157.8	62	5022
保湿人参美容乳液	保湿	46	90	20	18	22	17	28	19	16	23	200	9200	163	14670	733.5	6438.5	37	1702
天然泥卸妆洗面奶	洁面	30	69	28	10	17	16	23	27	20	25	200	6000	166	11454	572.7	5901.3	34	1020
高贵防敏感洁面膏	洁面	32	68	20	19	16	28	26	23	17	24	250	8000	173	11764	588.2	5639.8	77	2464
高水分滋养润唇膏		25	55	35	27	28	16	17	18	13	26	250	6250	180	9900	495	4905	70	1750
显效柔白日间乳液	美白	145	288	18	25	27	31	29	35	31	32	300	43500	228	65664	3283.2	29320.8	72	10440
高水份保湿美容液	保湿	35	68	25	18	26	24	19	22	27	23	300	10500	184	12512	625.6	5446.4	116	4060

图 4-54　化妆品营销情况

① 计算各种化妆品的进货成本、营销量、本月营业额、营销成本（营销员的提成为 5%）、已销出部分所获得的利润、存货量、存货部分积压的资金。

② 工作表标签更名为"化妆品营销情况"。

③ 通过条件格式将所得利润中大于 10000 的单元格的底纹填充设置为黄色，文字设置为红色。

2. 在每种化妆品的营销信息表中实现查询功能，选择"化妆品名"下拉列表中的选项后，其他各项目自动得出，如图 4-55 所示。

	A	B	C	D
1	每种化妆品营销信息（单位：元　瓶）			
2	化妆品名	海洋美白维C精华霜	营销量	138
3	种类	美白	营业额	24564
4	进价	81	营销成本	1228.2
5	售价	178	所得利润	12157.8
6	进货量	200	存货	62
7	进货成本	16200	积压资金	5022

图 4-55　每种化妆品的营销信息

项目 4.3　分析部门及职员销售情况

▶ 项目描述

对商品销售表进行各类数据分析。

1. 用特殊函数完成以下操作。

① 用函数计算每个人的总销售额、排名、以及销售等级（总销售额 0～40000 为合格，40000～45000 为中等，45000～50000 为良好，50000 以上为优秀），结果如图 4-56 所示。

姓名	部门	一月份	二月份	三月份	四月份	五月份	六月份	总销售额	排名	销售等级
罗美琪	销售（1）部	66,500	92,500	95,500	98,000	86,500	71,000	510,000	3	优秀
张艳	销售（1）部	73,500	91,500	64,500	93,500	84,000	87,000	494,000	10	良好
卢红	销售（3）部	75,500	62,500	87,000	94,500	78,000	91,000	488,500	13	良好
刘丽	销售（1）部	79,500	98,500	68,000	100,000	96,000	66,000	508,000	5	优秀
杜月	销售（1）部	82,050	63,500	90,500	97,000	65,150	99,000	497,200	9	良好
张成	销售（1）部	82,500	78,000	81,000	96,500	96,500	57,000	491,500	11	良好
余小渔	销售（1）部	84,500	71,000	99,500	89,500	84,500	58,000	487,000	14	良好
安叶	销售（1）部	87,500	63,500	67,500	98,500	78,500	94,000	489,500	12	良好
杜月红	销售（1）部	88,000	82,500	83,000	75,500	62,000	85,000	476,000	18	良好
李成	销售（2）部	92,000	64,000	97,000	93,000	75,000	93,000	514,000	2	优秀
张红军	销售（1）部	93,000	71,500	92,000	96,500	87,000	61,000	501,000	7	优秀
李诗诗	销售（3）部	93,050	85,500	77,000	81,000	95,000	78,000	509,550	4	优秀
杜乐	销售（2）部	96,000	72,500	100,000	86,000	62,000	87,500	504,000	6	优秀
刘大为	销售（2）部	96,500	86,500	90,500	94,000	99,500	70,000	537,000	1	优秀
唐艳霞	销售（1）部	97,500	76,000	72,000	92,500	84,500	78,000	500,500	8	优秀
张恬	销售（2）部	56,000	77,500	85,000	83,000	74,500	79,000	455,000	27	良好
李丽敏	销售（2）部	58,500	90,000	88,500	97,000	72,000	65,000	471,000	21	良好
马燕	销售（2）部	63,000	99,500	78,500	63,150	79,500	65,500	449,150	30	中等
张小丽	销售（2）部	69,000	89,500	92,500	73,000	58,500	96,500	479,000	15	良好
刘艳	销售（2）部	72,500	74,500	60,500	87,000	77,000	78,000	449,500	29	中等
彭鹏	销售（2）部	74,000	72,500	67,000	94,000	78,000	90,000	475,500	19	良好
范俊弟	销售（2）部	75,500	72,500	75,000	92,000	86,000	55,000	456,000	26	良好
杨伟健	销售（1）部	76,500	70,000	64,000	75,000	87,000	78,000	450,500	28	良好
马路刚	销售（2）部	77,000	60,500	66,050	84,000	98,000	93,000	478,550	16	良好

图 4-56　总销售额、排名及等级

② 用函数计算每个月的情况分析，包括平均销售额、优秀率（80000 以上）、达标率（60000 以上）、前三名、后三名、中值以及众数，如图 4-57 所示。

月份	一月份	二月份	三月份	四月份	五月份	六月份
平均销售额	79,820	75,706	77,922	81,197	75,738	75,886
优秀率	50.0%	29.5%	45.5%	59.1%	34.1%	38.6%
达标率	95.5%	93.2%	97.7%	90.9%	93.2%	90.9%
前三名	97,500	99,500	100,000	100,000	99,500	99,000
	97,000	98,500	99,500	100,000	98,000	96,500
	96,500	97,500	97,000	98,500	96,500	94,000
后三名	56,000	55,500	57,000	57,000	57,000	55,000
	58,500	57,500	60,500	57,000	57,000	57,000
	62,500	59,500	61,000	57,500	58,500	58,000
中值	80,000	73,750	77,500	83,500	76,000	77,250
众数	75,500	63,500	85,000	81,000	62,000	85,000

图 4-57　所有部门每个月销售情况分析

③ 使用函数计算每个月的指定销售段人数，如图 4-58 所示。

	销售段	一月份	二月份	三月份	四月份	五月份	六月份
销售段人数	6万以下 >=0<60000	2	3	1	4	3	4
	6万-7万 >=60000<70000	7	11	12	8	12	12
	7万-8万 >=70000<80000	13	17	11	6	14	11
	8万-9万 >=80000<90000	11	4	12	9	10	10
	9万以上 >=90000<=10000	11	9	7	15	5	7

图 4-58　每个月指定销售段人数

2. 采用自动筛选和高级筛选的方法筛选出销售（1）部优秀的职员，如图 4-59 和图 4-60 所示。

姓名	部门	一月份	二月份	三月份	四月份	五月份	六月份	总销售	排	销售等级
罗美琪	销售（1）部	66,500	92,500	95,500	98,000	86,500	71,000	510,000	3	优秀
刘丽	销售（1）部	79,500	98,500	68,000	100,000	96,000	66,000	508,000	5	优秀
张红军	销售（1）部	93,000	71,500	92,000	96,500	87,000	61,000	501,000	7	优秀
唐艳霞	销售（1）部	97,500	76,000	72,000	92,500	84,500	78,000	500,500	8	优秀

图 4-59　自动筛选

134

部门	销售等级									
销售（1）部	优秀									

姓名	部门	一月份	二月份	三月份	四月份	五月份	六月份	总销售额	排名	销售等级
罗美琪	销售（1）部	66,500	92,500	95,500	98,000	86,500	71,000	510,000	3	优秀
刘丽	销售（1）部	79,500	98,500	68,000	100,000	96,000	66,000	508,000	5	优秀
张红军	销售（1）部	93,000	71,500	92,000	96,500	87,000	61,000	501,000	7	优秀
唐艳霞	销售（1）部	97,500	76,000	72,000	92,500	84,500	78,000	500,500	8	优秀

图 4-60　高级筛选

3．分别采用函数和分类汇总的方法计算各部门人数、每个月的总销售额及各项总计，如图 4-61 和图 4-62 所示。

部门	人数	一月份	二月份	三月份	四月份	五月份	六月份
销售（1）部	15	1247550	1166000	1185000	1324500	1160800	1148000
销售（2）部	15	1187000	1204500	1203050	1247150	1120150	1171500
销售（3）部	14	1077550	960550	1040500	1001000	1051500	1019500
总计	44	3,512,100	3,331,050	3,428,550	3,572,650	3,332,450	3,339,000

图 4-61　人数及总销售额（函数）

1 2 3 4		A	B	C	D	E	F	G	H
	1	姓名	部门	一月份	二月份	三月份	四月份	五月份	六月份
	17		销售（1）部 汇总	1,247,550	1,166,000	1,185,000	1,324,500	1,160,800	1,148,000
	18	销售（1）部 计数	15						
	34		销售（2）部 汇总	1,187,000	1,204,500	1,203,050	1,247,150	1,120,150	1,171,500
	35	销售（2）部 计数	15						
	50		销售（3）部 汇总	1,077,550	960,550	1,040,500	1,001,000	1,051,500	1,019,500
	51	销售（3）部 计数	14						
	52		总计	3,512,100	3,331,050	3,428,550	3,572,650	3,332,450	3,339,000
	53	总计数	44						

图 4-62　人数及总销售额（分类汇总）

▶ **项目技能**

- 特殊函数的使用。
- 自动筛选和高级筛选。
- 数据的分类汇总。

▶ **项目实施**

任务 4.3.1　统计总销售额、排名及等级

完成对部门销售表中每个职员 6 个月的总销售额、在所有部门中的排名及销售等级，销售等级的认定标准为总销售额 0~40000 为合格，40000~45000 为中等，45000~50000 为良好，50000 以上为优秀。

1．统计所有人的总销售额

步骤 1：选定部门销售表中 I2，单击【开始】→【编辑】→【自动求和】按钮，计算出第一位职员的总销售额。

步骤 2：双击或向下拖动填充柄，计算出所有人的总销售额。

2．计算每个人的销售排名

步骤：在单元格 J3 中插入函数 "=RANK(I2,$I$2:$I$49,0)"，计算出第一位职员的总销售额在所有职员中所排名次，双击或向下拖动填充柄，排出所有职员的销售排名情况。

📖 **扩展知识**

①　RANK()函数的功能是返回某数字在一列数字中相对于其他数值的大小排名。函数格式：

RANK(number,ref,order)

其中 number 是要查找排名的数字，ref 是一组数或对一个数据列表的引用。order 是在列表中表示排序方式的数字，如果为 0 或忽略，表示降序；如果为非零值，表示升序。通常成绩排名为降序。

②　在上面的 RANK()函数中，第 2 个参数的单元格区域表达方式与前面见过的不同，这个叫做单元格的绝对引用。

在 Excel 中，单元格的引用分为相对引用和绝对引用。

相对引用：随着公式位置的变化，所引用单元格的位置也在变化。

绝对引用：随着公式位置的变化，所引用单元格的位置不发生变化。

相对引用的表示用常规的单元格名称，如 Bl、C4；而绝对引用的表示，则须在单元格名称的前面加上 "$" 符号，如$B$l、$C$4。

如果在公式中同时使用相对引用与绝对引用，则称为混合引用，这种引用在公式位置发生变化时，绝对引用的部分（如$Bl 的$B）不会变化，而相对引用的部分（如$Bl 的 1）则会随情况发生变化。

切换相对引用与绝对引用的快捷键是 F4。选定公式中的 H3，每次按下 F4，单元格的引用会在 "H3"、"$H$3"、"H$3" 和 "$H3" 之间进行切换，它们的区别见表 4-1。

表 4-1　单元格的引用方式及含义

单元格引用方式	表示的含义
H3	单元格的列和行都会随公式发生变化
$H$3	单元格的列和行都不会随公式发生变化
H$3	单元格的列会随公式发生变化，行不会随公式发生变化
$H3	单元格的列不会随公式发生变化，行会随公式发生变化

3．统计每个职员的销售等级

销售等级的认定标准为总销售额 0～40000 为合格，40000～45000 为中等，45000～50000 为良好，50000 以上为优秀。

步骤 1：选定单元格 K2，插入函数 "=IF(I2>=500000,"优秀",IF(I3>=450000,"良好", IF(I3>=400000,"中等","合格")))"，计算出第 1 位职员的销售等级情况。

步骤 2：双击或向下拖动填充柄，计算出所有人的销售等级。

📖 **扩展知识**

IF()函数的功能是判断是否满足某个条件，如果满足返加一个值，如果不满足则返回另一个值。函数格式：

IF(logical_test,value_if_true,value_if_false)

即 IF(条件表达式,表达式为真的返回值,表达式为假的返回值)，函数中第 2 个参数和第 3 个参数可以再次使用 IF 函数，最多可以嵌套 7 层。

• **任务 4.3.2　统计各类销售数据**

完成对部门销售表中每个月销售情况分析，包括平均销售额、优秀率（80000 以上）、达标率（60000 以上）、前三名、后三名、中值、众数以及指定销售段人数。

步骤 1：在部门销售表的单元格 B48 中插入函数"=AVERAGE(C2:C45)"，计算出一月份的平均销售额。

步骤 2：在部门销售表的单元格 B49 中插入函数"=COUNTIF(C2:C45,">=80000")/COUNT(C2:C45)"，计算出一月份的优秀率。

步骤 3：在部门销售表的单元格 B50 中插入函数"=COUNTIF(C2:C45,">=60000")/COUNT(C2:C45)"，计算出一月份的达标率。

步骤 4：在部门销售表的单元格 B51、B52、B53 中分别依次插入函数"=LARGE(C$2:C$45,1)"、"=LARGE(C$2:C$45,2)"、"=LARGE(C$2:C$45,3)"，计算出一月份前三名销售额。

步骤 5：在部门销售表的单元格 B54、B55、B56 中分别依次插入函数"=SMALL(C$2:C$45,1)"、"= SMALL(C$2:C$45,2)"、"=SMALL(C$2:C$45,3)"，计算出一月份后三名销售额。

步骤 6：在部门销售表的单元格 B57 中插入函数"=MEDIAN(C2:C45)"，计算出一月份的销售中值。

步骤 7：在部门销售表的单元格 B58 中插入函数"=MODE(C2:C45)"，计算出一月份的销售众数。

步骤 8：在部门销售表中选取单元格区域 B48:B58，向右拖动填充柄，计算出所有月份每个月的平均销售额、优秀率、达标率、前后三名销售额、销售中值、销售众数。

步骤 9：在部门销售表的单元格 C62、C63、C64、C65、C66 中分别依次插入函数"=COUNTIFS(C$2:C$45,">=0",C$2:C$45,"<60000")"、"=COUNTIFS(C$2:C$45,">=60000",C$2:C$45,"<70000")"、"=COUNTIFS(C$2:C$45,">=70000",C$2:C$45,"<80000")"、"=COUNTIFS(C$2:C$45,">=80000",C$2:C$45,"<90000")"、"=COUNTIFS(C$2:C$45,">=90000",C$2:C$45,"<=100000")"计算出一月份各指定销售段的人数。

步骤 10：在部门销售表中选取单元格区域 C62:C66，向右拖动填充柄，计算出所有月份每个月指定销售段的人数。

📖 **扩展知识**

① COUNT 函数：计算区域中包含数字的单元格的个数。

格式：COUNT(value1,value2, ...)

② COUNTIF 函数：计算某个区域中满足给定条件的单元格数目。

格式：COUNTIF（range，criteria）

③ COUNTIFS 函数：统计一组给定条件所指定的单元格数。

格式：COUNTIFS(criteria_range,criteria,…)

④ 中值：一组数据中间位置上的代表值。其特点是不受数据极端值的影响。对于具有偏态分布的数据，中位数的代表性要比平均值好。在一组排好序的数据中，数据数量为奇数，

则中值为中间的那个数。如果数据数量为偶数，则中值为中间那两个数值的平均值。

⑤ 众数：一组数据中占比例最多的那个数。

任务 4.3.3 按部门和等级筛选

筛选可以将只显示符合特定条件的行，更方便让用户对数据进行查看。Excel 提供了两种筛选方式：自动筛选和高级筛选。自动筛选适用于简单的筛选条件，高级筛选适用于复杂的筛选条件。下面完成对销售（1）部销售优秀的信息进行筛选。

1. 自动筛选

步骤 1：在数据区域中选取任意单元格，单击【数据】→【排序和筛选】→【筛选】按钮，如图 4-63 所示；或单击【开始】→【编辑】→【排序和筛选】→【筛选】按钮，每个标题的右侧会出现下拉箭头，如图 4-64 所示。

步骤 2：单击部门标题行的下拉箭头，选择"销售（1）部"，如图 4-65 所示，单击【确定】按钮，则自动筛选出销售（1）部的全部数据，如图 4-66 所示。

图 4-63　筛选选项

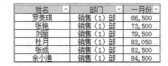

图 4-64　单击筛选后

图 4-65　选择部门

姓名	部门	一月份	二月份	三月份	四月份	五月份	六月份	总销售	排	销售等级
罗美琪	销售（1）部	66,500	92,500	95,500	98,000	86,500	71,000	510,000	3	优秀
张艳	销售（1）部	73,500	91,500	64,500	93,500	84,000	87,000	494,000	10	良好
刘丽	销售（1）部	79,500	98,500	68,000	100,000	96,000	66,000	508,000	6	优秀
杜月	销售（1）部	82,050	63,500	90,500	97,000	65,150	99,000	497,200	9	良好
张成	销售（1）部	82,500	78,000	81,000	96,500	96,500	57,000	491,500	11	良好
余小渔	销售（1）部	84,500	71,000	99,500	89,500	84,500	58,000	487,000	14	良好
安叶	销售（1）部	87,500	63,500	67,500	98,500	78,500	94,000	489,500	12	良好
杜月红	销售（1）部	88,000	82,500	83,000	75,500	62,000	85,000	476,000	18	良好
张红军	销售（1）部	93,000	71,500	92,000	96,500	87,000	61,000	501,000	7	优秀
唐艳霞	销售（1）部	97,500	76,000	72,000	92,500	84,500	78,000	500,500	8	优秀
杨佳健	销售（1）部	76,500	70,000	64,000	75,000	87,000	78,000	450,500	28	良好
李辉	销售（1）部	83,500	78,500	70,500	100,000	68,150	69,000	469,650	22	良好
李成	销售（1）部	92,500	93,500	77,000	73,000	57,000	84,000	477,000	17	良好
司徒春	销售（1）部	75,000	71,000	86,000	60,500	60,000	85,000	437,500	34	中等
李娜	销售（1）部	85,500	64,500	74,000	78,500	64,000	76,000	442,500	32	中等

图 4-66　销售（1）部的数据

步骤 3：单击销售等级标题行的下拉箭头，在弹出的下拉列表中选中【优秀】复选项，如

图 4-67 所示，单击【确定】按钮，则自动筛选出全部销售（1）部的优秀数据，如图 4-59 所示。此时，可以看到部门和销售等级右侧的下拉箭头变成了漏斗状。

还可以完成【按颜色筛选】【数字筛选】【文本筛选】等不同数据的筛选。再次单击【筛选】按钮可取消自动筛选。

2. 高级筛选

如果条件比较多，使用【高级筛选】，可以一次把想要得到的数据都找出来。下面将使用高级筛选在部门销售表中把"销售（1）部、优秀"的数据显示出来。

步骤 1：在单元格区域 O4:P5 设置一个条件区域，第 1 行输入字段名称"部门""优秀"，在第 2 行中输入条件"销售（1）部""优秀"，建立好条件区域，如图 4-68 所示。

图 4-67　选择销售等级　　　　　　　　　　　　　　　　图 4-68　条件区域

步骤 2：选取数据区域中任意一个单元格，单击【数据】→【排序和筛选】→【高级】按钮，如图 4-69 所示。

步骤 3：在打开的【高级筛选】对话框中，系统自动选择好了列表区域和条件区域。

步骤 4：选中【将筛选结果复制到其他位置】单选按钮。

步骤 5：在【复制到】文本框中选取要存放筛选结果的单元格区域，如图 4-70 所示，单击【确定】按钮。

图 4-69　排序与筛选-高级　　　　　　　　图 4-70　【高级筛选】对话框

从单元格 O7 开始向右下角延伸的区域内可看到高级筛选结果，如图 4-60 所示。

如果在步骤 4 中选中【在原有区域显示筛选结果】单选按钮，则源数据区域中不符合条件的数据被隐藏起来，想要显示出被隐藏的数据，需要单击【数据】→【排序和筛选】→【清除】按钮。

> 📖 **扩展知识**
>
> 设置高级筛选条件时可以设置行与行之间的"或"关系条件，也可以对一个特定的列指定 3 个以上的条件，还可以指定计算条件，这些都是它比自动筛选优越的地方。高级筛选的条件区域应该至少有两行，第 1 行用来放置列标题，下面的行则放置筛选条件，需要注意的是，这里的列标题一定要与数据表中的列标题完全一致。
>
> 设置条件区域时，同行条件是"与"关系，而不同行条件是"或"关系。

•任务 4.3.4 计算各部门人数、每个月的总销售额及各项总计

通过函数和分类汇总两种方法完成各部门人数、每个月的总销售额及各项总计的计算。

分类汇总是 Excel 中最常用的功能之一，它能够快速地以某一个字段为分类项，对数据区域中的数值字段进行各种统计计算，如求和、计数、求平均值、求最大值、求最小值、乘积等。

分类汇总前，需要先对数据按照分类项进行排序，然后再进行分类汇总，得到用户想要的结果。

1. 使用函数计算

步骤 1：在部门销售表的单元格 B69 中插入函数"=COUNTIF(B$2:B$47,A73)"，计算出销售（1）部的人数。

步骤 2：在部门销售表的单元格 C69 中插入函数"=SUMPRODUCT(($B$2:$B$47=$A74)*C$2:C$47)"，计算出销售（1）部一月份的销售额。

步骤 3：向右拖动填充柄，计算出销售（1）部一月份到六月份的销售额。

步骤 4：选取部门销售表中单元格区域 B69:H69，双击或向下拖动填充柄，计算出各部门的人数、每个月的总销售额。

步骤 5：选取部门销售表中单元格区域 B69:H72，按下 Alt+=组合键，即可计算出步骤 4 中的各项总计。结果如图 4-61 所示。

2. 使用分类汇总

步骤 1：将数据按照部门升序排序。

步骤 2：将活动单元格定位在部门销售表中单元格区域 A1:K45 中任意单元格，单击【数据】→【分级显示】→【分类汇总】按钮，系统自动扩展选取区域为 A1:K45，并打开【分类汇总】对话框，如图 4-71 所示。

步骤 3：在【分类字段】对话框中选择【部门】，【汇总

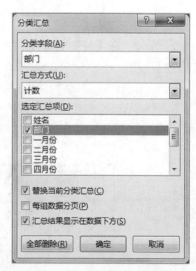

图 4-71 【分类汇总】对话框

方式】中选择【计数】,【选定汇总项】中选中【部门】复选项，单击【确定】按钮，完成按部门计算人数的分类汇总。

步骤 4：同步骤 2。

步骤 5：在【分类字段】中选择【部门】,【汇总方式】中选择【求和】,【选定汇总项】中选择【一月份】【二月份】【三月份】【四月份】【五月份】【六月份】，取消选中【替换当前分类汇总】复选项，单击【确定】按钮，完成按部门对每个月的总销售额及各项总计的计算分类汇总。

在分类汇总结果中数据是分级显示的，调整列宽，单击数据左侧级别 3，可看到如图 4-62 所示效果。

同步训练

在工资表中完成如下操作。

1．自动筛选出性别是“女”，职称是“工程师”的记录，设置姓名为红色，如图 4-72 所示，然后再显示全部数据。

诚信贸易有限公司工资表							
编	姓	性	职称	基本工	津	奖	实发工资
12	朱兰花	女	工程师	2300	220	310	¥2,830.00
9	李小红	女	工程师	2100	210	320	¥2,630.00

图 4-72　自动筛选出的女工程师记录

2．自动筛选出基本工资“＞1900 且＜2300”的记录，如图 4-73 所示，并复制到新的工作表，然后取消自动筛选。

诚信贸易有限公司工资表							
编	姓	性	职称	基本工	津	奖	实发工资
8	欧阳明	男	工程师	2200	230	330	¥2,760.00
17	陆建民	男	工程师	2100	230	330	¥2,660.00
1	李大林	男	工程师	2100	230	320	¥2,650.00
19	吴思雨	女	助理工程师	2100	230	320	¥2,650.00
9	李小红	女	工程师	2100	210	320	¥2,630.00
4	王一民	男	工程师	2000	220	310	¥2,530.00

图 4-73　自动筛选出的基本工资“＞1900 且＜2300”的记录

3．用高级筛选功能筛选出津贴和奖金都大于或等于 200（＞＝200）的记录，将津贴和奖金的底纹填充成黄色，如图 4-74 所示。

				津贴	奖金		
				>200	>200		
编号	姓名	性别	职称	基本工资	津贴	奖金	实发工资
12	朱兰花	女	工程师	2300	220	310	¥2,830.00
8	欧阳明	男	工程师	2200	230	330	¥2,760.00
17	陆建民	男	工程师	2100	230	330	¥2,660.00
1	李大林	男	工程师	2100	230	320	¥2,650.00
19	吴思雨	女	助理工程师	2100	230	320	¥2,650.00
9	李小红	女	工程师	2100	210	320	¥2,630.00
4	王一民	男	工程师	2000	220	310	¥2,530.00
合计：				35800	3780	5840	¥45,420.00

图 4-74　高级筛选结果

4．用分类汇总统计各类职称人数及每类人员实发工资总数，如图 4-75 所示。

1 2 3 4	▲	A	B	C	D	E	F	G	H
	1			诚信贸易有限公司工资表					
	2	编号	姓名	性别	职称	基本工资	津贴	奖金	实发工资
	9			工程师 计数	6				
	10				工程师 汇总				¥16,060.00
	17			技术员 计数	6				
	18				技术员 汇总				¥11,430.00
	27			助理工程师 计数	8				
	28				助理工程师 汇总				¥17,930.00
	29			总计数	22				
	30				总计				¥45,420.00
	31			合计:		35800	3780	5840	¥45,420.00

图 4-75　分类汇总结果

项目 4.4　分析商品销售情况

▶ 项目描述

对销售公司的商品销售情况表进行数据分析。要求：

① 使用数据透视表查看每个城市所有商品的销售数量和利润，如图 4-76 所示。

行标签 ▼	求和项:销售数量	求和项:利润
北京	368	173600
南京	274	121560
上海	218	70120
天津	261	111500
总计	1121	476780

图 4-76　数据透视表查看每个城市的销售数量和利润

② 使用切片器通过指定项目快速选出商品的其他信息，如图 4-77 所示。

图 4-77　切片器快速查看数据

▶ 项目技能

- 创建和使用数据透视表。
- 插入和使用切片器。

项目实施

任务 4.4.1　数据透视表按城市查看销售数量和利润

数据透视表是一种对大量数据快速汇总和建立交叉列表的交互式动态表格，能帮助用户计算、汇总、分析和组织数据，了解数据中的对比情况、模式和趋势。

步骤 1：在商品销售情况统计表中，单击【插入】→【表格】→【推荐的数据透视表】按钮，打开【推荐的数据透视表】对话框，如图 4-78 所示。

步骤 2：选择其中符合用户需要的数据透视表，单击【确定】按钮。在新的工作表中建立了数据透视表，如图 4-79 所示。

图 4-78　【推荐的数据透视表】对话框

图 4-79　数据透视表

步骤 3：在图 4-80 中选择"利润"字段添加到报表。

此时，可以看到每个城市的销售数量项和利润项显示在数据透视表中。同时，在数据透视表中可以直接看到利润和销售数量的合计数目，如图 4-81 所示。

图 4-80　数据透视表中添加"利润"字段

行标签	求和项:销售数量	求和项:利润
北京	368	173600
南京	274	121560
上海	218	70120
天津	261	111500
总计	1121	476780

图 4-81　数据透视表结果

双击"销售数量"列或"利润"列的任一项，可以查看构成汇总值的详细数据。例如，双击上海的销售数量，在新工作表中得到如图 4-82 所示数据。

季度	销售城市	产品名称	成本	单价	销售数量	成交金额	利润
1	上海	冰箱	4500	5000	46	230000	23000
3	上海	烤箱	100	220	26	5720	3120
4	上海	燃气灶	300	500	88	44000	17600
4	上海	油烟机	400	600	12	7200	2400
2	上海	电视机	2000	2600	28	72800	16800
2	上海	空调	1600	2000	18	36000	7200

图 4-82 构成上海汇总值的详细数据

在图 4-79 中单击值列表中任一项，弹出如图 4-83 所示快捷菜单，选择【值字段设置】命令，打开如图 4-84 所示【值字段设置】对话框，在其中可以选择计算类型。

图 4-83 【值列表】菜单

图 4-84 【值字段设置】对话框

📖 扩展知识

数据透视表可以从大量看似无关的数据中寻找背后的联系，从而将纷繁的数据转化为有价值的信息，以供研究和决策所用。数据透视表可以重新安排行号、列标和页字段。每一次改变版面布置时，数据透视表会立即按照新的布置重新计算数据。如果原始数据发生更改，则可以更新数据透视表。

任务 4.4.2 切片器快速筛选指定数据

Excel 2016 的切片器能够对数据透视表中的数据进行更轻松、快速地可视化、交互式筛选。切片器能够更快、更容易地筛选表或数据透视表中的数据，可以指示当前的筛选状态，使用户轻松了解当前显示的内容。

步骤 1：单击【数据透视表工具-分析】→【筛选】→【插入切片器】按钮，打开【插入切片器】对话框，如图 4-85 所示。

步骤 2：在【插入切片器】对话框中选择【销售城市】【销售数量】和【利润】3 个选项。单击【确定】按钮，即创建了 3 个切片器，如图 4-86 所示。

图 4-85 【插入切片器】对话框

图 4-86   创建好的切片器

步骤 3：适当调整每一个切片器的位置，以使所有数据都清晰可见。直接在切片器中单击项目按钮，即可轻松实现可视化筛选操作，且多个切片器及数据透视表间的数据是相互关联的，如图 4-87 所示为利用切片器快速筛选出销售数量为 16 的利润和销售城市情况。

图 4-87   使用切片器快速筛选

步骤 4：选择销售城市切片器，使该切片器处于活动状态，单击【切片器工具-选项】→【切片器样式】中的样式，可以设置切片器样式，如图 4-88 所示。

为切片器套用预设的切片器样式，可以快速更改切片器的外观，从而使切片器更突出、更美观。

步骤 5：右击【销售数量】切片器，在弹出的快捷菜单中选择【删除"销售数量"】命令，可删除该切片器，删除后切片器只剩【销售城市】和【利润】两个切片器。

步骤 6：重复步骤 1 和步骤 2 可以添加产品名称切片器，如图 4-89 所示。

在 Excel 中可以管理切片器的链接。假如需要切断"产品名称"切片器与数据透视表的链接，操作为：选择【产品名称】切片器，单击【切片器工具-选项】→【切片器】→【报表连接】按钮，打开【数据透视表连接（产品名称）】对话框，取消所选中的复选框，单击【确定】按钮即可。

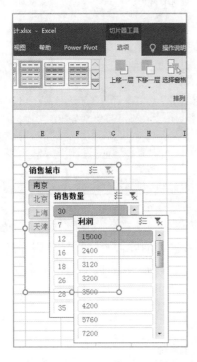

图 4-88　设置切片器样式

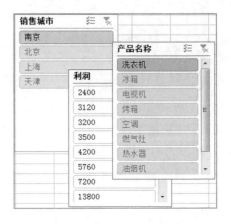

图 4-89　删除销售数量添加产品名称切片器后

▶ **同步训练**

在"啤酒一周销售表"中完成如下操作：

① 根据啤酒一周销售表创建数据透视表，要求按照品牌，对进货求和，对一周销售量求最小值，对进价和售价求平均值，如图 4-90 所示。

② 插入如图 4-91 所示的 3 个切片器，并通过选择一周销售量，快速找到进货量和品牌。

行标签	求和项:进货	最小值项:一周销售量	平均值项:进价	平均值项:售价
纯生	300	260	2	4
蓝带	300	242	3.5	7
珠江	300	257	3	6
威力	250	214	5	8
雪花	350	296	3.8	5.5
青岛	250	215	4.5	8
总计	1750	214	3.633333333	6.416666667

图 4-90　"啤酒一周销售表"数据透视表

图 4-91　切片器

146

项目 4.5　用图表表示销售职员工资情况

▶ 项目描述

根据销售提成工资表，完成以下操作：

① 用柱形迷你图对比各个职员对应各项情况，如图 4-92 所示。

序号	姓名	职务	实发	底薪	出勤	销售额	成本	毛利润	利润率	提成率	提成	通讯补贴	应发	伙食	住宿	出勤扣款	扣款小计
1	赵延坤	职员	3950	1800	24	101000	50000	51000	0.505	0.05	2550	200	4550	-300	-300	0	-600
2	李婉婷	职员	5150	1800	24	150000	75000	75000	0.5	0.05	3750	200	5750	-300	-300	0	-600
3	张丹丹	职员	6350	1800	23	175000	80000	95000	0.5429	0.05	4750	200	6750	-300	-300	200	-400
4	王小刚	职员	5150	1800	24	135000	60000	75000	0.5556	0.05	3750	200	5750	-300	-300	0	-600
5	程凤仪	职员	5900	1800	24	180000	90000	90000	0.5	0.05	4500	200	6500	-300	-300	0	-600
6	欧阳峰	职员	4750	1800	24	125000	58000	67000	0.536	0.05	3350	200	5350	-300	-300	0	-600
7	王志强	职员	5650	1800	24	155000	70000	85000	0.5484	0.05	4250	200	6250	-300	-300	0	-600
8	孙小梅	职员	5650	1800	24	160000	75000	85000	0.53	0.05	4250	200	6250	-300	-300	0	-600
	平均		5319	1800	23.9	147625	69750	77875	0.53	0.05	3894	200	5894	-300	-300	25	-575
	总计		47869	14400	191	1181000	558000	623000	0.53	0.05	31150	1600	47150	-2400	-2400	200	-4600

图 4-92　迷你图

② 插入职员实发工资的瀑布图，要求在控件中选择职员姓名或在数据中选择序号，都能得到相应职员的工资构成瀑布图，且控件、数据表及图表三者信息相互关联，如图 4-93 所示。

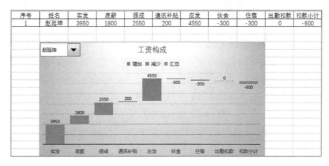

图 4-93　瀑布图

▶ 项目技能

- 创建迷你图。
- 插入图表，设置属性。
- 插入控件，设置属性。

▶ 项目实施

任务 4.5.1　创建各职员相应数据的柱形迷你图

迷你图是 Excel 2013 以上版本中新增的一种图表制作工具。它以单元格为绘图区域，把数据以小图表的形式呈现，可以获得数据的直观汇总，简单而便捷。

只有使用 Excel 2013 以上版本创建的数据表才能创建迷你图，低版本的 Excel 文件即使是用 Excel 2016 打开也不能创建迷你图，必须将数据复制到 Excel 2013 以上版本创建的数据表中才能使用该功能。

步骤 1：单击单元格 D14，单击【插入】→【迷你图】→【柱形图】按钮，打开【创建迷你图】对话框，如图 4-94 所示。

步骤 2：【数据范围】选择单元格区域 D4:D11，单击【确定】按钮，迷你图创建成功。

步骤 3：拖动填充柄到 R14，完成每个数据对应职员的迷你柱形图。

步骤 4：选择迷你柱形图，在【迷你图工具-设计】→【样式】中选择【迷你图颜色】为【浅绿色】，【标记颜色】→【高点】为橙色，【低点】为浅蓝色，【首点】为红色，【尾点】为蓝色，如图 4-95 所示，可完成如图 4-92 所示柱形迷你图的美化格式设置。

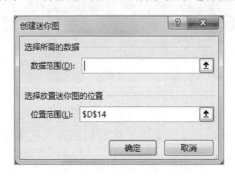

图 4-94　【创建迷你图】对话框

图 4-95　标记颜色

任务 4.5.2　创建每个职员工资构成瀑布图

工作表中的数据用图表来表达更具体。图表是图形化的数据，它由点、线、面等图形与数据文件按特定的方式组合而成，具有直观形象、双向联动、二维坐标等特点。

Excel 2016 增加了多种图表，如用户可以创建表示相互结构关系的树状图、分析数据层次占比的旭日图、判断生产是否稳定的直方图、显示一组数据分散情况的箱形图和表达数个特定数值之间的数量变化关系的瀑布图等，用户可以根据需要创建相应类型的图表。

在插入工资构成瀑布图之前，利用"销售提成工资表"中的数据，在命名为"瀑布图"的新工作表中，使用数据验证及 VLOOKUP 函数，将需要用瀑布图表示的数据设置好，选择序号得到相应职员的工资信息，如图 4-96 所示。

序号	姓名	实发	底薪	提成	通讯补贴	应发	伙食	住宿	出勤扣款	扣款小计
8	孙小梅	5650	1800	4250	200	6250	-300	-300	0	-600

图 4-96　设置好的职员工资信息

1. 插入工资构成瀑布图

步骤 1：在"瀑布图"工作表中选择单元格区域 B1:K2，单击【插入】→【图表】→【推荐的图表】按钮，打开如图 4-97 所示对话框。

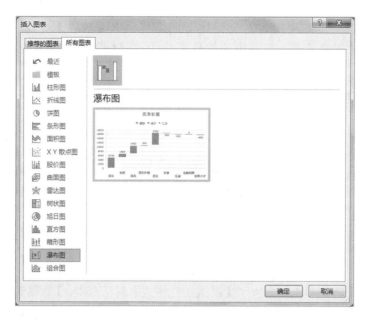

图 4-97　Excel【插入图表】对话框

步骤 2：选择【所有图表】→【瀑布图】选项卡，完成如图 4-98 所示瀑布图的创建。

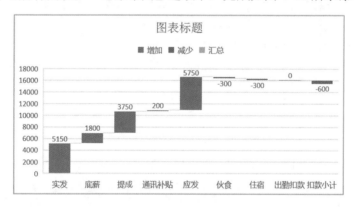

图 4-98　瀑布图

步骤 3：单击"图表标题"，将文字改为"工资构成"。

步骤 4：在【图表工具-设计】→【图表样式】列表中选择第 3 个，修改瀑布图样式为如图 4-93 中所示。

步骤 5：根据图 4-93 调整瀑布图的位置及大小。

2. 插入控件并关联数据

在自定义快速访问工具栏选择【其他命令】命令，打开【Excel 选项】对话框。在【从下列位置选择命令】栏选择【"开发工具"选项卡】→【控件】选项，单击【添加】按钮，将【控件】按钮添加到自定义快速访问工具栏中。

步骤 1：在自定义快速访问工具栏中单击【控件】→【插入】→【组合框】按钮，如图 4-99 所示。然后选择相应位置插入组合框。

步骤 2：选择组合框，单击自定义快速访问工具栏中【控件】→【属性】按钮，如图 4-100 所示，或者右击组合框，在弹出的快捷菜单中选择【设置控件格式】命令，如图 4-101 所示。

图 4-99　插入组合框　　　　图 4-100　【属性】按钮　　图 4-101　选择【设置控件格式】命令

步骤 3：在打开的如图 4-102 所示【设置控件格式】对话框中，【数据源区域】选择销售提成工资表中的单元格区域 B4:B11，【单元格链接】选择当前工作表中的单元 A2，【下拉显示项数】内容自动填充为 "8"。

图 4-102　【设置控件格式】对话框

步骤 4：单击【确定】按钮，即可完成控件、数据表及图表三者信息相互关联的功能。在控件中选择职员姓名，数据表和瀑布图会显示相应信息；在数据表中选择序号，控件中和瀑布图也会显示相应信息。

📖 **扩展知识**

　　用户可以对创建的图表进行美化，对图表标题、图例、图表区域、数据系列、绘图区、坐标轴、网格线等项目进行填充、边框、阴影、发光等格式设置，使得创建的图表看起来更加美观。

步骤 5：单击【图表工具-设计】→【图表布局】→【添加图表元素】按钮，可以添加坐标轴、坐标轴标题、图表标题、数据标签、网格线、图例等图表元素。

步骤 6：单击【图表工具-格式】→【当前所选内容】→【设置所选内容格式】命令，可以对绘图区、坐标轴、网格线、图表标题、图表区、图例、数据标签等元素进行个性化格式设置。

▶ **同步训练**

在职员季度销量业绩表中完成如下操作：

① 创建每个季度各职员销量的折线迷你图，并选择相应样式，如图 4-103 所示。

序号	姓名	1季度销售量	2季度销售量	3季度销量	4季度销量	平均销量	最高销量	最低销量
1	赵延坤	100	300	200	220	205	300	100
2	李婉婷	280	300	120	160	215	300	120
3	张丹丹	400	100	130	180	203	400	100
4	王小刚	200	99	150	190	160	200	99
5	程凤仪	300	97	109	230	184	300	97
6	欧阳峰	280	120	130	120	163	280	120
7	王志强	200	150	200	210	190	210	150
8	孙小梅	150	320	234	188	223	320	150

图 4-103　折线迷你图

② 创建各职员每个季度的销量组合图，由簇状柱形图和折线图组成，如图 4-104 所示。

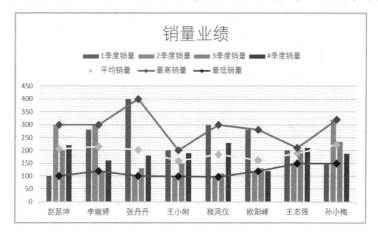

图 4-104　组合图

项目 4.6　打印销售业绩表

▶ **项目描述**

在 A4 纸上打印一份销售业绩表，如图 4-105 所示，要求：A4 纸，纵向，上、下、左、右边距分别为 2 厘米、1.5 厘米、2 厘米、1.2 厘米；每页都打印表头和标题行；在页脚位置处中间位置添加页码、右边添加日期；打印销售业绩表。

▶ **项目技能**

- 页面设置，包括设置纸张大小、方向、页边距、打印标题、缩放、打印区域、页眉与页脚等设置。
- 打印设置，包括份数、打印机的选择、页数、顺序调整、缩放等设置。

▶ **项目实施**

各销售部门上半年销售业绩表　　单位：元

序号	姓名	部门	一月份	二月份	三月份	四月份	五月份	六月份	平均销量
1	罗美琪	销售1部	66,500	92,500	95,500	98,000	86,500	71,000	85,000
2	张艳	销售1部	73,500	91,500	64,500	93,500	84,000	87,000	82,333
3	卢红	销售1部	75,500	62,500	87,000	94,500	78,000	91,000	81,417
4	刘丽	销售1部	79,500	98,500	68,000	100,000	96,000	66,000	84,667
5	杜月	销售1部	82,050	63,500	90,500	97,000	65,150	99,000	82,867
6	张成	销售1部	82,500	78,000	81,000	96,500	90,500	87,000	81,917
7	余小海	销售1部	84,500	71,000	99,500	89,500	84,500	58,000	81,167
8	安叶	销售1部	87,500	63,500	67,500	98,500	78,500	94,000	81,583
9	杜月红	销售1部	88,000	82,500	83,000	75,500	62,000	85,000	79,333
10	李成	销售1部	92,000	64,000	97,000	93,000	75,000	93,000	85,667
11	张红军	销售1部	93,000	71,500	92,000	96,500	87,000	61,000	83,500
12	李诗诗	销售1部	93,050	85,500	77,000	81,000	95,000	78,000	84,925
13	杜乐	销售1部	96,000	72,500	100,000	86,000	62,000	87,500	84,000
14	刘大为	销售1部	96,500	86,500	90,500	94,000	99,500	70,000	89,500
15	唐艳霞	销售1部	97,500	76,000	72,000	92,500	84,500	78,000	83,417
16	张悟	销售2部	56,000	77,500	85,000	83,000	74,500	79,000	75,833
17	李丽敏	销售2部	58,500	90,000	89,500	97,000	72,000	65,000	78,500
18	马燕	销售2部	63,000	99,500	78,500	63,150	79,500	65,500	74,858
19	张小丽	销售2部	69,000	89,500	92,500	73,000	58,500	96,500	79,833
20	刘艳	销售2部	72,500	74,500	60,500	87,000	77,000	78,000	74,917
21	彭杨	销售2部	74,000	72,500	67,000	94,000	78,000	90,000	79,250
22	范俊弟	销售2部	75,500	72,500	75,000	92,000	86,000	55,000	76,000
23	杨伟健	销售2部	76,500	70,000	64,000	75,000	87,000	78,000	75,083
24	马路刚	销售2部	77,000	60,500	66,050	84,000	98,000	93,000	79,758
25	杨红敏	销售2部	80,500	96,000	72,000	66,000	61,000	85,000	76,750
26	李辉	销售2部	83,500	78,500	70,500	100,000	68,150	69,000	78,275
27	郝艳芬	销售2部	84,500	78,500	87,500	64,500	72,000	76,500	77,250
28	李成	销售2部	92,500	92,500	77,000	73,000	57,000	84,000	79,500
29	张红	销售2部	95,000	90,000	89,500	61,150	61,500	52,000	78,692
30	李诗	销售2部	97,000	75,500	73,000	81,000	66,000	76,000	78,083
31	杜乐	销售3部	62,500	76,000	57,000	67,500	88,000	84,500	72,583
32	黄海生	销售3部	62,500	57,500	85,000	59,000	79,000	61,500	67,417
33	唐艳霞	销售3部	63,500	72,000	65,000	95,000	75,500	61,000	72,167
34	张悟	销售3部	68,000	97,500	61,000	57,000	60,000	85,000	71,417
35	李丽丽	销售3部	71,500	61,500	82,000	57,500	57,000	85,000	69,083
36	马小燕	销售3部	71,500	59,500	88,000	63,000	88,000	60,500	71,750
37	司徒春	销售3部	75,000	71,000	86,000	60,500	60,000	85,000	72,917
38	许小辉	销售3部	75,500	60,500	85,000	57,000	76,000	83,000	72,833
39	杨鹏	销售3部	76,000	63,500	84,000	81,000	65,000	62,000	71,917
40	田丽	销售3部	81,000	55,500	61,000	91,500	81,000	59,000	71,500
41	李娜	销售3部	85,500	64,500	74,000	78,500	64,000	76,000	73,750
42	詹菜华	销售3部	86,500	65,500	67,500	70,500	62,000	73,000	70,833
43	许泽平	销售3部	94,000	68,050	61,000	60,500	76,000	67,000	73,925
44	刘志刚	销售3部	96,500	74,500	63,000	66,000	71,000	69,000	73,333

1	2020/1/31		2	2020/1/31
(a)			(b)	

图 4-105　销售业绩表

任务 4.6.1　对销售业绩表按要求进行页面设置

在【页面布局】→【页面布局】功能区，如图 4-106 所示，可以对表格进行【页边距】【纸张方向】【纸张大小】【打印区域】【打印标题】等的设置操作。

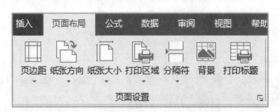

图 4-106　【页面布局】功能区

单击【页面设置】对话框启动器按钮 ，打开【页面设置】对话框，该对话框中有 4 个选项卡，分别为【页面】【页边距】【页眉/页脚】【工作表】，如图 4-107~图 4-110 所示，可以对工作表中数据的页面进行相应内容的操作。

图 4-107　Excel【页面设置】对话框-【页面】选项卡

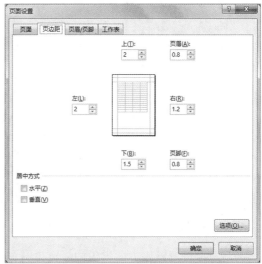

图 4-108　【页面设置】对话框-【页边距】选项卡

图 4-109　【页面设置】对话框-【页眉/页脚】选项卡

图 4-110　【页面设置】对话框-【工作表】选项卡

下面对销售业绩表进行页面设置。

步骤 1：设置纸张大小为 A4。可以使用如下几种方法。

方法 1：单击【页面布局】→【页面设置】→【纸张大小】按钮，在弹出的下拉列表中选择【A4】选项，如图 4-111 所示。

方法 2：在如图 4-107 所示中，【纸张大小】框中选择【A4】选项。

方法 3：选择【文件】→【打印】命令，在【设置】栏设置纸张大小为 A4，如图 4-112 所示。

图 4-111　【纸张大小】下拉列表

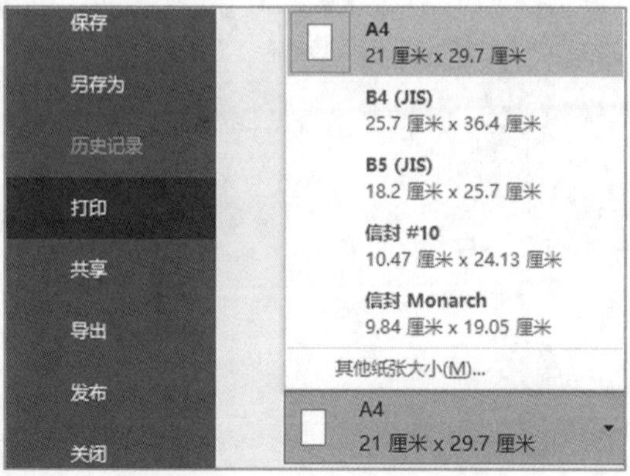

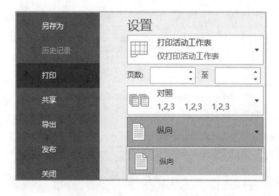

图 4-112　打印页面纸张大小

步骤 2：设置纸张方向为纵向，可以有如下几种方法。

方法 1：单击【页面布局】→【页面设置】→【纸张方向】按钮，在弹出的下拉列表中选择【纵向】选项，如图 4-113 所示。

方法 2：在如图 4-107 所示中，【方向】选项中选择【纵向】。

方法 3：选择【文件】→【打印】命令，在【设置】区选择【纵向】选项，如图 4-114 所示。

图 4-113　【纸张方向】下拉列表

图 4-114　打印页面纸张方向

步骤 3：设置页边距，上、下、左、右边距分别为 2 厘米、1.5 厘米、2 厘米、1.2 厘米。

单击【页面布局】→【页面设置】→【页边距】按钮，在弹出的下拉列表中选择【自定义边距】命令，或选择【文件】→【打印】命令，在【设置】区选择【自定义边距】选项，都可以打开如图 4-108 所示对话框，在该对话框中的上、下、左、右边距的文本框中分别输入 2、1.5、2、1.2 即可，页边距单位默认为厘米。

步骤 4：设置每页都打印表头和标题行。

单击【页面布局】→【页面设置】→【打印标题】按钮，可打开【页面设置】对话框【工作表】选项卡；或直接打开【页面设置】对话框，选择【工作表】选项卡，如图 4-110 所示。

将光标定位在【顶端标题行】后的文本框中，在工作表中选择第 1 行到第 3 行，此时文本框中显示$1:$3，表示第 1 行到第 3 行的数据每页都会打印。

📖 扩展知识

1. 缩放

当打印的表格有几行或几列不在同一页时，可对其进行缩放，使其可以在同一页打印。主要有如下几种操作方法。

方法 1：在如图 4-107 所示中的【缩放比例】文本框中可以自定义表格的缩放比例。

方法 2：在【页面布局】→【调整为合适大小】功能组中，可对表格的宽度、高度及缩放比例进行适当的调整，如图 4-115 所示。

图 4-115　调整为合适大小

方法 3：选择【文件】→【打印】→【无缩放】选项，如图 4-116 所示，可以有 4 种缩放设置选项：【无缩放】【将工作表调整为一页】【将所有列调整为一页】【将所有行调整为一页】。

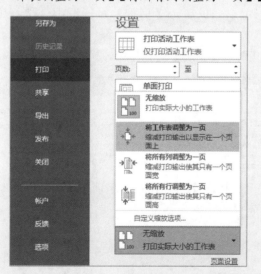

图 4-116　打印页面的缩放

2. 打印区域

用户可根据需要只打印表格中指定的区域，如只打印销售 1 部的数据，选取单元格区域 A1:J18 后，按下面的方法设置打印区域。

方法 1：选择【页面布局】→【页面设置】→【打印区域】按钮，在弹出的下拉列表中选择【设置打印区域】命令，如图 4-117 所示。

方法 2：选择【文件】→【打印】命令，在【设置】中设置【打印活动工作表】→【打印选定区域】选项，如图 4-118 所示。

　　预览可看到只显示销售 1 部的数据。单击【打印】选项，即可打印单元格区域 A1:J18 中销售 1 部的数据。

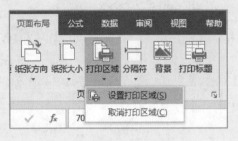

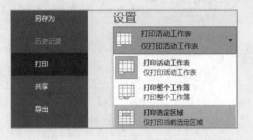

图 4-117　功能区设置打印区域　　　　　图 4-118　打印页面设置打印选定区域

• 任务 4.6.2　页脚位置处添加页码和日期

　　在页脚位置处中间添加页码、右边添加日期，可以使用以下方法。

（1）自定义页脚

　　步骤 1：在如图 4-109 所示的对话框中单击【自定义页脚】按钮。

　　步骤 2：在打开的如图 4-119 所示【页脚】对话框中，选择中部，单击【插入页码】按钮。

　　步骤 3：在如图 4-119 所示【页脚】对话框中，选择右部，单击【插入日期】按钮。

图 4-119　【页脚】对话框

（2）页面布局视图

　　步骤 1：将工作窗口切换为如图 4-120 所示【页面布局】视图方式，有如下几种方法。

　　方法 1：单击【插入】→【文本】→【页眉和页脚】按钮。

　　方法 2：单击【视图】▸【工作簿视图】→【页面布局】按钮。

图 4-120　【页面布局】视图方式

方法 3：单击工作簿窗口右下角视图方式中的【页面布局】视图按钮。

步骤 2：光标定位到页眉位置处，单击【页眉和页脚工具-设计】→【导航】→【转至页脚】按钮，在页脚的左、中、右位置处选择页码所在位置中部。

步骤 3：单击【页眉和页脚工具-设计】→【页眉和页脚元素】→【页码】按钮，在页脚中间位置处插入页码，右边位置处插入当前日期，如图 4-121 所示。

图 4-121　页脚插入页码、日期

任务 4.6.3　打印设置、预览

选择【文件】→【打印】命令，打开打印及预览界面，如图 4-122 所示。

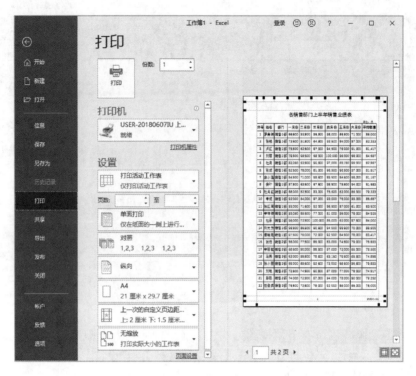

图 4-122 打印及预览界面

在此界面可以完成如下操作。

① 设置打印份数。

② 选择与计算机连接的打印机。

③ 设置打印区域，包括打印活动工作表、打印整个工作簿、打印选定区域，可以根据需要进行选择。

④ 设置打印页数，从几页到几页可以通过微调按钮设置或手工输入。

⑤ 设置单面打印或双面打印，双面打印可节约纸张，且环保，建议双面打印。

⑥ 设置对照，打印多份文件时，按照页数顺序打印或打印完一页后再打印后面页数。

⑦ 设置纸张方向，根据需求来确定纵向或横向，一般行多的采用纵向打印，列多的采用横向打印。

⑧ 设置纸张大小。

⑨ 设置页边距，可以自定义，也可以单击打印预览窗口右下角的【显示边距】按钮，通过调整预览页面中的虚线位置来调整边距。还可以在此窗口中调整列宽，更直观地动态观察表格在页面中的位置，而不需要切换到表格编辑页面。

在 Excel 2016 中，打印和打印预览界面在一起，要回到编辑页面，单击左上角【返回】按钮即可，不需要关闭该窗口。

▶ 同步训练

打印如图 4-123 所示职员销售提成工资条，行高、列宽根据窗口进行适当调整。

序号	姓名	职务	实发	底薪	出勤	销售额	成本	毛利润	利润率	提成率	提成	通讯补贴	应发	伙食	住宿	出勤扣款	扣款小计
1	赵延坤	职员	3950	1800	24	101000	50000	51000	0.505	0.05	2550	200	4550	300	300	0	600

序号	姓名	职务	实发	底薪	出勤	销售额	成本	毛利润	利润率	提成率	提成	通讯补贴	应发	伙食	住宿	出勤扣款	扣款小计
2	李婉婷	职员	5150	1800	24	150000	75000	75000	0.5	0.05	3750	200	5750	300	300	0	600

序号	姓名	职务	实发	底薪	出勤	销售额	成本	毛利润	利润率	提成率	提成	通讯补贴	应发	伙食	住宿	出勤扣款	扣款小计
3	张丹丹	职员	5950	1800	23	175000	80000	95000	0.543	0.05	4750	200	6750	300	300	200	800

序号	姓名	职务	实发	底薪	出勤	销售额	成本	毛利润	利润率	提成率	提成	通讯补贴	应发	伙食	住宿	出勤扣款	扣款小计
4	王小刚	职员	5150	1800	24	135000	60000	75000	0.556	0.05	3750	200	5750	300	300	0	600

序号	姓名	职务	实发	底薪	出勤	销售额	成本	毛利润	利润率	提成率	提成	通讯补贴	应发	伙食	住宿	出勤扣款	扣款小计
5	程凤仪	职员	5900	1800	24	180000	90000	90000	0.5	0.05	4500	200	6500	300	300	0	600

序号	姓名	职务	实发	底薪	出勤	销售额	成本	毛利润	利润率	提成率	提成	通讯补贴	应发	伙食	住宿	出勤扣款	扣款小计
6	欧阳峰	职员	4750	1800	24	125000	58000	67000	0.536	0.05	3350	200	5350	300	300	0	600

序号	姓名	职务	实发	底薪	出勤	销售额	成本	毛利润	利润率	提成率	提成	通讯补贴	应发	伙食	住宿	出勤扣款	扣款小计
7	王志强	职员	5650	1800	24	155000	70000	85000	0.548	0.05	4250	200	6250	300	300	0	600

序号	姓名	职务	实发	底薪	出勤	销售额	成本	毛利润	利润率	提成率	提成	通讯补贴	应发	伙食	住宿	出勤扣款	扣款小计
8	孙小梅	职员	5650	1800	24	160000	75000	85000	0.531	0.05	4250	200	6250	300	300	0	600

图 4-123　销售提成工资条

模块 5
演示文稿制作

  本模块通过讲解 5 个 PPT 项目的制作过程，带领读者进入 PowerPoint 2016 的奇妙世界，帮助读者弄懂、学会、掌握 PowerPoint 2016 的主要功能。完成本模块的学习后，读者也能制作出酷炫的 PPT 作品。

项目 5.1　制作快闪 PPT

▶ **项目描述**

　　快闪 PPT 是近期非常流行的一类 PPT 作品，这类作品在短时间内快速闪过大量文字、图片、视频等多媒体信息，配合节奏感强的背景音乐，给观者营造一种紧张跳动、节奏感强、快速聚焦的演示效果体验。制作好的快闪 PPT 可以发布成视频形式，上传到抖音、快手等 APP 平台，就能达到一种超酷的观看效果。本项目将带领读者制作完成一个快闪 PPT，制作完成的 PPT 整体效果图如图 5-1 所示。

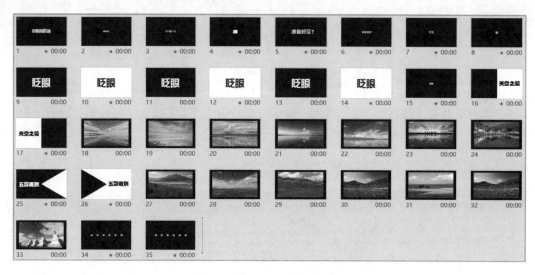

图 5-1　快闪 PPT 整体效果图

　　快闪 PPT 作品的幻灯片页数一般较多，多页幻灯片之间设置快速幻灯片切换效果，同一幻灯片中的对象设置快速动画效果，这些快速的换片和动画在播放演示文稿时能给人一种目不暇接的快速闪播效果。从图 5-1 可以看出，本项目共有 35 张幻灯片，但总播放时间只有大约 17 秒。

　　本项目主要应用了文字快闪和图片快闪，下面根据制作本作品的操作要求将制作过程分成 5 个任务，每个任务完成项目中的若干幻灯片。

▶ **项目技能**

- 学会新建演示文稿、新建幻灯片，学会放映幻灯片。
- 掌握文本框、形状、图片、声音等多媒体对象的操作方法。
- 掌握制作动画的方法和技巧。
- 掌握设置幻灯片切换效果的方法。
- 了解将演示文稿导出为视频文件的方法。

▶ 项目实施

• 任务 5.1.1　制作快闪文字（1）

本任务主要利用 PowerPoint 的文字编辑和动画功能来实现文字在幻灯片中快速出现、移动和消失的快闪效果。

步骤 1：打开 PowerPoint 2016，PowerPoint 会自动新建名为"演示文稿 1"的 PPT 文件，该文件名只是临时文件名，选择【文件】→【保存】命令，在展开的【另存为】界面中单击【浏览】按钮，选择合适的保存路径和文件名进行保存，这里将文件命名为 project1.pptx，保存路径由读者自定。

步骤 2：当前演示文稿中默认有一张标题版式的幻灯片，其中包含一个标题文本框和一个副标题文本框，删除这两个文本框。

> 📖 扩展知识
>
> 由幻灯片版式自动布局的这些对象称为占位符，占位符可以是文本框、图片、表格、图表、SmartArt 图形、视频等各种对象。这些占位符可以帮助读者快速布局幻灯片。

步骤 3：单击【设计】→【自定义】→【设置背景格式】按钮，打开【设置背景格式】窗格，设置背景填充色为黑色纯色填充，单击【全部应用】按钮，如图 5-2 所示。

步骤 4：步骤 4～步骤 8 将完成第 1 张幻灯片的快闪文字设置，该幻灯片的最终效果如图 5-3 所示。

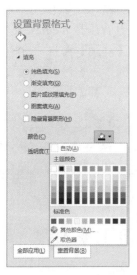

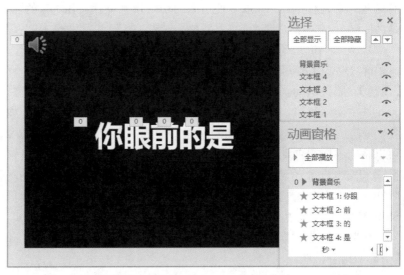

图 5-2　【设置背景格式】窗格　　　　　　图 5-3　第 1 张幻灯片的最终效果

单击【插入】→【文本】→【文本框】按钮，在弹出的下拉列表中选择【横排文本框】命令，在插入的文本框中输入文本"你眼"，设置字体相关属性为微软雅黑、72 磅、白色、加粗。按照同样的方法再插入 3 个横排文本框，3 个文本框的文本分别输入"前""的""是"。

参照图 5-3 调整这 4 个文本框的排列顺序和相对位置。

📖 **扩展知识**

　　调整对象位置时可借助【视图】→【显示】功能组中的【标尺】【网格线】【参考线】等功能，也可利用【绘图工具-格式】→【排列】→【对齐】中的各项对象对齐进行对齐方式的设置，同时还可打开【开始】→【编辑】→【选择】→【选择窗格】，帮助用户在多个互相重叠的对象中选择相应的对象。

　　步骤 5：单击【插入】→【媒体】→【音频】按钮，在弹出的下拉列表中选择【PC 上的音频】命令，在打开的【插入音频】对话框中选择素材文件"module5\project1\media1. m4a"，将其插入到当前幻灯片中，音频文件在幻灯片中显示为喇叭图标。接着在【音频工具-播放】→【音频选项】功能组中进行如图 5-4 所示的设置，再将代表音频对象的喇叭图标移动到幻灯片的左上角，或者移到幻灯片的外部区域。

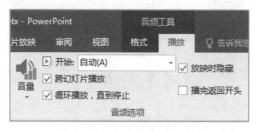

图 5-4　设置音频播放属性

　　步骤 6：此时，第 1 张幻灯片的所有对象都已出现在幻灯片中，用户可在【选择】窗格中对这些对象进行重命名，以方便后面的动画设置操作。各对象的名称参见图 5-3，其中文本框 1 是"你眼"，文本框 2 是"前"，文本框 3 是"的"，文本框 4 是"是"，背景音乐是 media1. m4a。

　　步骤 7：单击【动画】→【高级动画】→【动画窗格】按钮，打开【动画】窗格。选中文本框 1，单击【动画】→【动画】组中的【出现】动画效果 ✳，给文本框 1 添加进入动画效果【出现】，修改其动画效果属性如图 5-5 所示。接下来给文本框 2～文本框 4 都添加出现效果动画，选中文本框 1，单击【动画】→【高级动画】→【动画刷】按钮，使 ✳动画刷 呈现选中状态，此时鼠标指针变成刷子状，单击文本框 2，就可以将文本框 1 的动画效果复制到文本框 2 上。用动画刷依次设置文本框 3 和文本框 4 的动画效果。最后调整文本框 2～文本框 4 的动画开始时间和延迟，在动画窗格中同时选中文本框 2～文本框 4 的出现动画（用 Shift 键配合），设置【开始】为【上一动画之后】、【延迟】为【00. 20】。

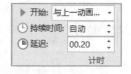

图 5-5　设置动画

　　步骤 8：选中【切换】→【计时】→【换片方式】→【设置自动换片时间】复选框，单击【全部应用】按钮。

📖 **扩展知识**

　　全部应用表示整个演示文稿的全部幻灯片都应用这个同样的设置。

　　步骤 9：步骤 9～步骤 12 完成第 2 张快闪文本幻灯片的制作，最终效果如图 5-6 所示。单击【开始】→【幻灯片】→【新建幻灯片】按钮，在弹出的下拉列表中选择【空白】选项，在当前幻灯片后插入一张新的空白幻灯片，插入一个横排文本框，输入文本"你眼前的是"，设置字体格式为微软雅黑、24 磅、加粗、白色。利用【绘图工具-格式】→【排列】→【对齐】中的功能调整该文本框在当前幻灯片中水平居中、垂直居中。

图 5-6　第 2 张幻灯片的最终效果

步骤 10：选中文本框，单击【动画】→【高级动画】→【添加动画】按钮，在弹出的下拉列表中选择【其他动作路径】命令，在打开的【添加动作路径】对话框中，选中【直线和曲线】下的【向左】选项，单击【确定】按钮，如图 5-7 所示。此时文本框添加了一个向左做直线运动的动画效果，该动画效果从一个绿三角表示的动作路径起点开始，运动到一个红三角表示的动作路径终点结束。读者可以调整这两个三角形的位置，修改动作路径的长短和运动方向。在【动画】窗格选中该动画效果，设置动画【开始】时间为【上一动画之后】、持续时间为【00.30】。

步骤 11：再选中该文本框，为其添加【消失】退出动画效果，设置动画【开始】时间为【上一动画之后】。

步骤 12：在第 2 幻灯片中再添加一个横排文本框，输入文本"美丽中国"，设置文本格式为微软雅黑、18 磅、加粗、白色。调整文本框水平居中、垂直居中。给此文本框添加【出现】进入动画，设置动画【开始】时间为【与上一动画同时】。

步骤 13：步骤 13～步骤 16 完成第 3 张快闪文本幻灯片的制作，最终效果如图 5-8 所示。插入一张新的空白幻灯片，再插入一个横排文本框，命名为文本框 1，输入文本"我的"，设置文本格式为微软雅黑、32 磅、加粗、白色。选中文本框，单击【绘图工具-格式】→【大小】功能区右下角的 按钮，在打开的【设置形状格式】窗格中，

图 5-7　添加【向左】动画

设置文本框的水平位置为距幻灯片左上角 13.08 厘米、垂直位置为距幻灯片左上角 8.71 厘米。

图 5-8　第 3 张幻灯片的最终效果

步骤 14：同样，再插入两个横排文本框，分别命名为文本框 2 和文本框 3。在文本框 2 中输入文本"美丽"，文本框 3 中输入文本"中国"，设置两个文本框的文本格式为微软雅黑、32 磅、加粗、白色。再设置文本框 2 的水平位置为距幻灯片左上角 15.54 厘米、垂直位置为距幻灯片左上角 8.71 厘米，设置文本框 3 的水平位置为距幻灯片左上角 17.96 厘米、垂直位置为距幻灯片左上角 8.71 厘米。

步骤 15：再插入一个横排文本框，命名为文本框 4，输入文本"1"，设置文本格式为微软雅黑、60 磅、加粗、白色，在幻灯片中水平居中、垂直居中。

步骤 16：第 3 张幻灯片上各对象的动画设置见表 5-1。

表 5-1　各对象的动画设置

动画顺序	对象名称	添加动画	开　始	持续时间	延迟	动画文本	字母之间延迟秒数
1	文本框 2	进入动画：出现	与上一动画同时	自动	00.00	按字母	0
2	文本框 3	进入动画：出现	与上一动画同时	自动	00.20	按字母	0
3	文本框 1	退出动画：消失	与上一动画同时	自动	00.20	整批发送	——
4	文本框 2	向左直线运动	上一动画之后	00.30	00.00	按字母	0
5	文本框 2	退出动画：消失	与上一动画同时	自动	00.00	按字母	0.15
6	文本框 3	向左直线运动	上一动画之后	00.30	00.00	按字母	10
7	文本框 3	退出动画：消失	与上一动画同时	自动	00.00	按字母	0.5
8	文本框 4	进入动画：出现	上一动画之后	自动	00.00	整批发送	——

表 5-1 中动画文本列和字母之间延迟秒数列的操作说明如下。在【动画】窗格中选中某动画，

166

单击动画右侧的下拉三角 ，在展开的菜单中选择【效果选项】选项，如图 5-9 所示。在打开对话框的【效果】选项卡中，可设置【动画文本】和【字母之间延迟秒数】，如图 5-10 所示。

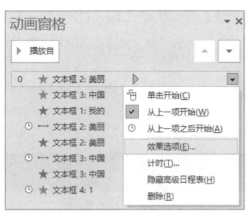

图 5-9　选择【效果选项】　　　　　图 5-10　设置【动画文本】和【字母之间延迟秒数】

另外，注意调整第 4 个动画和第 6 个动画的向左直线运动路径使其不要太长，文本框 3 可向左运动至文本框 2 的位置，文本框 2 可向左运动至文本框 1 的位置。

任务 5.1.2　制作快闪文字（2）

本任务首先完成一串数字快速计数的效果，接着利用幻灯片的切换功能来实现文字的快速变化。

步骤 1：步骤 1～步骤 4 完成第 4 张幻灯片的制作，最终效果如图 5-11 所示。在演示文稿末尾插入第 4 张新的幻灯片，在幻灯片中插入一个横排文本框，输入文本"1"，设置文本格式为微软雅黑、72 磅、加粗、白色，在幻灯片中水平居中、垂直居中。

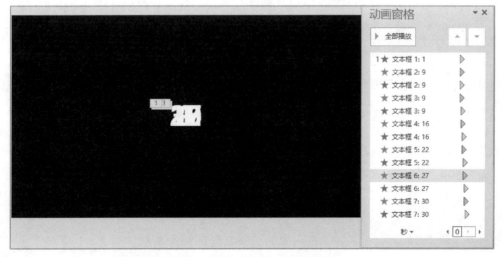

图 5-11　第 4 张幻灯片的最终效果

步骤 2：复制步骤 1 中的文本框，粘贴 6 次，修改这 6 个文本框中的文本分别为"3""9""16""22""27""30"，操作过程中可打开【开始】→【编辑】→【选择】→【选择】窗格协助选择对象、更改对象的顺序、名称或更改其可见性。

步骤 3：同时选中上面的 7 个文本框对象，单击【绘图工具-格式】→【排列】→【对齐】按钮，在弹出的下拉列表中选择【对齐幻灯片】命令，使该选项前呈现 ✓。再选择【水平居中】和【垂直居中】命令，将所有的文本框对象都排列在幻灯片中心位置。

步骤 4：由于所有的文本框对象都重叠在一起，下面的动画设置请结合【选择】窗格来进行。各文本框对象的动画设置见表 5-2。

表 5-2　各文本框对象的动画设置

动画顺序	对象名称	添加动画	开　始	持续时间	延迟	动画文本	字母之间延迟秒数
1	文本框 1	退出动画：消失	单击时	自动	00.20	整批发送	——
2	文本框 2	进入动画：出现	与上一动画同时	自动	00.20	整批发送	——
3	文本框 2	退出动画：消失	上一动画之后	自动	00.10	整批发送	——
4	文本框 3	进入动画：出现	上一动画之后	自动	00.00	整批发送	——
5	文本框 3	退出动画：消失	上一动画之后	自动	00.10	整批发送	——
6	文本框 4	进入动画：出现	上一动画之后	自动	00.00	整批发送	——
7	文本框 4	退出动画：消失	上一动画之后	自动	00.10	整批发送	——
8	文本框 5	进入动画：出现	上一动画之后	自动	00.00	整批发送	——
9	文本框 5	退出动画：消失	上一动画之后	自动	00.10	整批发送	——
10	文本框 6	进入动画：出现	上一动画之后	自动	00.00	整批发送	——
11	文本框 6	退出动画：消失	上一动画之后	自动	00.10	整批发送	——
12	文本框 7	进入动画：出现	上一动画之后	自动	00.00	整批发送	——
13	文本框 7	退出动画：消失	上一动画之后	自动	00.10	整批发送	——

操作过程中，注意合理应用动画刷、隐藏对象等功能，以方便对象的操作及减少动画的制作工作量。

步骤 5：步骤 5～步骤 6 完成第 5 张幻灯片的制作，最终效果如图 5-12 所示。在演示文稿末尾插入第 5 张幻灯片，在幻灯片中插入 5 个横排文本框，分别输入文本："准""备""好""没""？"，5 个文本框均设置文本格式为微软雅黑、88 磅、加粗、白色。在幻灯片中将这 5 个文本框在水平靠中的位置上一字排开均匀排列，在垂直方向上居中显示。

步骤 6：第 5 张幻灯片上各文本框对象的动画设置见表 5-3。

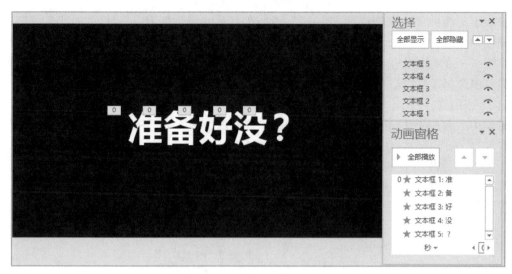

图 5-12　第 5 张幻灯片的最终效果

表 5-3　各文本框对象的动画设置

动画顺序	对象名称	添加动画	开　始	持续时间	延迟	动画文本	字母之间延迟秒数
1	文本框 1	进入动画：出现	与上一动画同时	自动	00.00	整批发送	——
2	文本框 2	进入动画：出现	上一动画之后	自动	00.10	整批发送	——
3	文本框 3	进入动画：出现	上一动画之后	自动	00.10	整批发送	——
4	文本框 4	进入动画：出现	上一动画之后	自动	00.10	整批发送	——
5	文本框 5	进入动画：出现	上一动画之后	自动	00.10	整批发送	——

步骤 7：右击第 5 张幻灯片，在弹出的快捷菜单中选择【复制幻灯片】命令，生成第 6 张幻灯片。

步骤 8：选中第 6 张幻灯片上的所有文本框对象，设置这些文本框的字体大小为 40 磅。设置这 5 个文本框的水平位置分别为 13.79 厘米、15.29 厘米、16.8 厘米、18.3 厘米、19.54 厘米，垂直方向均居中。

步骤 9：插入第 7 张幻灯片，插入一个横排文本框，输入文本"千万"，设置文本格式为微软雅黑、48 磅、加粗、白色。文本框在幻灯片中水平居中、垂直居中。给文本框添加进入动画为【出现】，【开始】设置为【上一动画之后】，其他保持默认设置。

步骤 10：复制第 7 张幻灯片，生成第 8 张幻灯片。将第 8 张幻灯片中的文本修改为"别"，调整该文本框水平居中，修改其动画【开始】时间为【与上一动画同时】。

步骤 11：插入第 9 张幻灯片，插入一个横排文本框，输入文本"眨眼"，字体设置为微软雅黑、180 磅、加粗、白色。文本框在幻灯片中水平居中、垂直居中。

📖 扩展知识

设置字号时，字号下拉框中最大字号为 96 磅，若要设置的字号在下拉框中不存在，可手动在其文本框中输入想设置的字号。

步骤 12：复制第 9 张幻灯片，生成第 10 张幻灯片。修改第 10 张幻灯片的背景色为白色，文本颜色为黑色。

步骤 13：同时选中第 9 张幻灯片和第 10 张幻灯片（使用 Shift 键配合），右击，在弹出的快捷菜单中选择【复制幻灯片】命令，形成第 11 张和第 12 张幻灯片，再复制一次形成第 13 张和第 14 张幻灯片。

步骤 14：复制第 13 张幻灯片，新复制的幻灯片出现在第 13 张幻灯片的下方，拖动新幻灯片，将其移动到演示文稿的最后，成为第 15 张幻灯片。

步骤 15：修改第 15 张幻灯片中的文本字号为 36 磅。调整文本框水平居中、垂直居中。给文本框添加退出动画【缩放】，动画【开始】时间为【与上一动画同时】，持续时间为【00.20】，其他保持默认设置。

任务 5.1.3　制作闪烁文字

本任务完成一种不断闪烁的快闪文字的制作，读者在制作时可参考本书配套的案例演示。

步骤 1：步骤 1～步骤 9 完成第 16 张幻灯片的制作，最终效果如图 5-13 所示。在演示文稿的最后插入第 16 张幻灯片，设置幻灯片背景色为白色。单击【插入】→【插图】→【形状】按钮，从展开的形状下拉列表中选择【矩形】，在幻灯片上按住鼠标左键，拖动鼠标绘制一个矩形，矩形大小为幻灯片的一半大小（形状大小与位置可借助网络线和参考线）。

图 5-13　第 16 张幻灯片的最终效果

步骤 2：选中矩形，单击【绘图工具-格式】→【形状样式】功能组右下角的 ▫ 按钮打开【设置形状格式】窗格，在【形状选项】下的【填充与线条】中，设置形状填充色为纯色填充，颜色为【黑色，文字 1】。设置线条为【无线条】。将矩形放置到幻灯片的左侧。

步骤 3：插入一个横排文本框，命名为"文本框 1"，输入文本"天空之镜"。设置文本格式为华文琥珀、96 磅、黑色。将文本框移动到幻灯片右侧，垂直方向居中，如图 5-13 所示。

步骤 4：复制粘贴文本框 1，将新文本框命名为"文本框 2"，修改文本颜色为【蓝色，个性色 1】。

步骤 5：再复制粘贴文本框 1，将新文本框命名为"文本框 3"，修改文本颜色为红色。

步骤 6：同时选中 3 个文本框，单击【绘图工具-格式】→【排列】→【对齐】下拉按钮，在弹出的下拉菜单中选择【左对齐】和【顶端对齐】命令，将 3 个文本框叠放在一起。

步骤 7：调整 3 个文本框的叠放层次，将文本框 1 放在 3 个文本框的最上层，其次是文本框 2，再次是文本框 3，如图 5-13 所示。

📖 **扩展知识**

对象在幻灯片中的叠放次序是以创建的先后顺序排列的，先创建的对象叠放层次低，后创建的对象叠放层次高。可以配合利用【选择窗格】和【绘图工具-格式】→【排列】→【上移一层】或者【下移一层】命令来调整对象的叠放层次。

步骤 8：选中文本框 2，添加直线路径动画，直线方向为向上。选中动画路径的终点（红色的三角和短线），按住鼠标左键，拖动鼠标调整路径的长短，这里要实现的效果是一种文字向左上角抖动的效果，因此，路径可调整为非常短。微调路径长短时可按住 Alt 键配合鼠标进行拖动调整。修改动画【开始】时间为【与上一动画同时】、【持续时间】为【00.50】、动画【重复】为【直到幻灯片末尾】，如图 5-14 所示。

步骤 9：选中文本框 3，添加直线路径动画，直线方向为向下。选中动画路径的终点，按住鼠标左键，拖动鼠标调整路径的长短，这里要实现的效果是一种文字向右下角抖动的效果，因此，路径可调整为非常短。修改动画【开始】时间为【与上一动画同时】、【持续时间】为【00.50】、动画【重复】为【直到幻灯片末尾】。

步骤 10：复制第 16 张幻灯片，形成第 17 张幻灯片，互换第 17 张幻灯片中的左侧矩形与右侧文本的位置。

图 5-14　设置动画属性

•任务 5.1.4　制作快闪图片

本任务完成 7 张快闪图片的制作。

步骤 1：在演示文稿末尾新增第 18 张幻灯片，在幻灯片中单击【插入】→【图像】→【图片】按钮，在打开的【插入图片】对话框中选择素材文件"module5\project1\1.jpg"，将其插入到当前幻灯片中。

步骤 2：选中图片，在【图片工具-格式】→【大小】功能组中对图片进行裁剪和大小调整，图片调整后的大小为：高 16.35 厘米、宽 30 厘米。设置图片在幻灯片中水平居中、垂直居中。

> 📖 **扩展知识**
>
> 调整图片大小时，系统默认图片锁定纵横比，如果取消锁定纵横比，则对图片进行高宽调整时，可能会造成图片扭曲和失真。可以使用裁剪工具将多余的部分剪去，使图片既保持原来的纵横比又能调整成所需的尺寸大小。

步骤 3：复制第 18 张幻灯片，粘贴为第 19 张至第 24 张幻灯片。将复制后的幻灯片中的图片删掉，再将素材文件夹 module5\project1 下的图片按顺序分别插入各个幻灯片。调整各个幻灯片中的图片位置与大小，使这些图片与第 18 张幻灯片中的图片位置与大小一致。

步骤 4：单击【视图】→【演示文稿视图】→【幻灯片浏览】按钮，切换到幻灯片浏览视图下，同时选中幻灯片 16 和幻灯片 17，按住 Ctrl 键，配合鼠标的拖动将这两张幻灯片复制到演示文稿的末尾，形成第 25 张和第 26 张幻灯片。再用鼠标拖动第 25 张幻灯片，将它与第 26 张幻灯片交换位置。

> 📖 **扩展知识**
>
> 幻灯片浏览视图是用来查看演示文稿中所有幻灯片缩略图的视图形式，利用这种视图可以轻松地排列幻灯片。

步骤 5：双击第 25 张幻灯片，重新切换回普通视图。删除放置在幻灯片右侧的黑色矩形，更改此幻灯片的背景色为黑色，更改文本框 1 的文本颜色为白色，将文本框 1、文本框 2、文本框 3 的文本更改为"五彩斑斓"。

步骤 6：在第 25 张幻灯片中插入一个等腰三角形，单击【绘图-格式】→【排列】→【旋转】下拉按钮，在弹出的下拉菜单中选择【向左旋转 90°】，设置三角形的填充色为白色、无线条色。调整三角形大小和位置，最终效果如图 5-15 所示（这张图显示了网络线和参考线，方便读者参考）。

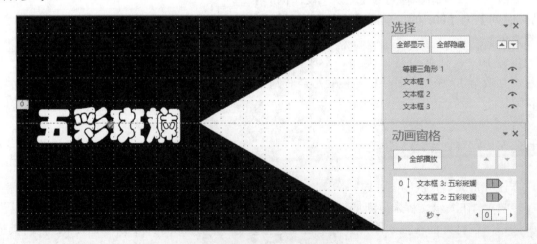

图 5-15　第 25 张幻灯片的最终效果

步骤 7：修改第 26 张幻灯片。选中幻灯片中的黑色矩形，单击【绘图工具-格式】→【插入形状】→【编辑形状】按钮，在弹出的下拉列表中选择【更改形状】→【等腰三角形】选项，将矩形更改为等腰三角形，再单击【绘图工具-格式】→【排列】→【旋转】下拉按钮，在弹出的下拉列表中选择【向右旋转 90°】，调整三角形的大小和位置。将文本框 1、文本框 2、文本框 3 的文本更改为"五彩斑斓"。最终效果如图 5-16 所示。

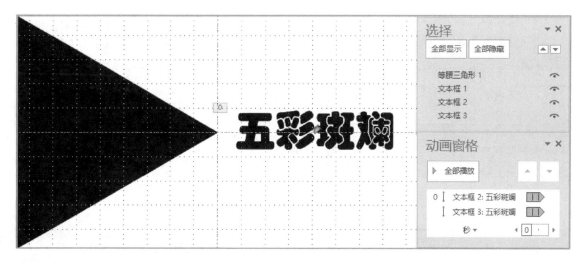

图 5-16   第 26 张幻灯片的最终效果

步骤 8：在幻灯片浏览视图下，将第 18 张至第 24 张幻灯片复制到演示文稿的末尾，形成第 27 张至第 33 张幻灯片。读者可更换新复制的幻灯片中的图片，也可保持不变。

任务 5.1.5   制作滚动快闪文字

本任务完成两张滚动快闪文字的制作。

步骤 1：步骤 1～步骤 6 完成第 34 张幻灯片的制作。在演示文稿末尾增加一张新的幻灯片，插入一个竖排文本框，命名为"文本框 1"，输入文本"最美旅游胜地"，设置文本格式为微软雅黑、48 磅、白色。水平位置为 5.55 厘米，垂直位置为 7.93 厘米。

步骤 2：复制文本框 1，命名为"文本框 2"，调整文本内容为"最美旅游胜地最美旅游胜地"（注意，这里是两个同样内容的文本），文本格式保持不变。调整文本框 2 的位置为：水平 9.61 厘米、垂直 7.93 厘米。

步骤 3：复制文本框 2，粘贴为文本框 3、文本框 4、文本框 5、文本框 6。分别调整新粘贴的文本框位置如下：文本框 3 水平位置 13.67 厘米、垂直位置 7.93 厘米，文本框 4 水平位置 17.72 厘米、垂直位置 7.93 厘米，文本框 5 水平位置 21.78 厘米、垂直位置 7.93 厘米，文本框 6 水平位置 25.84 厘米、垂直位置 7.93 厘米。

步骤 4：给文本框 2～文本框 6 添加动画，见表 5-4。

表 5-4   各文本框对象的动画设置

动画顺序	对象名称	添加动画	开 始	持续时间	延迟	路径长度
1	文本框 2	直线动画方向向上	与上一动画同时	01.50	00.00	使动画结束后第 2 个 "最美旅游胜地" 的 "美" 停留在动画开始前第 1 个文本串的 "最" 字处
2	文本框 3	直线动画方向向上	与上一动画同时	01.00	00.20	使动画结束后第 2 个 "最美旅游胜地" 的 "旅" 停留在动画开始前第 1 个文本串的 "最" 字处
3	文本框 4	直线动画方向向上	与上一动画同时	00.70	00.00	使动画结束后第 2 个 "最美旅游胜地" 的 "游" 停留在动画开始前第 1 个文本串的 "最" 字处
4	文本框 5	直线动画方向向上	与上一动画同时	00.90	00.00	使动画结束后第 2 个 "最美旅游胜地" 的 "胜" 停留在动画开始前第 1 个文本串的 "最" 字处
5	文本框 6	直线动画方向向上	与上一动画同时	01.20	00.00	使动画结束后第 2 个 "最美旅游胜地" 的 "地" 停留在动画开始前第 1 个文本串的 "最" 字处

步骤 5：插入一个黑色填充黑色边线的矩形，矩形高度为 8.4 厘米、宽度为 33.87 厘米，将此矩形放置在幻灯片的上半部分，即此矩形的水平位置和垂直位置相对于幻灯片左上角均为 0 厘米。

步骤 6：复制步骤 5 中的矩形，将其放置在幻灯片的下半部分，即此矩形的水平位置和垂直位置分别为 0 厘米和 10.69 厘米。

步骤 7：复制第 34 张幻灯片，形成第 35 张幻灯片。修改文本框 1 的文本为 "最美大好河山"，修改其余文本框的文本为 "最美大好河山最美大好河山"。

步骤 8：保存幻灯片。单击【幻灯片放映】→【开始放映幻灯片】→【从头开始】按钮，观看幻灯片的放映效果。

步骤 9：选择【文件】→【导出】命令，单击【创建视频】按钮，在创建视频界面，将当前演示文稿导出为 MP4 或 WMV 视频文件。

▶ **同步训练**

抖音中有大量使用 PPT 制作的个人快闪视频，请收集个人信息和资料，制作一份有特色的个人介绍快闪视频。

项目 5.2   制作动感电子相册

▶ **项目描述**

PowerPoint 的动画功能非常强大。当用户制作好一个动画效果后，可以进一步设置动画的播放时间。【动画】→【计时】功能组中的【开始】选项提供了 3 种形式的动画播放时间：单击时、与上一动画同时、上一动画之后，这些设置在项目 5.1 中都曾涉及，也是较常见的动画播放时间设置。在 PowerPoint 的【动画】→【高级动画】功能组里提供了一个【触发】功能，该功能允许用户设置动画的特殊开始条件，可以实现更加自由的交互动画。本项目设计制作了一个动感电子相册，通过学习，读者将学会如何使用触发器动画。制作完成的 PPT 整体效果图如图 5-17 所示。

图 5-17　动感电子相册效果

▶ **项目技能**

- 学会制作镂空文字。
- 掌握触发器动画的原理。
- 掌握翻书动画的制作方法。

▶ **项目实施**

任务 5.2.1　制作镂空文字首页

本任务将完成动感电子相册的封面制作，该封面包括一个镂空文字作为标题。镂空文字的制作将使用到 PowerPoint 的合并形状功能。

步骤 1：新建演示文稿，删除幻灯片中的标题和副标题占位符。

步骤 2：单击【设计】→【自定义】→【设置背景格式】按钮，打开【设置背景格式】窗格，设置背景为【图片或纹理填充】，单击【插入图片来自】下的【文件】按钮，在打开的对话框中选择素材图片 module5\project2\fengmian.jpg 作为背景图片，如图 5-18 所示。

步骤 3：插入一个矩形，选中矩形，打开【设置形状格式】窗格，在窗格中设置矩形高 5.28厘米、宽 33.87 厘米、水平位置 0 厘米、垂直位置 5.44 厘米、白色填充、透明度 32%。

图 5-18　设置幻灯片背景图片

　　步骤 4：插入一个横排文本框，输入文本"制作动感相册"，设置文本格式为微软雅黑、96 磅、加粗。将文本移动到步骤 3 制作的矩形上，文本位置可设置为水平 6.42 厘米、垂直 5.9 厘米。

　　步骤 5：选中矩形，按下 Shift 键的同时单击选中文本框，单击【绘图工具-格式】→【插入形状】→【合并形状】按钮，在弹出的下拉菜单中选择【剪除】命令，如图 5-19 所示，形成镂空文字的效果。

图 5-19　合并形状

📖 **扩展知识**

　　合并形状操作可以实现文字、图形、图片之间的互相剪裁，具有极强的实用功能。合并形状有联合、组合、拆分、相交、剪除 5 种方式。当合并两个对象时，选择对象的先后顺序会对合并结果会产生影响。如图 5-20～图 5-24 所示展示了这 5 种合并方式的合并效果，每幅图中（a）图为合并前的原图，原图包括实线圆和虚线圆；（b）图为先选择实线圆后选择虚线圆的合并结果，（c）图为先选择虚线圆后选择实线圆的合并结果。

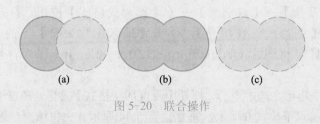

图 5-20　联合操作

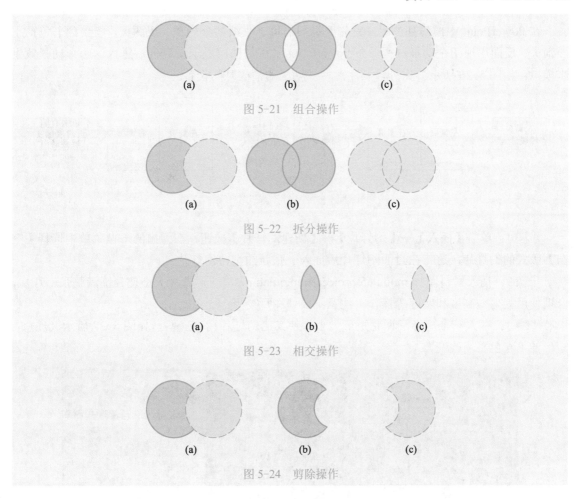

图 5-21　组合操作

图 5-22　拆分操作

图 5-23　相交操作

图 5-24　剪除操作

任务 5.2.2　制作翻书动画

　　本任务利用触发器完成翻书动画的制作，由于任务中需要多个对象，并且对象之间互相重叠，因此在操作时要合理借助【选择】窗格进行对象的隐藏、选择以及叠放层次调整。

　　要完成翻书动画，首先要了解翻书动画的原理。假设面前摆着一本书，当沿着书的书轴翻动书的第 1 页时，第 1 页将从眼前消失，第 1 页的反面第 2 页将出现在书轴的左侧，如图 5-25 所示。

图 5-25　翻书效果演示 1

在 PowerPoint 中模仿翻书时，首先要将书的每一张纸都分为正、反两页，模仿翻书包括正面消失、反面出现两个动画过程。在 PowerPoint 中可借助层叠退出和伸展进入这两个动画效果来模拟，如图 5-26 所示。另外，要注意两个动画的播放时间设置。

图 5-26 翻书效果演示 2

步骤 1：单击【插入】→【幻灯片】→【新建幻灯片】按钮，在弹出的下拉菜单中选择【空白】版式的幻灯片，这将在封面幻灯片后插入一张新的空白幻灯片。

步骤 2：插入素材图片 module5\project2\fengmian.jpg，调整图片大小使其铺满整张幻灯片，合理使用裁剪、高度和宽度等操作，注意不要使图片变形。

步骤 3：插入一个矩形，调整矩形大小，使其比幻灯片稍小一些，如图 5-27 所示（注意，矩形的填充色不需改变）。

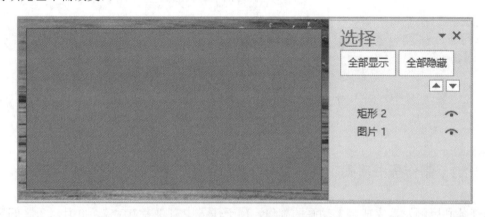

图 5-27 插入图片和矩形

步骤 4：先选中图片，再选中矩形，单击【绘图工具-格式】→【插入形状】→【合并形状】下拉按钮，在弹出的下拉菜单中选择【剪除】命令，从图片中剪去矩形。注意将图片名称修改为"图片 1"。

步骤 5：插入一个横排文本框，命名为"文本框 1"。在文本框中输入文本"风景画册"，设置文本格式为方正姚体、60 磅、黑色。将文本框移动到幻灯片的左上角位置。

步骤 6：插入一个矩形，大小设置为高度 6.69 厘米、宽度 9.27 厘米。再使用【绘图工具-格式】->【形状样式】功能组中的【形状填充】【形状轮廓】【形状效果】等功能对矩形进行以下设置：无填充色、线条色为黑色、线条粗细为 1 磅、形状效果为【阴影】→【外部】→【右下斜偏移】。

步骤 7：插入素材图片 module5\project2\huace1.png，将该图片与矩形叠放在一起。再将图片调整到矩形的下面。

步骤 8：插入一个横排文本框，输入文本"风景画册"，设置文本格式为方正姚体、36 磅、黑色。将文本框移到步骤 6 创建的矩形中间。

步骤 9：同时选中图片、矩形和文本框，右击选中的对象，在弹出的快捷菜单中选择【组合】命令。将组合对象命名为"右图 1"，再将其移动到幻灯片的右侧。

步骤 10：复制右图 1，将粘贴后的对象命名为"左图 1"。将左图 1 中的风景画册文本框删除，将左图 1 放置在右图 1 的左侧，如图 5-28 所示。

图 5-28　画册效果示意图 1

步骤 11：插入素材文件夹 module5\project2 下的图片 1.jpg、2.jpg，分别将图片命名为"右图 2""左图 2"。

步骤 12：将右图 2 叠放在风景画册的右框中，将左图 2 叠放在风景画册的左框中。调整图片叠放次序，右侧图片区域的叠放次序为右图 1、右图 2，左侧图片区域的叠放次序为左图 1、左图 2（可合理利用选择窗格进行对象命名、隐藏、叠放层次的调整等），如图 5-29 所示。

图 5-29　画册效果示意图 2

179

步骤 13：在【选择】窗格里同时选中左图 2 和右图 2（按下 Ctrl 键的同时单击对象名），在【图片工具-格式】→【图片样式】中选择【简单框架，白色】选项。

步骤 14：同时选中左图 1、左图 2、右图 1、右图 2 这 4 张图片，添加进入动画效果：伸展，设置动画【开始】时间为【上一动画之后】，如图 5-30 所示。

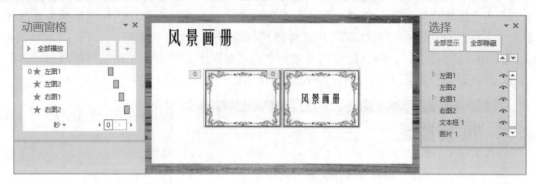

图 5-30　画册效果示意图 3

步骤 15：在【动画窗格】中，同时选中左图 1、左图 2 的"伸展"进入动画，设置动画【方向】均为【自右侧】；同时选中右图 1、右图 2 的"伸展"进入动画，设置动画【方向】均为【自左侧】。

步骤 16：同时选中 4 张图片，为其添加"层叠"退出动画，设置所有图片退出动画的【开始】方式均为【单击时】。

步骤 17：在【动画窗格】中，同时选中左图 1、左图 2 的"层叠"退出动画，设置动画【方向】均为【到右侧】，同时选中右图 1、右图 2 的"层叠"退出动画，设置动画【方向】均为【到左侧】。此时动画窗格的内容如图 5-31 所示。

步骤 18：选中【动画】窗格中右图 1 的层叠退出动画，单击【动画】→【高级动画】→【触发】按钮，在弹出的下拉菜单中选择【单击】→【右图 1】，这表示当单击右图 1 时将触发器右图 1 的层叠退出动画的播放。

步骤 19：重复步骤 18，设置右图 2 的层叠退出动画的触发器为单击右图 2，设置左图 1 的层叠退出动画的触发器为单击左图 1，设置左图 2 的层叠退出动画的触发器为单击左图 2。此时动画窗格的内容如图 5-32 所示。

图 5-31　动画窗格 1

步骤 20：在【动画窗格】中用鼠标拖动的方法进行动画顺序的调整，调整后的动画顺序如图 5-33 所示。

步骤 21：单击【幻灯片放映】→【开始放映幻灯片】→【从当前幻灯片开始】按钮，观看当前幻灯片的动感画册的演示效果，最后保存演示文稿为 pictures. pptx。

图 5-32 动画窗格 2 　　　　　　图 5-33 调整后的动画顺序

▶ **同步训练**

美颜自拍是当下非常流行的一种娱乐方式，请使用自己的照片制作一份动感电子相册。

项目 5.3 制作旅行宣传片

▶ **项目描述**

本项目将完成一个旅行宣传 PPT 的制作，读者将在本项目中学会灵活应用 PowerPoint 的功能。制作完成的旅行宣传 PPT 的最终效果如图 5-34 所示。

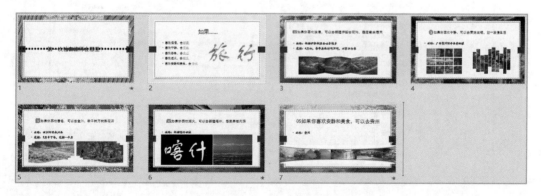

图 5-34 旅行宣传片整体效果

- 掌握各种美化图片的技巧。
- 学会设置超链接。
- 学会套用设计主题、灵活修改幻灯片背景等。

（三角）项目实施

任务 5.3.1 导入 Word 文档

做 PPT 之前可能已经有了相关的 Word 文档资料，此时可以把 Word 文档的内容直接导入到 PowerPoint 中，缩短 PPT 的制作时间，简化 PPT 的制作过程。

步骤 1：打开素材文件 module5\project3\travel.docx，此素材文件已经做了样式排版，不同排版样式的 Word 文件导入 PowerPoint 后的效果是不同的。

步骤 2：选择【文件】→【选项】命令，在打开的【Word 选项】对话框中，选择【自定义功能区】选项卡，将【从下列位置选择命令】设置为【所有命令】，并从【所有命令】列表中找到【发送到 Microsoft PowerPoint】选项，将该选项放置在【开始】选项卡的新建功能组【发送】中，如图 5-35 所示。

图 5-35 将 Word 的【发送到 Microsoft PowerPoint】选项添加到功能组中

步骤 3：添加【发送到 Microsoft PowerPoint】功能按钮后的【开始】选项卡如图 5-36 所示。单击此按钮，将当前文档发送至 PowerPoint 中。

图 5-36　【开始】选项卡【发送】组中的【发送到 Microsoft PowerPoint】功能按钮

步骤 4：PowerPoint 根据 Word 文本创建演示文稿，如图 5-37 所示。

图 5-37　根据导入文档创建的演示文稿

步骤 5：保存演示文稿为 travel.pptx。

任务 5.3.2　制作宣传片首页

本任务完成旅游宣传 PPT 的首页制作。

步骤 1：打开 travel.pptx，在【设计】→【主题】列表中选择【环保】主题，将此主题应用到全部幻灯片。

> 📖 **扩展知识**
>
> 　　每个主题使用自己唯一的一组颜色、字体和效果来创建幻灯片的整体外观。PowerPoint 包含大量的主题，可帮助用户创建具有个性的演示文稿。

步骤 2：单击【视图】→【母版视图】→【幻灯片母版】按钮，打开幻灯片母版编辑视图。

> 📖 **扩展知识**
>
> 　　母版幻灯片控制整个演示文稿的外观，包括颜色、字体、背景、效果和其他所有内容。可以在幻灯片母版上插入形状、徽标等内容，它会自动显示在所有幻灯片上。幻灯片母版包

括"环保 幻灯片母版"和各类不同版式的幻灯片母版，如图 5-38 所示。

步骤 3：选中编号为 1 的"环保 幻灯片母版"，将标题文本的字体修改为微软雅黑，将标题下的文本框的字体修改为楷体。关闭母版，退出母版编辑界面。

步骤 4：选中第 1 张幻灯片，单击【设计】→【自定义】→【设置背景格式】按钮，将背景设置为图片或纹理填充，背景图片文件来自于素材文件 module5\project3\ fujian1.jpg。

步骤 5：插入一个文本框，文本框宽度与幻灯片宽度一样，将文本框命名为 TextBox1。单击【插入】→【符号】→【符号】按钮，在打开的【符号】对话框中选择【Wingdings2】字体集中字符代码为 151 的黑圆点字符，将其插入到文本框中，设置文本框中字体大小为 44 磅。选中该符号，复制粘贴，形成一长串的黑圆点，设置文本框垂直居中。

步骤 6：选中标题 1"第一次独自旅行去哪里"，修改对象名称为 TextBox2、字体大小为 40 磅、水平居中、垂直居中。

步骤 7：选中文本占位符 2，将其中的文本"去想去的地方""见想见的人""成为更好的自己"，分别剪切后粘贴为新对象，并分别命名为 TextBox3、TextBox4、TextBox5。删除文本占位符 2。同时选中这 3 个新对象，设置字号大小为 28 磅，设置这 3 个对象在幻灯片中的位置为：水平居中、垂直居中。

步骤 8：按表 5-5 给当前幻灯片的对象添加动画效果。请注意合理运用选择窗格和动画刷。

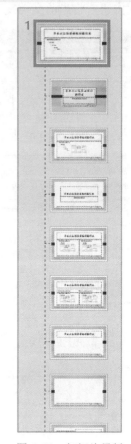

图 5-38　幻灯片母版

表 5-5　各对象的动画设置

动画顺序	对象名称	添加动画	开　始	持续时间	延迟	动画文本	字母之间延迟秒数
1	TextBox1	进入动画：飞入，自左侧	与上一动画同时	00.50	00.00	按字母	10%
2	TextBox1	退出动画：淡出	与上一动画同时	00.50	01.50	按字母	6.36%
3	TextBox2	进入动画：淡出	与上一动画同时	00.50	02.00	按字母	20%
4	TextBox2	退出动画：淡出	上一动画之后	00.50	00.00	按字母	0%
5	TextBox3	进入动画：飞入，自左侧	上一动画之后	01.00	00.00	按字母	6%
6	TextBox3	退出动画：飞出，到右侧	上一动画之后	01.00	00.50	按字母	6%
7	TextBox4	进入动画：飞入，自左侧	上一动画之后	01.00	00.00	按字母	6%
8	TextBox4	退出动画：飞出，到右侧	上一动画之后	01.00	00.50	按字母	6%
9	TextBox5	进入动画：飞入，自左侧	上一动画之后	01.00	00.00	按字母	6%
10	TextBox5	退出动画：飞出，到右侧	上一动画之后	01.00	00.50	按字母	6%

步骤 9：单击【切换】→【切换到此幻灯片】列表中的【涟漪】切换效果。

•任务 5.3.3　制作超链接跳转页

本任务完成 travel.pptx 的第 2 张幻灯片的制作，此幻灯片以目录的形式介绍旅行目的城市。

步骤 1：在演示文稿末尾插入一张新幻灯片，设置幻灯片背景色为纯色填充【绿色，个性色 1，淡色 80%】。

步骤 2：在标题 1 中输入文本"如果……"。在文本占位符 2 中输入下面的文本：

- 喜欢浪漫，去新疆
- 喜欢宁静，去黄姚
- 喜欢春色，去金川
- 喜欢烟火，去喀什
- 喜欢安静和美食，去贵州

步骤 3：选中文本"新疆"，单击【插入】→【链接】→【超链接】按钮，在打开的对话框中，选择【链接到】为【本文档中的位置】，再选择第 3 张幻灯片作为链接跳转的目标，如图 5-39 所示。

图 5-39　超链接设置

步骤 4：同步骤 3，选中文本"黄姚"，设置超链接跳转到第 4 张幻灯片。选中文本"金川"，设置超链接跳转到第 5 张幻灯片。选中文本"喀什"，设置超链接跳转到第 6 张幻灯片。选中文本"贵州"，设置超链接跳转到第 7 张幻灯片。

步骤 5：插入素材图片 module5\project3\bomi1.jpg，图片调整到高 9.74 厘米、8.06 厘米，水平位置 16.01 厘米、垂直位置 6.35 厘米。复制该图片，将其放置到水平位置 23.65 厘米、垂直位置 6.35 厘米。

步骤 6：插入一个横排文本框，输入文本"旅"，设置字本格式为方正舒体、200 磅。将文本框叠放于左图的中间位置。先选中左图，按住 Shift 键再选中文本框，单击【绘图工具-格式】→【插入形状】→【合并形状】按钮，在弹出的下拉列表中选择【相交】功能，形成图片填充文字的效果。

步骤 7：再插入一个横排文本框，输入文本"行"，设置字本格式为方正舒体、200 磅。将文本框叠放于右图的中间位置。先选中右图，按住 Shift 键再选中文本框，单击【绘图工具-格式】→【插入形状】→【合并形状】按钮，在弹出的下拉列表中选择【相交】功能，形成图片填充文字的效果。

步骤 8：将"旅""行"这两个字移动到幻灯片的合适位置，最终效果如图 5-40 所示。

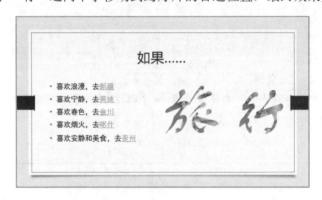

图 5-40　制作幻灯片超链接跳转最终效果图

任务 5.3.4　制作宣传片内容页

本任务完成 travel.pptx 的第 3 张幻灯片～第 7 张幻灯片的制作，这些幻灯片分别介绍不同城市的美景。

步骤 1：步骤 1～步骤 7 完成第 3 张幻灯片的制作。选中第 3 张新幻灯片，设置幻灯片背景为素材图片 module5\project3\xinjiang1.jpg。

步骤 2：选中标题文本框，修改文本大小为 28 磅。删去第 1 个字符"0"，在数字 1 后插入两个空格。

步骤 3：插入一个圆角矩形，去掉矩形的边框线条，将此矩形叠放在数字 1 的下面，作为数字 1 的衬托，将数字 1 设置为白色。

步骤 4：插入素材图片　module5\project3\xinjiang2.jpg、module5\project3\xinjiang3.jpg、module5\project3\xinjiang4.jpg。调整图片大小，将 3 张图片均设置为高 5.04 厘米、宽 7.57 厘米。

步骤 5：将 3 张图片依次摆放在一起，整体图片处于幻灯片水平居中位置。

步骤 6：插入一个等腰三角形，设置填充色和边框色均为白色，旋转三角形，将三角形顶点朝下，再将三角形放置在两张图片的衔接处，呈现一种折页的效果（三角形大小可依照折页角度自由调整）。

步骤 7：复制三角形，将所有图片的衔接处都放上三角形。幻灯片最终效果如图 5-41 所示。

图 5-41　第 3 张幻灯片最终效果图

步骤 8：步骤 8～步骤 19 完成第 4 张幻灯片的制作。选中第 4 张新幻灯片，设置幻灯片背景为素材图片 module5\project3\huangyao1.jpg。

步骤 9：选中标题文本框，修改文本大小为 28 磅。删去第 1 个字符 "0"，在数字 2 后插入两个空格。

步骤 10：插入一个椭圆，去掉椭圆的边框线条，将此椭圆叠放在数字 2 的下面，作为数字 2 的衬托，将数字 2 设置为白色。

步骤 11：插入素材图片 module5\project3\huangyao2.jpg，调整图片大小为高 7.47 厘米、宽 11.19 厘米。

步骤 12：单击【插入】→【表格】→【表格】按钮，插入一个 3 行 4 列的表格，调整表格的大小和图片 huangyao2 的大小一样。利用【表格工具-设计】选项卡中的【表格样式】和【绘制边框】功能组的相关功能，将表格的内部框线设置为 1.5 磅的白色虚线，取消表格的外框线。

步骤 13：选中图片 huangyao2，剪切该图片。再选中表格，在【设置形状格式】窗格的【形状选项】界面，设置表格填充为【图片或纹理填充】，再单击【插入图片来自】下的【剪贴板】按钮，选中【将图片平铺为纹理】复选框，如图 5-42 所示，将刚才剪切的图片 huangyao2 平铺填充为表格背景。

步骤 14：剪切表格，打开【选择性粘贴】对话框，设置【粘贴选项】为【图片（增强型图元文件）】，将表格变成图片。选中图片，将图片移动到幻灯片水平 4.54 厘米、垂直 9.21 厘米处。

步骤 15：再次选中图片，单击【图片工具-格式】→【排列】→【组合】下拉按钮，在弹出的下拉列表中选择【取消组合】命令，此时，弹出如图 5-43 所示的对话框，单击【是】按钮。再次单击【图片工具-格式】→【排列】→【组合】

图 5-42　将剪贴板中的图片平铺填充为表格背景

下拉按钮，在弹出的下拉列表中选择【取消组合】命令，将图片分解为 12 个小图片，如图 5-44 所示。

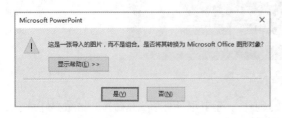

图 5-43　提示信息对话框　　　　　　　　　　　图 5-44　分解后的图片效果

步骤 16：选中第 2 行的第 1 张图片，单击【图片工具-格式】→【调整】→【颜色】下拉按钮，在弹出的下拉列表中选择【颜色饱和度】中的【饱和度：200%】。再依次设置第 2 行的第 3 张图片和第 3 张图片的饱和度均为 200%。

步骤 17：按下 Shift 键的同时用鼠标一一单击选中其余的图片，在【图片工具-格式】→【调整】→【颜色】中，重新将这些图片着色为褐色。

步骤 18：插入素材图片 module5\project3\ huangyao3.jpg，调整图片大小为高度 7.1 厘米、宽度 10.87 厘米，设置图片饱和度为 400%。

步骤 19：插入一个 1 行 10 列的表格，设置表格与 huangyao3 同样的大小。这里，读者可按自己的想法调整表格内框线的粗细和线型，去除表格外框线。再将图片 huangyao3 剪切后平铺填充为表格背景。接着将表格剪切重新选择性粘贴为增强型图元文件，调整此图片水平位置为 18.82 厘米、垂直位置为 9.19 厘米。然后将此图片取消组合两次，最终形成 10 个竖条的图片。最后调整这 10 个竖条图片的高度，形成一种错落有致的美，如图 5-45 所示。

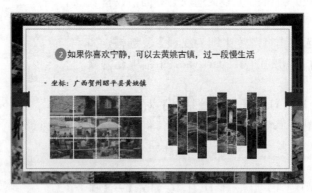

图 5-45　第 4 张幻灯片最终效果图

步骤 20：步骤 20～步骤 23 完成第 5 张幻灯片的制作。选中第 5 张新幻灯片，设置幻灯片背景为素材图片 module5\project3\jinchuan1.jpg。

步骤 21：选中标题文本框，修改文本大小为 28 磅。删去第 1 个字符"0"，在数字 3 后插入两个空格。

步骤 22：插入一个对角圆角矩形，去掉此形状的边框线条，将此形状叠放在数字 3 的下面，作为数字 3 的衬托，将数字 3 设置为白色。

步骤 23：插入素材文件夹 module5\project3 下的两张图片 jinchuan2.jpg 和 jinchuan3.jpg，并将这两张图片放在合适的位置。同时选中两张图片，单击【图片工具-格式】→【大小】→【裁剪】下拉按钮，在弹出的下拉列表中选择【裁剪为形状】→【流程图】→【多文档】囗。再选中图片 jinchuan3，将其水平翻转。最终效果如图 5-46 所示。

图 5-46　第 5 张幻灯片最终效果图

步骤 24：步骤 24～步骤 32 完成第 6 张幻灯片的制作。选中第 6 张新幻灯片，设置幻灯片背景为素材图片 module5\project3\keshi1.jpg。

步骤 25：选中标题文本框，修改文本大小为 28 磅。删去第 1 个字符"0"，在数字 4 后插入两个空格。

步骤 26：插入一个梯形，去掉此形状的边框线条，将此形状叠放在数字 4 的下面，作为数字 4 的衬托，将数字 4 设置为白色。

步骤 27：插入素材图片 module5\project3\keshi2.jpg，设置图片位置为水平 18.79 厘米、垂直 8.41 厘米。

步骤 28：插入一个矩形，设置矩形高度为 8.67 厘米、宽度为 26.67 厘米。设置矩形无轮廓线、填充色为渐变填充、渐变类型为线性、渐变方向为线性向右，设置 3 个渐变光圈，各渐变光圈的具体设置如图 5-47 所示。矩形在幻灯片中的位置为水平 3.6 厘米、垂直 8.41 厘米。

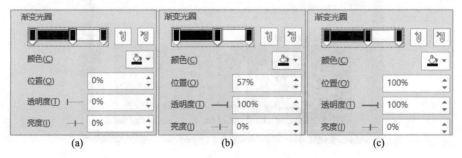

图 5-47　设置渐变光圈

步骤 29：插入一个横排文本框，输入文本"喀什"。文本格式设置为方正舒体、200 磅、白色。将文本框与步骤 28 创建的矩形的对齐方式设置为左对齐、顶端对齐。

步骤 30：按照先矩形再文本框的顺序，同时选中这两个对象，单击【绘图工具-格式】→【插入形状】→【合并形状】按钮，在弹出的下拉列表中选择【组合】命令，将二者组合在一起。

步骤 31：选中图片 keshi2，为其添加向左方向直线运动的动画，设置动画【开始】时间为【上一动画之后】。在【效果】设置页面，选中【自动翻转】复选框，在【计时】设置页面，设置【重复】为【直到幻灯片末尾】，如图 5-48 所示。

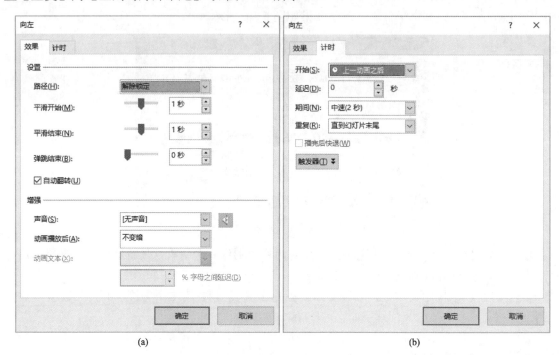

图 5-48　动画设置

步骤 32：选中图片 keshi2 的运动路径，拖动红色的运动终点标志，调整图片运动到终点时，其左边界与步骤 30 中合并图形的左边界对齐。第 6 张幻灯片的最终效果如图 5-49 所示。

图 5-49　第 6 张幻灯片最终效果图

步骤 33：步骤 33~步骤 40 完成第 7 张幻灯片的制作。选中第 7 张新幻灯片，设置幻灯片背景为素材图片 module5\project3\ guizhou1.jpg。

步骤 34：选中标题文本框，修改文本大小为 28 磅。删去第 1 个字符"0"，在数字 5 后插入两个空格。

步骤 35：插入一个平行四边形，去掉此形状的边框线条，将此形状叠放在数字 5 的下面，作为数字 5 的衬托，将数字 5 设置为白色。

步骤 36：插入素材文件夹 module5\project3 下的图片文件 guizhou1.jpg、guizhou2.jpg、guizhou3.jpg、guizhou4.jpg、guizhou5.jpg、guizhou6.jpg、guizhou7.jpg、guizhou8.jpg，选中所有图片，统一设置图片大小为高 5 厘米、宽 7.5 厘米。将这 8 张图片组合在一起，将组合对象放置在幻灯片中水平位置为 0、垂直位置为 11.31 厘米的位置处。

步骤 37：选中组合对象，为该对象添加向左直线运动的动画。按下 Shift 键的同时用鼠标调整此动画的运动终点，使停止运动后的对象的右边线与幻灯片的左侧边线重合。

步骤 38：在【动画】窗格中单击此动画右侧的下拉按钮，在弹出的下拉菜单中选择【效果选项】命令，在打开的【效果】选项卡中，将【平滑开始】和【平滑结束】均设置为【0 秒】，在【计时】选项卡的【开始】下拉列表中选择【与上一动画同时】，在【期间】下拉列表中选择【非常慢（5 秒）】，在【重复】下拉列表中选择【直到幻灯片末尾】选项。

步骤 39：选择组合对象，将这组图片复制粘贴形成一组新的对象后，将新对象放置于原对象的右侧对齐。

步骤 40：插入素材图片 module5\project3\ zhegai1.jpg、zhegai2.jpg，将这两幅图片分别放置在幻灯片中组合对象的上方和下方，对幻灯片中显示的图片对象进行部分遮挡，形成一种艺术视觉效果。第 7 张幻灯片的最终效果如图 5-50 所示。

步骤 41：选中第 3 张幻灯片，将素材文件 module5\project3\ return.jpg 插入到幻灯片中，位置为水平 0 厘米、垂直 8.72 厘米。选中该图片，为其插入超链接，链接到本文档中的第 2 张幻灯片，其作用是在放映幻灯片时从当前幻灯片返回到目录幻灯片。

图 5-50　第 7 张幻灯片最终效果图

步骤 42：将步骤 41 设置好的图片复制到第 4 张~第 7 张幻灯片中。

步骤 43：保存幻灯片，观看幻灯片的放映效果。

▶ 同步训练

根据素材文件夹 module5\exercise\下的壶口瀑布资料制作一份演示文稿，用于该景点的宣传活动中。

①　制作标题幻灯片，标题文本为"壶口瀑布"，副标题文本为"山西风景名胜"。使用图片、图形等美化幻灯片。

②　将 hukou. mp3 插入到标题幻灯片中，设置跨幻灯片播放，直到幻灯片末尾。

③　根据 hukou. docx 和相关素材图片制作宣传片。要求使用动画技术使演示文稿绘声绘色，漂亮精彩。

项目 5.4　制作无人驾驶汽车宣传片

▶ 项目描述

无人驾驶汽车是智能汽车的一种，也称为轮式移动机器人，主要依靠车内的以计算机系统为主的智能驾驶仪来实现无人驾驶的目的。本项目将完成一个无人驾驶汽车宣传片的制作。通过本项目的学习，读者将掌握在 PowerPoint 中操作视频的方法和技能。最终制作完成的无人驾驶宣传片的整体效果如图 5-51 所示。

图 5-51　无人驾驶宣传片整体效果

▶ 项目技能

- 灵活使用动画制作卷轴效果。
- 灵活使用动画制作倒计时。
- 灵活使用动画制作舞台射灯效果。
- 学会插入影片。

▶ 项目实施

任务 5.4.1　制作卷轴动画

本任务制作完成无人驾驶汽车宣传片的首页幻灯片，该幻灯片包含一幅徐徐展开的卷轴。最终效果如图 5-52 所示。

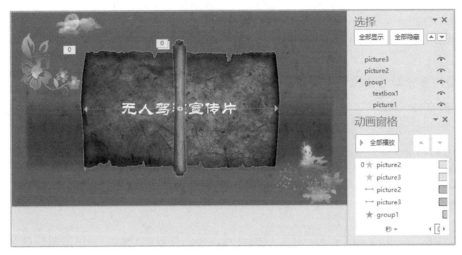

图 5-52　卷轴动画首页幻灯片最终效果图

步骤 1：新建空白演示文稿，切换到幻灯片母版视图下，选中编号为 1 的 Office 主题幻灯片母版，在右侧母版编辑区域插入素材图片 module5\project4\background1.jpg。

步骤 2：选中标题幻灯片版式，在右侧母版编辑区域插入素材图片 module5\project4\background2.jpg，关闭母版视图，返回普通视图。

步骤 3：选中第 1 张幻灯片，删除标题和副标题占位符。插入素材图片 module5\project4\picture1.jpg。单击【图片工具-格式】→【调整】→【颜色】按钮，在弹出的下拉列表中选择【设置透明色】命令，鼠标指针变成 状，单击 picture1 图片周围的白色区域，使其成为透明色。

步骤 4：插入横排文本框，输入文本"无人驾驶宣传片"，文本格式设置为华文隶书、48 磅、白色。调整文本框的位置及大小，使其位于图片 picture1 的中心位置，再将文本框和 picture1 图片组合成一个整体，将组合命名为 group1。

步骤 5：插入素材图片 module5\project4\picture2.jpg，设置 picture2 图片中的白色区域为透明色，设置图片高度为 13.5 厘米、宽度为 1.52 厘米，设置图片在幻灯片中的位置为水平居中、垂直居中。复制图片 picture2，将其粘贴为图片 picture3，设置 picture3 的位置为水平居中、垂直居中。

步骤 6：按表 5-6 给幻灯片中的各对象添加动画。

表 5-6　各对象的动画设置

动画顺序	对象名称	添加动画	开　　始	持续时间	延迟	效果选项
1	picture2	强调动画：放大/缩小	与上一动画同时	02.00	00.00	尺寸：50%水平
2	picture3	强调动画：放大/缩小	与上一动画同时	02.00	00.00	尺寸为:50%水平
3	picture2	直线动作路径动画：向左运动路径的结束位置：与 picture1 的左边缘重合	与上一动画同时	03.00	00.00	平滑开始：1 秒 平滑结束：0 秒
4	picture3	直线动作路径动画：向右运动路径的结束位置：与 picture1 的右边缘重合	与上一动画同时	03.00	00.00	平滑开始：1 秒 平滑结束：0 秒
5	group1	进入动画：劈裂	与上一动画同时	03.00	00.35	方向：中央向左右展开

•任务 5.4.2　制作倒计时

本任务用多张幻灯片实现一个倒计时的效果，最终制作效果如图 5-53 所示。

图 5-53　幻灯片倒计时最终效果图

步骤 1：在演示文稿末尾插入一张空白幻灯片，在幻灯片中绘制一个正方形，命名为"矩形1"。设置正方形高度和宽度均为 14 厘米，水平位置和垂直位置均居中。设置正方形的形状样式为【绘图工具】→【格式】→【形状样式】中的【细微效果-灰色-50%，强调颜色 3】样式。

步骤 2：绘制一个圆形，设置圆形高度和宽度均为 10.97 厘米，水平位置和垂直位置均居中，形状样式为【细微效果-蓝色，强调颜色 1】。

步骤 3：绘制一个矩形，设置高度为 5.5 厘米、宽度为 0.35 厘米、水平位置为 16.76 厘米、垂直位置为 4.03 厘米。

步骤 4：将步骤 2 的圆形和步骤 3 的矩形组合成一个整体，命名为"组合 4"。为组合 4 添加强调动画效果【陀螺旋】，在动画效果中设置【数量】为【355°顺时针】，如图 5-54 所示。

图 5-54　为组合对象设置【陀螺旋】动画效果

步骤 5：绘制一条直线，使其正好连接矩形 1 的两条垂直平行边的中点，同样，绘制另一条直线，使其正好连接矩形 1 的两条水平平行边的中点。

步骤 6：绘制一个圆形，设置圆的高度和宽度均为 10.97 厘米，水平位置和垂直位置均居中；在圆形中输入文本"3"，设置文本格式为白色、208 磅；设置形状填充为【无填充色】。最终效果如图 5-55 所示。

图 5-55　绘制圆形

步骤 7：复制当前幻灯片，粘贴 3 次形成 3 张新的幻灯片，分别修改这 3 张新幻灯片中的圆形对象的文本为"2""1""0"。

步骤 8：选中第 5 张幻灯片，在动画窗格中删除组合 4 的陀螺旋动画效果。单击【插入】→【媒体】→【音频】按钮，在弹出的下拉列表中选择【PC 上的音频】命令，在打开的对话框中将声音素材文件 module5\project4\sound1.wav 插入在第 5 张幻灯片中，声音文件显示为喇叭图标。选中声音文件，选中【音频工具-播放】→【音频选项】下的【放映时隐藏】复选框，设置【开始】为【自动】，使声音文件在幻灯片放映时自动播放。将喇叭图标拖到幻灯片的左上角。

步骤 9：同时选中第 2 张幻灯片～第 5 张幻灯片，在【切换】→【计时】功能组中取消【单击鼠标时】的选中状态，选中【设置自动换片时间】复选框，如图 5-56 所示。

步骤 10：保存演示文稿，放映幻灯片，观看动画效果。

图 5-56　设置幻灯片切换方式

任务 5.4.3　制作舞台射灯下的汽车

本任务将制作完成一辆处于舞台射灯下的汽车，最终制作效果如图 5-57 所示。

图 5-57　舞台射灯下的汽车最终效果图

步骤 1：在演示文稿末尾插入一张空白幻灯片，将素材文件 module5\project4\car1.png 插入到幻灯片中，将图片水平居中，垂直位置设置为 10.25 厘米。

步骤 2：插入一个圆形，高度和宽度均为 27.14 厘米，无填充色。插入一个小圆形，高度和宽度均为 2.47 厘米，填充白色，将小圆的圆心与大圆的圆心重合。插入一个梯形，高度为 15.06 厘米、宽度为 8.45 厘米，填充渐变色，位于停止点 1 处的渐变光圈设置为白色、透明度为 100%，位于停止点 2 处的渐变光圈设置为白色、透明度为 90%。修改梯形的上底宽度，使梯形与小圆相邻时呈现出一个圆灯发射出白色灯光的效果。

步骤 3：将大圆、小圆和梯形组合在一起，选中组合图，将其形状轮廓设为【无轮廓】（在此步骤去掉轮廓线而不在步骤 2 中去掉，是为了方便将小圆和大圆的圆心进行重合）。

步骤 4：将组合旋转 315°，再将组合放在汽车的上方。为组合添加陀螺旋动画，动画开始设置为【上一动画之后】，旋转数量设置为【90°顺时针】。

任务 5.4.4 插入汽车视频

本任务将在幻灯片中插入无人驾驶汽车视频文件，使演示文稿的内容更加丰富。最终制作效果如图 5-58 所示。

图 5-58 插入汽车视频后的最终效果图

步骤 1：在演示文稿末尾插入一张空白幻灯片。

步骤 2：单击【插入】→【媒体】→【视频】按钮，在弹出的下拉列表中选择【PC 上的视频】命令，在打开的对话框中将素材文件 module5\project4\media1.mp4 插入到幻灯片中。

步骤 3：选中视频对象，可在【视频工具-播放】选项卡下对视频对象进行相应的设置。保存演示文稿，观看放映效果。

同步训练

根据素材文件夹 module5\exercise\下的 back.wmv 制作一份演示文稿，用于语文示范教学活动中。

① 制作标题幻灯片，标题文本为"背影"，副标题文本为"作者——朱自清"。美化标题幻灯片，要注意使用的素材和色彩尽量符合此演示文稿的主旨。

② 添加新幻灯片，插入素材文件夹中的 back.wmv 影片。

项目 5.5 制作图表演示文稿

▶ 项目描述

使用 PowerPoint 制作图表演示文稿是职场员工必备的一项技能，本项目将根据 Excel 表格数据制作图表演示文稿，演示文稿的主要内容是 2019 年 11 月各类蔬菜、肉类的价格及同比、环比数据。制作好的演示文稿如图 5-59 所示。

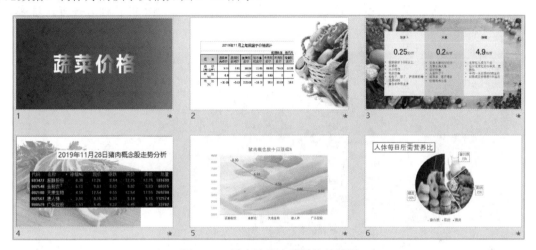

图 5-59 图表演示文稿最终效果图

▶ 项目技能

- 学会制作渐变文字。
- 在幻灯片中插入 Excel 表格。
- 在幻灯片中插入 PowerPoint 表格。
- 在幻灯片中插入图表。
- 设置图表格式。

▶ 项目实施

任务 5.5.1 制作渐变文字首页

本任务将制作完成演示文稿的首页，该页面使用文本渐变填充达到一种渐隐特效文本的效果。

步骤 1：新建演示文稿，命名为 vegetables.pptx。

步骤 2：在第 1 张幻灯片上，设计幻灯片背景填充为渐变填充、类型为线性、方向为线性向右。渐变光圈设置见表 5-7。

表 5-7　渐变光圈设置

编号	位置	颜色（RGB 值）
停止点 1	0%	3，46，104
停止点 2	74%	1，112，131
停止点 3	100%	0，152，149

步骤 3：删除副标题文本框。在标题文本框中输入文本"蔬菜价格"。设置文本格式为微软雅黑、120 磅、加粗、白色。

步骤 4：将文本框中的文本"蔬菜价格"拆分成 4 个单字，即每个文字在一个独立的文本框中。设置 4 个文本框的文字大小均为 120 磅。利用对齐下拉菜单中的各种对齐方式对这 4 个文本框进行对齐方式调整，效果可参见图 5-60。

图 5-60　渐变文字幻灯片最终效果图

步骤 5：同时选中这 4 个文本框，设置文本填充色为渐变填充、渐变方向为线性向右。渐变光圈设置见表 5-8。

表 5-8　渐变光圈设置

编号	位置	颜色（RGB 值）	透明度
停止点 1	0%	255，255，255（白色）	0%
停止点 2	30%	255，255，255（白色）	0%
停止点 3	100%	255，255，255（白色）	100%

步骤 6：保存演示文稿，观看演示效果。最终效果如图 5-60 所示。

•任务 5.5.2　插入表格

本任务将在演示文稿中插入 Excel 表格和 PowerPoint 表格。

198

步骤 1：在演示文稿末尾新增一张空白幻灯片，单击【插入】→【文本】→【对象】按钮，在打开的对话框中选中【由文件创建】单选按钮，单击【浏览】按钮，在打开的对话框中将素材文件\module5\project5\data.xlsx 选中，再选中【链接】复选框，如图 5-61 所示。

📖 **知识扩展**

选中【链接】复选框的意义在于当 Excel 表格中的数据发生变化时，演示文稿中的数据也会跟着自动改变。

图 5-61　插入 Excel 图表对象

步骤 2：将素材文件\module5\project5\picture1.jpg 插入到当前幻灯片中，调整该图片显示在幻灯片的右侧。

步骤 3：在演示文稿末尾插入一张空白幻灯片，将素材文件\module5\project5\picture2.jpg 设置为当前幻灯片的背景。

步骤 4：单击【插入】→【表格】→【表格】按钮，插入一个 3 行 3 列的表格。根据素材文件\module5\project5\vegetable_price.docx 中的资料输入表格信息，并参照如图 5-62 所示的幻灯片效果进行排版。

图 5-62　蔬菜信息幻灯片的最终效果

任务 5.5.3　插入图表

本任务将在演示文稿中制作图表，包括折线图、饼图等。

步骤 1：在演示文稿末尾插入一张空白幻灯片，插入素材文件\module5\project5\pork1.jpg，将该图片的左下角与幻灯片左下角对齐。

步骤 2：插入一个矩形，大小与幻灯片一样，白色填充，透明度为 57%。

步骤 3：插入一个横排文本框，输入文本 "2019 年 11 月 28 日猪肉概念股走势分析"，设置文本格式为微软雅黑、40 磅，文本框填充白色背景，设置文本框靠右对齐，如图 5-63 所示。

图 5-63　插入横框文本框的幻灯片效果

步骤 4：在演示文稿末尾插入一张空白幻灯片，单击【插入】→【插图】→【图表】按钮，在打开的对话框中插入折线图。

步骤 5：在打开的图表数据编辑界面，按照素材文件\module5\project5\pork2.png 中的内容输入相应的表格数据，数据输入完成后的界面如图 5-64 所示。

	A	B	C	D	E	F	G	H	I
1	代码	名称	涨幅%	现价	涨跌	买价	卖价	总量	
2	603477	振静股份	8.30	12.26	0.94	12.25	12.26	181699	
3	002548	金新农	6.11	9.03	0.52	9.02	9.03	60315	
4	002100	天康生物	4.59	12.54	0.55	12.54	12.55	269700	
5	002567	唐人神	3.86	9.15	0.34	9.14	9.15	112574	
6	000529	广弘控股	3.53	6.45	0.22	6.45	6.46	33782	
7									

图 5-64　表格数据

步骤 6：单击【图表工具-设计】→【数据】→【选择数据】按钮，在打开对话框的数据表中选择名称和涨幅两列数据作为作图用的数据。

步骤 7：修改折线图的图表标题为 "猪肉概念股今日涨幅%"，设置字体格式为黑色、28

磅。设置横纵坐标文本格式为黑色、18 磅。删除图例，删除绘图区的网络线，给折线添加数据标签，设置数据标签字体格式为黑色，20 磅。设置绘图区填充为图片或纹理填充，将素材文件\module5\project5\pork3.jpg 填充为绘图区背景，设置图片透明度为 55%。最终幻灯片效果如图 5-65 所示。

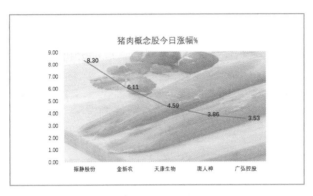

图 5-65 插入折线的幻灯片效果

步骤 8：在演示文稿末尾插入一张空白幻灯片，在幻灯片中插入饼图，饼图的数据如图 5-66 所示。选中绘图区中的糖类图形部分，为其填充素材图片\module5\project5\picture3.jpg；选中绘图区中的脂肪图形部分，为其填充素材图片\module5\project5\picture4.jpg；选中绘图区中的蛋白质图形部分，为其填充素材图片\module5\project5\picture5.jpg。注意，这 3 张图片的透明度均为 0%。

	A	B	C
1		营养比例	
2	蛋白质	15%	
3	脂肪	25%	
4	糖类	60%	
5			

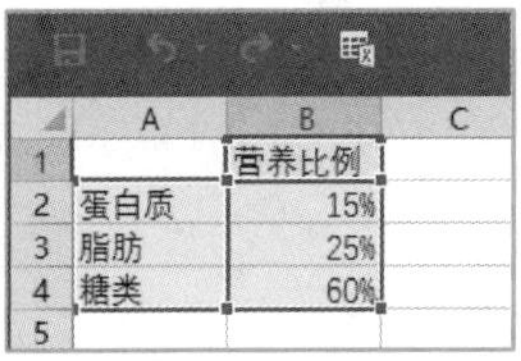

图 5-66 饼图数据

步骤 9：右击饼图的绘图区，在弹出的快捷菜单中选择【添加数据标签】→【添加数据标注】命令，调整数据标注字号为 20 磅。调整图例大小为 20 磅。

步骤 10：插入一个横排文本框，输入文本“人体每日所需营养比”，设置文本格式为等线、40 磅、黑色，在【绘图工具-格式】→【形状样式】中选择【彩色轮廓-黑色，深色 1】样式，为文本框套用形状样式。

步骤 11：调整文本框和饼图的设置，最终幻灯片效果如图 5-67 所示。

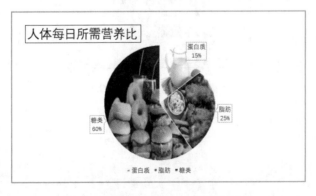

图 5-67 插入图表的幻灯片最终效果

步骤 12：在【切换】→【切换到此幻灯片】功能组中选择【页面卷曲】效果，再单击【计时】功能组中的【全部应用】按钮，保存演示文稿，并播放观看幻灯片。

▶ **同步训练**

根据素材文件夹\module5\exercise\中的 scores.xlsx 制作一份演示文稿，汇报英语四级考试情况。

① 制作标题幻灯片，标题文本为"英语四级考试成绩分析"，副标题文本为"制作人——×××"（×××换成自己的名字），文本格式自行设置，要求除了文本以外，还需要使用合适的图形或图片美化标题幻灯片。

② 添加新幻灯片，使用各系报考人数和通过人数制作英语四级考试成绩柱形图。参考示例如图 5-68 所示。

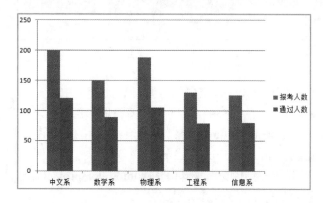

图 5-68　柱形图参考示例

③ 添加新幻灯片，使用各系考试通过人数制作饼图。参考示例如图 5-69 所示。

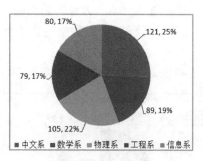

图 5-69　饼图参考示例

④ 美化幻灯片，并为演示文稿添加动画效果。

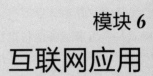

模块 6

互联网应用

本模块通过讲解计算机网络的发展、网络连接基本概念、家庭宽带网络连接和设置以及两个移动互联典型应用，帮助读者认识计算机网络、掌握连接网络典型技术并学会两个移动互联典型应用，带领读者进入互联网应用的奇妙世界。

项目 6.1　了解计算机网络与互联网

▶ **项目描述**

20 世纪 50 年代，计算机网络的诞生引起了人们极大的兴趣，随着计算机技术和通信技术的高速发展及互相渗透结合，计算机网络也迅速扩散到日常生活的各个领域。政府、军队、企业和个人都越来越多地将自己的重要业务依托于网络运行，越来越多的业务和信息都通过网络来传输，计算机网络对信息社会产生了极其深刻的影响。

本项目将带领读者了解计算机网络发展历程、计算机网络分类、网络连接的基本概念和技术。

▶ **项目技能**

- 了解计算机网络的发展历程。
- 了解不同分类标准下计算机网络的分类。
- 认识网络连接的基本概念。
- 掌握 IPv4 编址。

▶ **项目实施**

任务 6.1.1　了解计算机网络发展历程

20 世纪 50 年代后期，美国半自动地面防空系统（Semi-Automatic Ground Environment，SAGE）开始了计算机技术与通信技术相结合的尝试。在 SAGE 系统中，把远程雷达和其他测控设备，由线路汇集至一台 IBM 大型计算机上进行集中的信息处理。该系统最终于 1963 年建成，被认为是计算机和通信技术结合的先驱。

从某种意义上看，互联网可以说是美苏冷战的产物。苏联在 1957 年 10 月 4 日发射了"斯普特尼克 1 号"（Sputnik-1）卫星，也是人类研制发射的第一颗人造地球卫星，这个消息震惊了美国上下。能否保持科学技术的领先地位，将决定战争的胜负。1958 年美国成立国防高级研究计划署（Defense Advanced Research Projects Agency，DARPA），DARPA 负有保持美国军事科技较其他国家更为尖端的使命。

美国国防部认为，如果仅有一个集中的军事指挥中心，万一这个指挥中心被苏联的核武器摧毁，全国的军事指挥将处于瘫痪状态，后果不堪设想。因此有必要设计一个分散的指挥系统，它由一个个分散的指挥点组成，这些指挥点通过通信网络连接。当部分指挥点被摧毁后，其他指挥点仍能正常工作。

1969 年，美国国防部资助的阿帕网（ARPANET）最初只连接了美国 4 个研究机构，一年后扩大到 15 个节点，此后，世界上越来越多的机构的计算机连入这个网络，全球互联到一起的计算机数量以指数级扩张。互联网络迅猛发展，冲击着人们的思想观念和思维方式，人类的生产和生活方式进入到一个崭新的时代。

随着计算机网络技术的蓬勃发展，计算机网络的发展历史大致可划分为如下几个阶段。

1. 第一代计算机网络

20 世纪 50 年代，为了使用计算机系统，将地理上分散的多台无处理能力的终端机（终端机只有显示器和键盘，无 CPU 和内存）通过通信线路连接到一台中心计算机上，终端机与其他多台终端机共享一台中心机，有任务要执行时需要排队等候，待系统空闲时使用中心计算机，如图 6-1 所示。

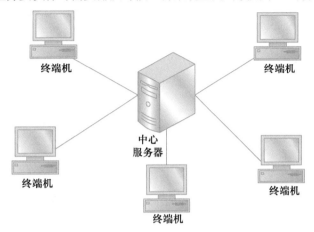

图 6-1　第一代计算机网络

2. 第二代计算机网络

第二代计算机网络将多台主机通过通信线路实现互连，为网络中的用户提供服务。在这种网络中，主机之间不是直接用线路相连，而是用接口报文处理机（Interface Message Processor，IMP，路由器的前身）转接后实现互连。互连 IMP 机和通信线路一起负责网络中主机间的通信，构成通信子网。接入到通信子网中的互连主机负责运行程序，提供资源共享，组成资源子网。以程控交换为特征的电信技术的发展，为这种远程通信需求提供了实现手段，如图 6-2 所示。

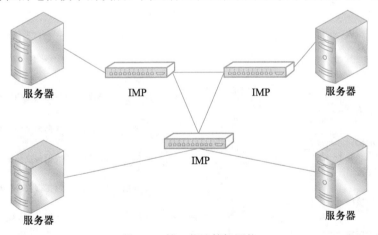

图 6-2　第二代计算机网络

1969 年，美国国防部高级研究计划署建成 ARPANET 实验网（阿帕网），该网络就是 Internet 的前身，当时该网络只有 4 个节点，以电话线路为主干网络，如图 6-3 所示。此后，该网络规模不断扩大，到 20 世纪 70 年代后期，网络节点已超过 60 多个，网络的范围连通了美国东部和西部许多大学和研究机构。

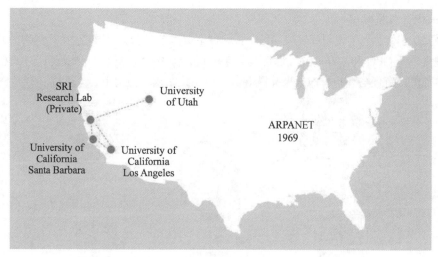

图 6-3　最初的阿帕网

　　20 世纪 70 年代是通信网络大力发展时期，这时的网络都以实现计算机之间远程数据传输和共享为主要目的，通信线路大都租用电话线路，少数铺设专用线路。这一时期的网络以远程大规模互连为主要特点，称为第二代网络。

3. 第三代计算机网络

　　随着计算机网络技术的成熟，网络规模不断扩大，各大计算机公司纷纷制定自己的网络技术标准（包括 IBM、DEC、Novell 等公司）。这些网络标准都只能在一个公司的网络内有效，只有同一个网络公司的网络设备才能互连。企业各自为政，使用户无所适从，不利于厂商之间公平竞争。

　　1977 年，ISO（International organization for standardization，国际标准化组织）出面制定了开放系统互联参考模型 OSI/RM（Open System Interconnection Reference Model）。OSI 模型的出现标志着第三代计算机网络的诞生，即所有的厂商都遵守 OSI 标准，形成了一个具有国际标准的开放式网络体系结构，OSI 参考模型把网络划分为 7 个层次。每一层次都制定了对应的标准化网络协议，解决该层的网络传输问题，OSI 模型的出现为普及局域网奠定了基础，如图 6-4 所示。

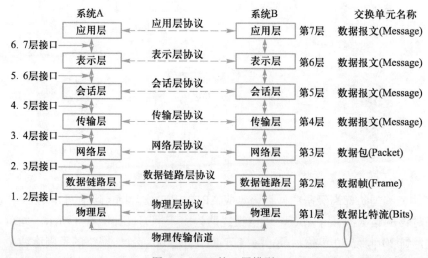

图 6-4　OSI 的 7 层模型

4. 第四代计算机网络

20 世纪 80 年代，PC 技术、局域网技术发展成熟，出现了光纤及高速网络传输技术，全世界范围的计算机网络越来越多地互联在一起，各种功能的软件协作在互联网上实现资源共享和数据通信。

1980 年 2 月美国电气和电子工程师协会（Institute of Electrical and Electronics Engineers，IEEE）组织 802 委员会，制定了局域网 IEEE802 标准。

1985 年，美国国家科学基金会（National Science Foundation，NSF）利用 ARPANET 协议，建立了用于科学研究和教育的骨干网络 NSFnet。1990 年，NSFNET 取代 ARPANET 成为国家骨干网络，走出大学和研究机构进入社会，得到广泛应用。

1992 年，Internet 委员会成立，该委员会把 Internet 定义为"组织松散的，独立的国际合作互联网络"，其通过"自主遵守计算机协议和规程，支持主机对主机的通信"。现在，计算机网络及 Internet 已成为社会结构的组成部分。网络被应用于工商业各个领域，包括电子银行、电子商务、现代化的企业管理、信息服务业等。从学校远程教育到政府日常办公都离不开网络技术，网络无处不在。

5. 下一代计算机网络 NGN

NGN 是下一代网络（Next Generation Network）技术，是互联网、移动通信网络、固定电话通信网络的融合及 IP 网络和光网络的融合。NGN 可以提供包括语音、数据和多媒体等各种业务的综合开放的网络架构，是业务驱动、业务与呼叫控制分离、呼叫与承载分离的网络，是基于同一协议的、基于分组的网络。

NGN 的核心思想是在一个统一的网络平台上，以统一管理的方式提供多媒体业务，在集合现有的市内固定电话、移动电话的基础上，增加多媒体数据服务及其他增值型服务，其中，话音的交换将采用软交换技术，而平台的主要实现方式为 IP 技术。

NGN 朝着具有定制性、多媒体性、可携带性和开发性等方向发展。毫无疑问，下一代计算机网络将进一步提高人们的生活质量，为消费者提供种类更丰富、更高质量话音的数据和多媒体业务。

任务 6.1.2　了解计算机网络分类

计算机网络按照不同的分类标准，可以产生不同的网络分类方法。

1. 按地理范围分类

按照地理范围，计算机网络可以分为局域网、城域网和广域网。

局域网（Local Area Network，LAN）：地理范围一般属于小范围连网，并实现资源共享，如一座建筑网内、一所学校内、一个工厂内等。局域网可以小到安装在家庭或小型办公室中的单个本地网络。随着时间的推移，现在局域网的定义已经发展为互相连接的本地网络，包括安装在多幢大楼和多个地点的数百台设备。局域网中的所有设备位于一个管理控制组下，执行该组的安全和访问控制策略。局域网的传输速度通常在 10 Mbit/s～1000 Gbit/s 之间。

城域网（Metropolitan Area Network，MAN）：是一个覆盖大型校园或城市的网络。该网络包含许多不同建筑物，通过无线或光纤主干相互连接。通信链路和设备通常由网络服务提供商拥有。MAN 可以作为高速网络实现地区资源共享，如图 6-5 所示。

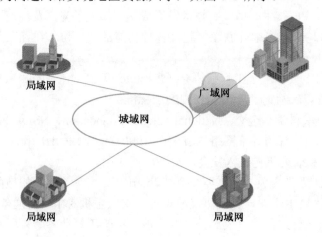

图 6-5　城域网

广域网（Wide Area Network，WAN）：可连接分布于不同地理位置的多个较小的网络，如 LAN，如图 6-6 所示。Internet 便是一个大型的 WAN，由数百万个相互连接的 LAN 组成。WAN 技术也用于连接企业网络或研究网络。服务商可将这些位于不同地点的 LAN 相互连接。

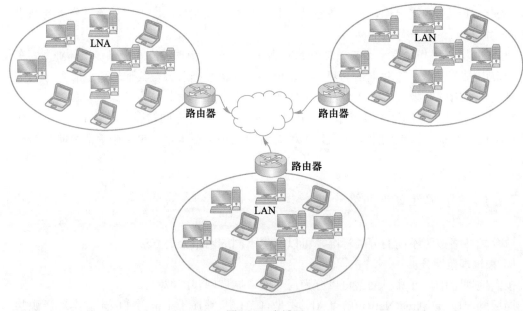

图 6-6　广域网

2．按传输介质分类

传输介质是数据传输中发送设备和接收设备间的物理媒体，分为有线和无线两大类。

（1）有线类传输介质

① **双绞线**（Twisted Pair）：双绞线是目前使用最广、价钱便宜、安装简单的一种传输介质。它由两条相对绝缘的铜导线扭绞组成，其中导线的直径是 1 mm 左右，两条线扭绞在一起，

可以减少临近线之间的电气干扰。若干对双绞线构成的电缆被称为双绞线电缆，如图 6-7 所示。双绞线对可以并排放在保护套中。目前，双绞线电缆被广泛应用于电话系统及网络系统。

② **同轴电缆**（Coaxial Cable）：同轴电缆由内导体铜制芯线、绝缘层、网状编织的外导体屏蔽层及外保护塑料套组成，如图 6-8 所示。这种结构，使它具有高带宽和良好的噪声抑制特性。

图 6-7　双绞线电缆

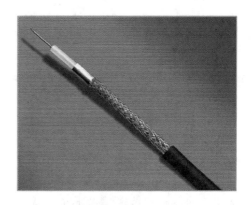

图 6-8　同轴电缆

同轴电缆的优点是可以在相对长的无中继器的线路上支持高带宽通信，而其缺点也是显而易见的：一是体积大，要占用电缆管道的大量空间；二是不能承受缠结、压力和严重的弯曲，这些都会损坏电缆结构，阻止信号的传输；最后就是成本高。而所有这些缺点正是双绞线能克服的，因此在现在的局域网环境中，基本已被基于双绞线的以太网物理层规范所取代。

③ **光纤**（Optical Fiber）：光纤是用来传播光束的细小而柔软的光介质，如图 6-9 所示。光缆利用光学原理，在发送端采用发光二极管或半导体激光器，在电脉冲作用下产生出光脉冲。接收端利用光电二极管做成光检测器，若检测出光脉冲，则还原出电脉冲。

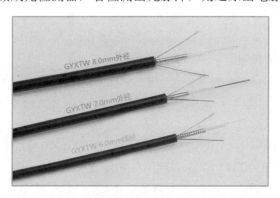

图 6-9　光纤

光缆绝缘性能好、信号衰减小、频带宽、传输速度快、传输距离长，主要用于传输距离长、布线条件特殊的骨干网络连接。但光缆安装和维护比较困难，需要专用设备。

（2）无线类传输介质

① **微波**（Microwave）：微波指频率大于 1 GHz 的电波。如果应用较小发射功率（约 1W）配合定向高增益微波天线，需要每隔 16 km～80 km 距离设置一个中继站，构筑微波通信系统。

② **人造卫星**（Satellite）：常见通信卫星系统采用同步地球轨道（Geostationary Earth Orbit，GEO）。GEO 卫星始终处在赤道上方，高度大约为 35800 km，与地球表面保持相对位置，为地球提供卫星通信。

③ **红外线**（Radio）：红外线主要用于有线无法连接情形下 10 m 以内桥接，红外传输要求对准方向，不能离得太远，不同于蓝牙传输，红外传输不能绕过障碍物。红外接口可以省去下载或其他信息交流所发生的费用，同时由于需要对接才能传输信息，安全性较强。

④ **蓝牙**（Blue Tooth）：蓝牙是一种支持设备短距离（一般 10 m 内）通信的无线电技术，能在包括移动电话、PDA、无线耳机、笔记本电脑、相关外设等众多设备之间进行无线信息交换，是一种无线数据和语音通信开放的全球规范，具有方便快捷、灵活安全、低成本、低功耗特点，是目前实现无线个域网通信的主流技术。

任务 6.1.3　了解网络连接基本概念和技术

网络连接的概念和技术深入研究会很多，本任务带领读者了解网络连接的基本概念和技术，帮助读者掌握日常办公和家庭组网需要的网络连接基本知识和技术。

1. 带宽

通过计算机网络发送数据时，数据可划分为小的片段，称为数据包。每个数据包都包含源地址和目的地址信息。数据包连同地址信息一起被称为帧。此外，它还包含序列号信息，说明如何在目的主机上将所有数据包重新组合到一起。带宽决定了 1 秒内可以传输的数据数量。

- bit/s：表示每秒传输 1 bit 数据。
- Kbit/s：表示每秒传输 1024 bit 数据。
- Mbit/s：表示每秒传输 1024 Kbit 数据。
- Gbit/s：表示每秒传输 1024 Mbit 数据。

📖 **扩展知识**

计算机存储信息的最小单位，称为位（bit），音译比特，二进制的一个 "0" 或一个 "1" 叫一位。

单位关系：1 byte（1 字节）=8 bits（8 比特），byte 缩写为字母 B，bit 缩写为字母 b，1 MB/s=8 Mb/s，MB 跟 Mb 是不一样的。

1 KB=1024 B，1 MB=1024 KB，1 GB=1024 MB，1 TB=1024 GB

1 PB=1024 TB，1 EB=1024 PB，1 ZB=1024 EB，1 YB=1024 ZB

目前，大数据中的数据量基本都在 T 级别以上。

数据从源地址传输到目的地址所需的时间称为延时。数据会因网络设备处理和转发数据包以及电缆长度而延迟传输。在网上冲浪或下载文件时，延时通常不会造成问题。而对时间要求严格的应用程序如 Internet 电话、视频或游戏，则会受到延时的显著影响。

2.　数据通信

- **单工通信**：数据在通信双方单向传输，如电视信号从电视台传输到家庭电视机。
- **半双工通信**：数据可以在通信双方交替传输，但不能同时双向传输。对讲机使用的就是半双工传输，一方按下发送键时，可以说话但听不到对方声音。如果两边的人同时试着说话，则两边的传输都无法接通。
- **全双工通信**：当数据同时双向流动时称为全双工。电话通话是典型的全双工通信。两边的人可以同时说话和听到对方。ADSL 和有线电视宽带技术都以全双工模式工作。用户可以同时下载和上传数据。

3.　IP 编址

互联网上的每台设备都必须拥有一个唯一的编址用于标识自己，有了这个唯一编址，设备才能彼此通信。每台设备的每块网卡拥有一个全球唯一的物理地址，称为 MAC 地址，也称为局域网地址或以太网地址，在局域网通信时需要用到 MAC 地址。每台设备还可以拥有一个唯一的逻辑地址，称为 IP 地址或网络地址，在互联网通信时需要用到 IP 地址。

无论主机在网络中哪个位置，其网卡的物理 MAC 地址都保持不变，就像无论人们在何处指纹也始终保持不变一样。MAC 地址的长度为 48 bit（6 个 byte），通常表示为 12 个十六进制数，如 00-2E-6C-7E-BF-D5 就是一个 MAC 地址，MAC 地址由网络设备制造商生产时烧录在网卡（Network Interface Card，NIC）的 EPROM（一种闪存芯片，通常可以通过程序擦写）。MAC 地址就如同身份证号码，具有唯一性。

IP 地址类似于人们的邮寄地址，由互联网名称与数字地址分配机构（Internet Corporation for Assigned Names and Numbers，ICANN）组织分配。

32 位的 IP 地址编址方式称为 IPv4，潜在的地址空间为 2^{32}，在十进制记法中，约为 4 后面跟 9 个 0，即 40 亿左右，初期各个国家的网络设备还不多，地址空间足够用。发展到后期，加入互联网的设备越来越多，除了计算机主机，一个人拥有的每台智能设备都需要分配一个 IP 地址以连入网络。智能设备（如手机、电视、电冰箱、空调、腕表等）如果拥有一个独立的 IP 地址，那就可以很方便地远程控制它们。IPv4 的地址空间还不够为地球上每一个人分配一个 IP 地址。事实上，20 世纪 90 年代初，人们已开始担心 IPv4 网络地址迟早会耗尽。Internet 工程任务组（The Internet Engineering Task Force，IETF）制定了新的 IP 地址编址协议，称为 IPv6。IPv6 地址由 128 个二进制位组成，潜在的地址空间达到 2^{128}，在十进制记法中，约为 3 后面跟 38 个 0，如果使用 IPv6，每个人可用的地址数量为 10^{28}。如果说 IPv4 地址空间相当于一个石子，那么 IPv6 地址空间就相当于一个土星，人们再也不用担心地址空间不够用。

4.　IPv4

IPv4 地址由 32 个二进制位（1 和 0）的数字串组成。二进制 IPv4 地址难以阅读，如 10000101000001010000001100010101，人们很难记忆这样一个二进制 IPv4 地址。为此，人们将每 8 个二进制位编为一组，将这 32 个二进制位划分为 4 段，每段包括 8 个二进制数字。但是，即使以这种分组格式表示的 IPv4 地址也难以读写和记忆，如 10000101.00000101.00000011.00010101。因此，人们就将每组 8 位二进制数表示为相应的十进制数值，并以小数点加以分隔，如 133.5.3.21，这种格式称为点分十进制记法，便于人们记忆。

32 位逻辑 IPv4 地址具有层次性，由两个部分组成。前一部分标识网络，称为网络 ID（Net

ID），后一部分标识网络中的主机，称为主机 ID（Host ID），这两部分缺一不可。

IPv4 地址分为以下几类。

- A 类：大型公司实施的网络，网络部分占 IP 地址前 8 个二进制位，主机部分占剩余的 24 位。IP 地址范围为 1.0.0.0～126.255.255.255，每个 A 类网络中的主机数为 2^{24}-2=16,777,214。

- B 类：大学和其他类似规模的组织实施的中型网络，网络部分占 IP 地址前 16 个二进制位，主机部分占剩余的 16 位。IP 地址范围为 128.0.0.0～191.255.255.255，每个 B 类网络中的主机数为 2^{16}-2=65534。

- C 类：小型组织实施的或 Internet 服务提供商（ISP）为客户实施的小型网络，网络部分占 IP 地址前 24 个二进制位，主机部分占剩余的 8 位。IP 地址范围为 192.0.0.0～223.255.255.255，每个 C 类网络中的主机数为 2^8-2=254。

- D 类：用于组播，如发往选定组的网络广播和视频流。

- E 类：保留供研究专用。

IPv4 地址分类如图 6-10 所示。

	第1段(1到8位)	第2段(9到16位)	第3段(17到24位)	第4段(25到32位)
A类:	0XXXXXXX (1~126)	Host	Host	Host
B类:	10XXXXXX (128~191)	Network	Host	Host
C类:	110XXXXX (192~223)	Network	Network	Host
D类:	1110XXXX (224~239)	多播组	多播组	多播组
E类:	1111XXXX (240~255)	保留	保留	保留

图 6-10　IPv4 地址分类

5. IPv4 子网掩码（Subnet Mask）

每一个 IPv4 地址都配有一个 IPv4 子网掩码，子网掩码表示 IPv4 地址当中哪一部分代表网络部分。通常一个局域网中的所有主机子网掩码相同。与 IPv4 地址一样，IPv4 子网掩码也是一串 32 位二进制数字组成的数字串，子网掩码从左端开始，用连续的二进制数字"1"表示 IP 地址中有多少位属于网络地址部分，用二进制数字"0"表示哪些位属于主机地址部分。如 11111111.00000000.00000000.00000000 代表的就是一个 A 类网络的子网掩码。子网掩码通过和对应的 IP 地址一一对应进行二进制与运算，得出的结果就是 IP 地址当中的网络部分。

子网掩码 11111111.11111111.00000000.00000000 可以简写成点分十进制表示法 255.255.0.0，

也可以表示成/16，即 IPv4 地址当中的前 16 个二进制位表示网络地址，后面剩余的 16 个二进制位自然表示主机地址。

有一个 IPv4 地址 192.168.1.1，其配对的子网掩码是 255.255.255.0，将 IPv4 地址转成 32 位二进制是 11000000.10101000.00000001.00000001，子网掩码转成 32 位二进制位是 11111111.11111111.11111111.00000000，将 IPv4 地址和对应的子网掩码做与运算，如图 6-11 所示。

11000000.10101000.00000001.00000001
&11111111.11111111.11111111.00000000
————————————————————
11000000.10101000.00000001.00000000

图 6-11　IPv4 地址和子网掩码做与运算

运算的结果是 11000000.10101000.00000001.00000000，转成点分十进制表示法是 192.168.1.0，即原 IPv4 地址中的前 24bit 对应的是网络地址。

同理，255.0.0.0 是 A 类网络的子网掩码，255.255.0.0 是 B 类网络的子网掩码，255.255.255.0 是 C 类网络的子网掩码。子网掩码的二进制表示法中 1 的个数并不一定是 8 的倍数，例如对于可变长子网掩码，255.255.240.0 代表前 20bit 是网络地址部分。

6．IPv6

一个 IPv6 地址由 128 个二进制位组成，显然，32 个二进制位人们都很难记忆，128 个二进制位人们更难记忆。为此，IPv6 地址记法将 128 个二进制位表示为 32 个十六进制值，然后，以冒号为分界符，将这 32 个十六进制值进一步细分为 8 段，每段 4 个十六进制值。如 2001:0db8:3c4d:0015:0000:0000:1a2f:1a2b 就是一个 IPv6 地址。

IPv6 地址分为三部分，第一部分称为全球前缀也称为站点前缀，对应 8 段中的前 3 段，由 Internet 名称与数字地址分配机构分配给组织；第二部分是子网 ID 部分，对应 8 段中的第 4 段；第三部分是接口 ID 部分，对应 8 段中的后 4 段。

例如，如果主机的 IPv6 地址为 2001:0db8:3c4d:0015:0000:0000:1a2f:1a2b，则全球前缀为 2001:0db8:3c4d，子网 ID 为 0015，接口 ID 为 0000:0000:1a2f:1a2b，如图 6-12 所示。

IPv6地址示例：2001:0db8:3c4d:0015:0000:0000:1a2f:1a2b

全局前缀	子网ID	接口ID
2001:0db8:3c4d	0015	0000:0000:1a2f:1a2b

图 6-12　IPv6 地址分层示例

7．DNS

互联网上每一台主机都会被分配一个唯一的 IP 地址，但即使是点分十进制表示法表示的 IP 地址也很难记忆，如百度服务器的 IP 地址是 180.101.49.11，人们难以记住这个数字串，但可以很容易记住百度服务器的域名 www.baidu.com，因此产生了域名系统（Domain Name System，DNS）。DNS 是 Internet 的一项核心服务，它维护一个域名和 IP 地址相互映射的分布式数据库，使人们访问一个站点时只需要记住域名，如 www.baidu.com，而无须记住百度网站的 IP 地址 180.101.49.11，由 DNS 负责将域名翻译成 IP 地址，这样可以很方便地访问互联网，就像人们

213

彼此称呼对方时用名字，而不称呼对方的身份证号。

虽然人们访问网站时使用的是网站的域名，但域名必须由 DNS 系统翻译成对应的 IP 地址，因为互联网上传送的数据分组中封装的都是分组的目的 IP 地址和源 IP 地址。

所有 Windows 计算机都包含 DNS 缓存，用于存储最近解析的主机名。该缓存是 DNS 客户端首先查找主机名对应的 IP 解析的位置，由于该缓存位于内存中，因此它检索已经解析出来的 IP 地址比使用 DNS 服务器快，而且不会产生网络流量。

8. 静态编址

在主机数量不多的网络中，很容易为每台设备手动配置正确的 IP 地址。为每台设备分配一个子网中唯一的 IP 地址，这称为静态 IP 编址。

要在 Windows 系统主机上配置静态 IP 地址，可以通过网卡的【TCP/IP 属性】面板（在 Windows 10 中可以通过在【开始】→【控制面板】→【网络和共享中心】→【更改适配器设置】中右击【本地连接】图标，在弹出的快捷菜单中选择【属性】命令，在打开的对话框中选择【Internet 协议版本 4（TCP/IPv4）】选项，在其他 Windows 操作系统中，位置略有不同），如图 6-13 所示，选中【使用下面的 IP 地址】单选按钮及【使用下面的 DNS 服务器地址】单选按钮，可以手动输入 IP 地址、子网掩码、默认网关、首选 DNS 服务器和备用 DNS 服务器。

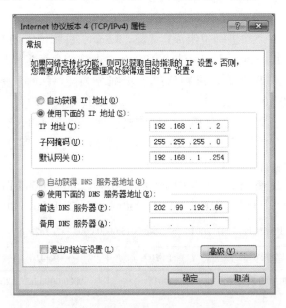

图 6-13　配置静态 IP 地址

可以为主机配置的 IP 地址信息如下。

● **IP 地址**：标识网络中主机的 IP 地址。

● **子网掩码**：标识主机所在的网络地址。

● **默认网关**：标识主机用于访问其他网络的设备接口的地址。

● **首选 DNS 服务器**：标识首选域名服务器的地址。

● **备用 DNS 服务器**：标识备用域名服务器的地址。

9. DHCP 寻址

如果局域网中主机较多，为网络中的每台主机手动配置 IP 地址就会既费时又容易出错。有了动态主机配置协议（Dynamic Host Configuration Protocol，DHCP），用户不需要手动的去配置 IP 地址以及其他的网络参数，DHCP 协议可自动分配 IP 地址，简化了地址配置过程，还可以减少分配重复或无效 IP 地址的可能性。

DHCP 服务器维护一个待分配的 IP 地址列表并管理分配过程，尝试为网络中的每台设备分配一个本网唯一的 IP 地址。当 DHCP 服务器收到主机的 IP 地址申请请求时，DHCP 服务器从数据库中预先定义的一组地址中选取一个未使用的 IP 地址，将该 IP 地址连同子网掩码、网关、DNS 服务器等信息发送给提出申请的主机。如果主机接受，DHCP 服务器就分配该 IP 地址供主机在一段特定时间内使用，该过程称为租用。租期届满后，主机可以通过续租继续保留该 IP 地址，否则 DHCP 服务器可将此地址分配给提出申请的其他主机。

网络中的计算机必须能够发现本地网络中的 DHCP 服务器，然后才能使用其提供的 DHCP 服务。在网卡配置窗口中选中【自动获得 IP 地址】单选按钮，如图 6-14 所示，就可将计算机配置为从 DHCP 服务器接受 IP 地址。将计算机设置为自动获得 IP 地址后，所有其他的 IP 地址配置框将不可用。有线或无线网卡的 DHCP 设置采用相同的方法配置。

图 6-14　DHCP 配置 IP 地址

▶ 同步训练

1. 在机房或办公场所，建立并实现文件共享。

2. 给定一个 IP 地址 172.18.15.5 ，对应的子网掩码是 255.255.255.128 ，请计算出该 IP 地址对应的网络地址，并计算出该网络中合法的主机地址范围。

项目 6.2 连接网络

▶ 项目描述

当代社会，人们在办公和居家环境都离不开计算机网络，虽然单位可能有网管，家庭网络出问题可以请服务商维护，但如果自己掌握基本的网络概念和连网技术，会解决办公网络和家庭网络常见问题，出现问题时自行排查并解决问题，无疑会大大减少断网时间，保障办公网络和家庭网络的稳定运行。

本项目将通过完成网卡的安装和配置及家庭宽带网络的连接和设置，带领读者学会家庭和一般办公场景下连接网络必备的基本知识和技能。

▶ 项目技能

- 了解网卡选项、安装网卡驱动、网卡配置。
- 理解家庭宽带网络拓扑、学会连接家庭宽带网络。
- 会配置家庭宽带网络。

▶ 项目实施

•任务 6.2.1 安装配置网卡

连接到网络需要使用网卡。网卡可能在计算机出厂时已经预装，也可能因损坏或升级需要自行购买。读者需要知道如何选择合适的网卡和配套电缆，还需要知道如何安装网卡、更新驱动程序以及配置网卡。

1. 选择网卡

网卡又称网络适配器或网络接口，有多种类型。

- 台式计算机的大多数网卡已集成到主板中或者是插入主板扩展槽中。
- 大多数笔记本电脑的网卡已集成到主板中或者插入主板的 PC 卡插槽或 ExpressBus 插槽中。
- USB 网卡插入计算机的 USB 端口，可用于台式机或笔记本电脑。

购买网卡前应研究网卡的速度、规格尺寸和功能。此外，还应检查连接到计算机的交换机或路由器的速度与功能。

以太网网卡会自动协商网卡与其他设备之间能共同达到的最快速度。例如，有一块 10/100/1000 Mbits/s 自适应网卡，但连接的交换机的速度只有 100 Mbit/s，则网卡的工作速度为 100 Mbits/s。如果有吉比特交换机，也就是 1000 Mbit/s 交换机，那么极可能需要购买吉比特网卡才能与其速度匹配。如果计划今后将网络升级为吉比特以太网，则务必要购买支持该速度的网卡。

要连接到无线网络，计算机必须有无线网卡或无线适配器。无线适配器可与无线设备（如计算机、打印机或无线接入点 AP）通信。购买无线网卡之前，要确保其与网络中已经安装的其他无线设备兼容。确认无线网卡是适合客户计算机的正确规格尺寸。无线 USB 网卡可用于任何有 USB 端口的台式机或笔记本电脑。

2.安装和更新网卡驱动

安装新驱动程序时，要禁用病毒防护软件才能确保驱动程序正常安装。有些病毒扫描程序会将检测到的驱动程序更新当作潜在的病毒攻击。一次只能安装一个驱动程序，否则，有些更新过程可能会冲突。最好的做法是关闭所有正在运行的应用程序，这样它们就不会使用与驱动程序更新相关联的任何文件。更新驱动程序之前，可访问制造商的官网，在其官网下载自动安装程序或驱动程序的自解压可执行程序文件。

有时，制造商会为网卡发布新的驱动程序软件。新驱动程序可能是增强网卡功能，或是出于操作系统兼容性的需要。

要想更新网卡驱动程序，在 Windows 10 中，打开【设备管理器】面板，打开设备管理器有多种方式，可以按其中一种顺序操作。

在【开始】→【控制面板】→【设备管理器】→【网络适配器】中选择一个网卡驱动程序右击，在弹出的快捷菜单选择【更新驱动程序软件】命令（或者右击【网络适配器】，在弹出的快捷菜单选择【扫描检测硬件改动】命令），如图 6-15 所示，接下来按照向导一步一步地完成网卡驱动程序的安装。有时，驱动程序安装进程会提示重新启动计算机。

图 6-15　更新驱动程序软件

3.配置网卡

安装网卡驱动程序之后，需要配置 IP 地址。如果使用静态 IP 地址配置网卡，则在计算机连接到另一网络时，可能需要更改 IP 地址，配置过程如图 6-13 所示。更为常见的是使用 DHCP 服务器配置 IP 地址，只要确保该计算机上 DHCP 是开启的，配置过程如图 6-14 所示。

任务 6.2.2　家庭宽带网络连接和设置

随着互联网的发展，宽带网络得到快速普及，人们在网上购物、娱乐、办公、学习，可以说生活的方方面面都离不开网络。城乡家庭，特别是有中青年人的家庭大都接入了宽带网络。宽带网络初次安装一般由 Internet 服务提供商（Internet Service Provider，ISP）派人上门安装，人们不需要知道如何连线、配置。但发生故障后，ISP 服务人员并不能马上上门维修，而且这些故障通常不难解决，用户如果知道家庭宽带网络如何连线、如何配置，将可以轻松解决网络故障，快速恢复网络业务。

1. 典型家庭宽带网络拓扑

家庭网络最常见的设备和辅材有宽带光猫、无线路由器、机顶盒、网线、网络模块等，上网设备主要有台式计算机、笔记本电脑、手机、电视等。

宽带光猫用于将入户光信号转换成网络电信号和电话电信号，同时也将网络电信号和电话电信号转换成光信号，宽带光猫型号多种多样，如图 6-16 所示。

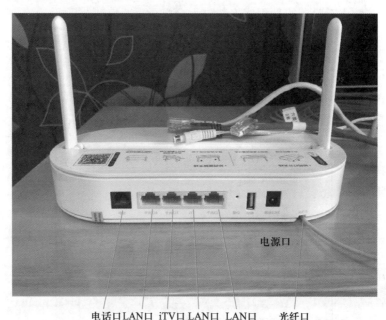

电话口 LAN口　iTV口 LAN口　LAN口　　　　光纤口

图 6-16　典型运营商宽带光猫接口

无线路由器是一种帮助多台计算机共用一个网络的设备，有了路由器的帮助，多台电子设备（如计算机、手机、腕表、PAD 等）就可以同时上网了，但是，无线路由器并不是计算机上网的必要设备，没有无线路由器，计算机依然能通过光纤猫联网，只是其他无线电子设备就不能连网了，无线路由器型号多种多样，如图 6-17 所示。

机顶盒用于将电视节目信号接收、编码，最后转换成电视高清信号，通过 HDMI 线缆将电视高清信号输送给电视机，机顶盒多种多样，如图 6-18 所示。

网线一般由金属或石英玻璃所制成，它用来在网络中传输数字信号。常用的网络电缆有双绞线、同轴电缆和光纤 3 种，如图 6-19 所示。

图 6-17　典型无线路由器接口

图 6-18　典型机顶盒接口

(a) 双绞线　　　　　　　(b) 同轴电缆　　　　　(c) 光纤

图 6-19　双绞线、同轴电缆、光纤

目前家庭光纤宽带网络的拓扑结构虽然略有不同，但基本情况都一致，如图 6-20 所示代表了当前大多数家庭的光纤宽带连接图。首先把入户光纤接入运营商光猫的光纤接口，用一根电话线从运营商光猫的 Phone 口接入电话机，用一根双绞线从运营商光猫的 iTV 口接入机顶盒，用一根双绞线从运营商光猫的 LAN 口直接接入 IPTV 的 LAN 口，用一根高清线从电视机机顶盒接入 IPTV 的高清口，用一根双绞线从运营商光猫的 LAN 口接入家庭小型交换机的 LAN 口，用一根双绞线从家庭小型交换机的 LAN 口接入客厅墙壁网络端口（家庭装修时一般已经埋入暗线），用一根双绞线从家庭小型交换机的 LAN 口接入房间 1 墙壁网络端口（家庭装修时一般已经埋入暗线），用一根双绞线从家庭小型交换机的 LAN 口接入房间 2 墙壁网络端口（家庭装修时一般已经埋入暗线），用一根双绞线从客厅墙壁的网络端口接入无线路由器的 WAN 口。

接下来，对客厅无线路由器进行配置，客厅的手机、腕表、PAD 等无线电子设备可以通过 Wi-Fi 连上网，客厅的 IP 电视机可以直接通过网络获取 IPTV 节目，也可以通过机顶盒接收付费节目，房间 1 和房间 2 的台式电脑可以通过 DHCP 自动获取 IP 地址后接入互联网。

如图 6-20 所示的是典型家庭宽带网络拓扑，也有家庭没有弱电箱，没有家庭小型交换机，没有电话机，也可以将无线路由器直接接入运营商光猫，将台式计算机直接接入运营商光猫，其他无线电子设备（如手机、腕表、PAD 等）可以通过无线路由器发出的无线 Wi-Fi 信号连接上网。

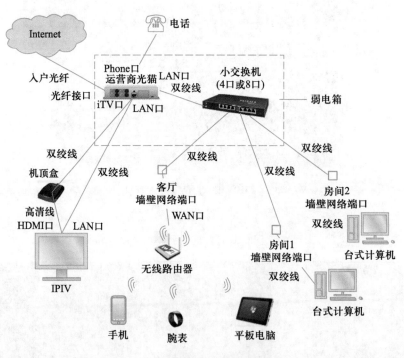

图 6-20　典型家庭光纤宽带连接图

无线 Wi-Fi 信号在穿过墙壁时会衰减，无线路由穿过一道承重墙没有问题，性能好的穿过两道承重墙也没问题，但是多数情况下穿过两道墙后 Wi-Fi 信号很差，几乎不能连网。想要获得良好的 Wi-Fi 信号，一方面尽量选择双频多天线的无线路由器，双频无线路由器同时支持 2.4 GHz 和 5 GHz 两种频率，双频抗干扰能力更强，相对来说信号更好，同时，天线多则信号强。另一方面，尽量将无线路由器放置在房屋中心高位，这样信号可以更好地到达房屋内各个电子设备。如果信号还是不好，可以考虑增配电力猫或者无线扩展器来增强信号。

2. 连接到路由器

想要配置家庭无线路由器，必须先把一台计算机或手机连到无线路由器上，可以通过一根双绞线连接计算机的网卡接口到路由器 LAN 口上，也可以通过 Wi-Fi 方式把计算机或手机连接到路由器上，如图 6-21 所示。注意，前端上网的宽带线必须连接到路由器的 WAN 口，如果有上网计算机，将其连接到路由器的任何一个 LAN 口上都可以。WAN 口与另外 4 个 LAN 口一般颜色有所不同，且端口下方有 WAN 标志，请仔细确认。

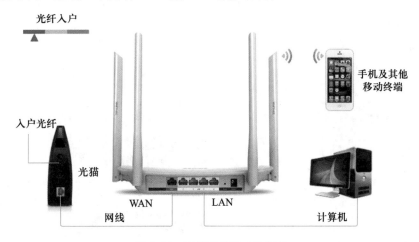

图 6-21   连接无线路由器拓扑

目前很多运营商的光猫同时带有无线路由器功能，也可以直接当无线路由器来使用。

如果是通过有线方式把计算机连到路由器上，在连接好双绞线后，查看以太网端口旁的 LED 灯（链路指示灯）是否有任何活动，如果没有活动，则表示可能存在电缆故障、交换机端口故障甚至网卡故障，要修复问题，可能需要更换上述相关设备。

确认计算机连接到网络而且网卡上的链路指示灯闪烁表示连接有效后，需要为计算机配置一个 IP 地址，配置本地连接的网络属性，将 IP 地址配置成和路由器的默认 IP 地址在一个网段，可以手动配置计算机的 IP 地址，也可以通过 DHCP 自动获取 IP 地址。多数情况下，无线路由器的默认网段都是 192.168.1.0/24，无线路由器的默认 IP 地址通常是 192.168.1.1，如果不是，一般在无线路由器的背面标记有地址信息。

3. 手机无线登录、配置路由器

在路由器的底部标贴上查看路由器出厂的无线信号名称，如图 6-22 所示。

图 6-22　路由器底部信息

打开手机的无线设置，连接路由器出厂的无线信号，如图 6-23 所示。

连接 Wi-Fi 后，手机会自动弹出路由器的设置页面，设置页面风格随路由器版本不同可能有所变化，具体功能基本一致。若未自动弹出请打开浏览器，在地址栏输入 tplogin.cn（部分早期的路由器管理地址是 192.168.1.1）。在弹出的窗口中设置路由器的登录密码（密码长度在 6～32 位之间），该密码用于以后登录路由器，请妥善保管，如图 6-24 所示。

图 6-23　手机连接路由器出厂无线信号　　　　　　图 6-24　设置路由器登录密码

登录成功后，路由器会自动检测上网方式，根据检测到的上网方式，填写该上网方式的对应参数，如图 6-25 所示。

宽带有宽带拨号、自动获取 IP 地址、固定 IP 地址 3 种上网方式。上网方式是由宽带运营商决定的，如果无法确认自己的上网方式，需联系宽带运营商确认。

对于宽带拨号上网方式，大部分用户上不了网是因为输入了错误的用户名和密码，请仔细检查输入的宽带用户名和密码是否正确，注意区分中英文、字母的大小写、后缀是否完整等。如果不确认，需咨询宽带运营商。

对于自动获取 IP 地址方式，无须输入账号密码，比较省心。对于固定 IP 地址方式，要小心输入 IP 地址、子网掩码等信息，不要输错。

上网方式设置正确后，设置路由器的无线名称和无线密码，设置完成后，单击【完成】保存配置。请一定记住路由器的无线名称和无线密码，在后续连接路由器无线时需要用到，如图 6-26 所示。

图 6-25　设置路由器上网方式　　　　图 6-26　设置无线名称和密码

无线名称建议设置为字母或数字，尽量不要使用中文、特殊字符，避免部分无线客户端不支持中文或特殊字符而导致搜索不到或无法连接。

路由器设置完成，无线终端连接刚才设置的无线名称，输入设置的无线密码，可以打开网页尝试上网了。

如果不确定以上无线参数，可通过已连接上路由器的终端登录到路由器的管理界面tplogin.cn，在网络状态中查看无线名称和密码。

如果用户还有其他台式机、网络电视等有线设备想上网，将设备用网线连接到路由器1/2/3/4任意一个空闲的 LAN 口，直接就可以上网，不需要再配置路由器。

路由器设置完成有了参数后，下面的计算机就可以直接打开网页上网，不用再使用计算机上的"宽带连接"来进行拨号。

4. 计算机登录、配置路由器

如前所述，上网计算机的线路连接好后，路由器的 WAN 口和有线连接计算机的 LAN 口对应的指示灯都会常亮或闪烁，如果相应端口的指示灯不亮或计算机的网络图标显示红色的叉，则表明线路连接有问题，检查确认网线连接牢固或尝试换一根网线。

打开浏览器，清空地址栏并输入 tplogin.cn（部分较早期的路由器管理地址是 192.168.1.1），并在弹出的窗口中设置路由器的登录密码（密码长度在 6～15 位之间），该密码用于以后管理路由器（登录界面），需妥善保管。

登录成功后，路由器会自动检测上网方式，如图 6-27 所示。

图 6-27　路由器检测上网方式

根据检测到的上网方式，填写该上网方式的对应参数，如前述手机登录路由器界面所示。

宽带有宽带拨号、自动获取 IP 地址、固定 IP 地址 3 种上网方式。上网方式是由宽带运营商决定的，如果无法确认自己上网方式，则联系宽带运营商确认。

设置无线名称和密码，如前述手机登录路由器界面中如图 6-26 所示。无线名称和密码的选用字符建议也如前手机登录路由器中所述。

设置完成，等待保存配置。

▶ 同步训练

1．利用百度等工具检索市面上主流网卡参数，形成比较报告。

2．卸载自己计算机的网卡驱动，重新安装网卡驱动程序，并验证新安装网卡驱动后网卡功能，截图生成网卡驱动安装步骤文件。

3．拔掉家庭宽带网络各种连线，重置宽带路由器配置恢复到出厂设置，重新连线，重新设置宽带路由器参数，并验证网络连通性，截图生成宽带路由器配置步骤文件。

项目 6.3　移动互联应用

▶ 项目描述

人们在办公和生活中的许多事情都可以通过手机 APP 来完成，本项目带领读者学习两款非常实用的移动互联应用软件：腾讯文档和 MAKA，掌握共享文档的创建、编辑、分享以及微网页的制作，助力读者的办公技能。

▶ **项目技能**

- 学会创建编辑和分享共享文档。
- 掌握微网页制作技术。

▶ **项目实施**

任务 6.3.1　腾讯文档应用

1.　知识预备

2018 年 4 月 18 日，腾讯宣布推出专注多人协作的在线文档产品——腾讯文档。

腾讯文档是一款支持多人实时协作，可随时随地创建、编辑在线文档的工具，拥有一键翻译、实时股票函数和浏览、编辑权限安全可控等功能，以及打通 QQ、微信等多个平台进行编辑和分享的能力。腾讯文档支持 Word、Excel 和 PPT 类型，打开网页就能查看和编辑，云端实时保存。

用户可在微信通过官方小程序查阅和编辑在线文档，腾讯文档的入口还包括腾讯文档独立 APP、QQ、TIM、Web 官网等。在上述平台，用户可以将文档同步分享给微信或 QQ 好友，并授权对方共同编辑，修改动作将实时同步到全部平台。

腾讯文档的使用不受设备限制，用户可以在 PC、Mac、iOS、Android、iPad 等终端设备使用该产品，任意设备皆可顺畅访问、创建和编辑文档。在支持多人同时查看和编辑时，腾讯文档还可查看历史修订记录。同时，腾讯文档还支持微软公司的 Word、Excel、PowerPoint 本地文档和在线文档的彼此转换。

2.　案例制作

本案例制作一个常见的多人协作共享文档—班级通讯录，由班主任制作好空白表格后发到班级微信群或班级 QQ 群，班里所有学生自己填写自身学号所在的那一行，班主任可实时看到填写情况，免去收集催促的麻烦，很快就能收集好全班信息，然后可以存到腾讯文档云端或转存为本地文档。

步骤 1：新建腾讯在线文档——班级通讯录。

腾讯文档可以在计算机网页端创建编辑，也可以在独立腾讯 APP 端或手机微信小程序端或 QQ 手机端完成创建及编辑，本文以计算机网页端为例讲述，其他方式的界面和网页端虽不完全相同，但功能一致，读者可推此及彼。

打开计算机浏览器，输入网址 https://docs.qq.com/desktop，进入腾讯文档官网，可以通过微信、QQ 或企业微信 3 种方式登录，如图 6-28 所示。使用微信或手机 QQ 扫描二维码图片后进入腾讯文档首页。

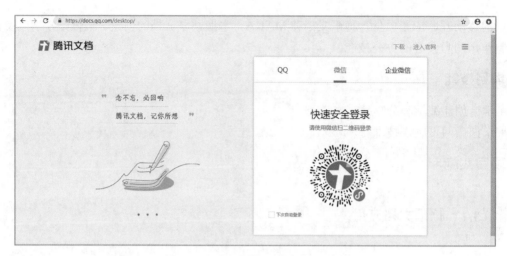

图 6-28　腾讯文档网页端登录界面

登录成功后，可看到如图 6-29 所示界面。

图 6-29　腾讯文档网页端登录成功后界面

　　单击左上角的【+新建】按钮，弹出如图 6-30 所示窗口，可以新建的文档类型包括在线文档、在线表格、在线幻灯片、在线收集表、新建文件夹、导入本地文件，在此处选择【在线表格】，创建一个班级通讯录，可以通过模板创建，也可以创建一个空白表格后自行修饰，如图 6-31 所示。

　　其中的格式修饰按钮在文档上方，类似于 Excel 中的格式，请读者自行设置。

图 6-30　腾讯文档可以新建的文档类型

226

图 6-31　在腾讯文档中新建一个班级通讯录表格

步骤 2：分享文档，邀请参与者一起编辑。

文档模板建好后，单击右上角【分享】按钮，生成链接，可以通过复制链接发送给他人，或直接分享到 QQ、微信，如图 6-32 所示。

单击待分享文档下方的【私密文档】下拉按钮，从中可以选择设置文档的分享权限，如图 6-33 所示，可以是私密文档（仅自己可查看/编辑）、制定人（仅指定的人可查看/编辑）、获得链接的人可查看（只读）、获得链接的人可编辑（可编辑），此处选择【获得链接的人可编辑】，选择此选项后，还可进一步在高级设置中选择文档的分享时长，可以是一日、七日、永久有效。

图 6-32　分享班级通讯录表格

图 6-33　设置班级通讯录分享权限

此处选择微信分享后，将"班级通讯录"分享到班级微信群，请全班同学一起参与编辑。

步骤 3：全班同学协作，编辑在线文档。

班级同学在微信群收到"班级通讯录"链接后，如图 6-34 所示，即可打开文档，填写自己学号对应的行，班主任或其他同学都可实时看到文档完成情况，如图 6-35 所示。

图 6-34　班级通讯录共享链接

图 6-35　班级通讯录完成情况

步骤 4：修订记录可追溯，文档旧版本可还原。

选择【文件】→【查看修订记录】命令，可以看到共享文档的多次修订记录，可以查看文档修订人员和历史版本，选择其中一个版本后，可单击【还原】按钮，即可还原旧版本，所有编辑内容自动保存至云端，如图 6-36 所示。

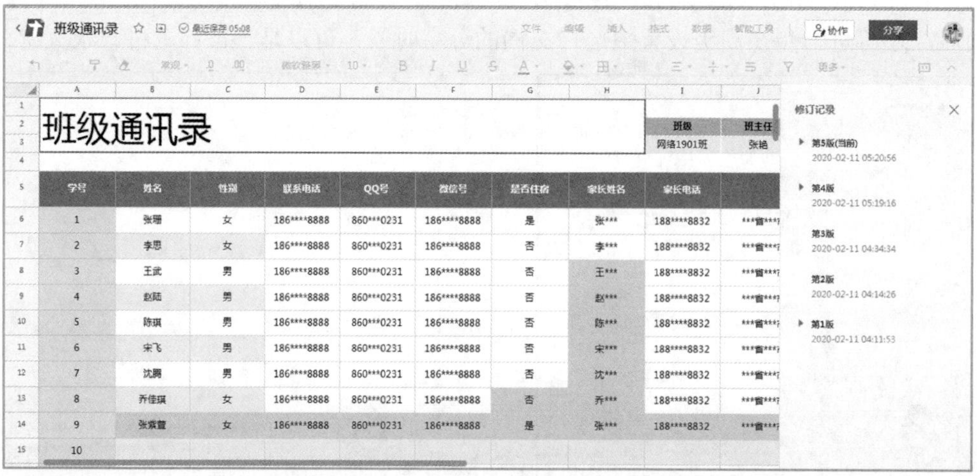

图 6-36　班级通讯录修订记录

步骤 5：将在线文档保存到本地。

选择【文件】→【导出为】→【本地 Excel 表格（.xlsx）】命令，可将在线文档保存到本地存放。同样，新建腾讯文档时，也可以通过选择【文件】→【新建】→【导入本地文件】命令，将本地文件转换为在线协作文档。

任务 6.3.2　微页制作

1. 知识预备

现今哪些营销方法最能生动形象地传达发布者的意图，屡屡刷爆微信朋友圈？简单易用的

H5 页面是一定要提的。在营销中应用 H5 页面进行传播的人越来越多，不得不让营销人对 H5 页面充满了无限的热情，其实在移动页面的传播过程中，H5 页面的叫法非常多，比较主流的有 H5 页面、微页、轻应用、轻 APP、场景应用等，还有告白页、场景使用、翻翻看、手机微杂志、微画报、微海报、指尖海报、掌中海报等，其实质就是移动端的滑动页面，这里统一称为微页。

微页来源于微网站，是微网站的动感页面或者场景。微网站是移动终端和互联网共同结合的新技术，是为适应快速发展的移动互联网市场环境而诞生的一种基于 WebApp 和传统 PC 版网站相融合的新型网站。微网站可兼容 iOS、Android、WinPhone 等多种智能手机操作系统，可便捷地与微信、微博等网络互动平台连接。微网站的制作现在都采用 HTML5 技术（简称 H5）。H5 技术赋予移动终端多媒体的展示方式，使得微网站页面完全适合手机、平板电脑，而且能够自动识别客户屏幕大小，页面资源小，加载速度快，用户体验好。

为适应众多用户需求，目前非常多的商家开发了完全开放的微网站，通过微信公开接口 API 调用显示在微信端。有了这些第三方开发者编写的网站及所提供的制作工具，用户不用注册域名，不用购买空间，不用进行网站备案，就可以很方便地制作自己的微页，发布自己的内容。非常流行的一些微页制作工具有 MAKA、Epub360、易企秀、兔展、微商海报、凡客、云来等。

实现 H5 特效的动态页面，以前需要专业技术团队和设计师才能完成。现在通过这些制作平台，用户不需要懂得 H5 代码就能轻松创作自己喜欢的页面。甚至有时用户只需要换几张图，输入几个字，选择自己喜欢的音乐视频，一个不错的 H5 页面就实现了。

一个微页作品往往包含若干张微页，每一个微页前后基调应该统一。用户要根据自己的目的选取适宜的微页基调，如复古风格、浪漫风格、庄重风格、酷炫风格等，定了基调后，所有的页面都应遵循一致的风格安排背景。

定了基调，还要编好故事情节，也就是写好脚本。对于微页创作来说，无论是任何形式的传播，内容都是非常重要的，好的内容会自行传播。

一个好的微页作品除了内容吸引人，美观的文字、创意的图片、触动人心的背景音乐、适宜的互动等可以为受众提供一个精彩的展示，使人印象深刻，达到宣传目的。

2. 案例制作

MAKA 是码卡（广州）科技有限公司推出的国内首家 H5 在线创作工具，国内流行的全平台、全品类富媒体内容创作工具。本案例利用 MAKA 制作微页，首先要下载 MAKA 手机 APP，安装后注册，使用注册时填写的手机号和密码登录，如果有 QQ 账号、微信账号、微博账号等，也可以使用它们直接登录。登录后即可使用 MAKA 制作酷炫的 H5 微页。

小华观看了中央电视台播出的《大国重器》纪录片，该片以独特的视角记录了中国装备制造业创新发展的历史。该片将镜头对准了普通的产业工人和装备制造业企业转型升级创新中的关键人物，真实记录了他们的智慧、生活和梦想，通过人物故事和制造细节，鲜活地讲述了充满中国智慧的机器制造故事，再现了中国装备制造业从无到有，赶超世界先进水平背后的艰辛历程，展望了中国装备制造业迈向高端制造的未来前景。观看此片后，小华激动不已，决定制作一个微页作品来展示国之重器，锻炼自己的 H5 微页制作技巧，更重要的是向外界展示中国的重器，提升观者的自豪感和爱国情怀。

小华计划用 9 个页面展示该作品，分别为封面、目录页、国家博弈、国之砝码、赶超之路、智慧转型、创新驱动、制造强国、结束页。

注册并登录 MAKA 账户后，小华开启了自己的微页制作之旅。

步骤 1：制作封面——大国重器。

为体现中国人民不畏困难、快马加鞭追赶世界先进水平的精神，背景图选用了代表中国的红色，其中的奔马图案代表中国人民赶超世界之路，指纹图案代表中国对世界的诚信承诺。

在 MAKA 手机 APP 的右下角点击【背景】按钮，添加提前制作好的图片，也可以选择 MAKA 图库中的图片或手机中的照片，设置完毕，点击【保存】按钮，如图 6-37 所示。

> **📖 扩展知识**
>
> 用 MAKA 软件制作微页面，可以有 3 种方式。
>
> ① 直接用 MAKA 手机 APP 制作，这种方式简单易用，大多数功能都具备，但手机屏幕小，没有好用的键盘，不适宜制作多页面复杂的场景。同时遇到很多图片需要自己制作修饰时，手机 APP 提供的功能显然也较弱。
>
> ② 打开 MAKA 官网，同步手机端账号后，可以在浏览器中在线修改自己的微页作品，但由于是在浏览器中修改，受限于浏览器的限制，功能体验较差，微页的制作效率较差。
>
> ③ 下载计算机端 MAKA 软件，这是效率最高的 MAKA 微页制作方式，如果要专业制作微页，建议使用第 3 种方式，功能强大且效率高。

如果图片尺寸不合适，可以选中图片后，单击顶部的【裁剪】按钮进行裁切，如图 6-38 所示。

图 6-37　添加背景图片

图 6-38　裁剪图片

230

选中图片后，单击【动画】按钮为该背景图片添加动画效果：速度设为 1 秒，延迟设为 0.2 秒，进场动画设为淡入，给人奔马由远及近跑入的效果，设置完毕，单击【保存】按钮，如图 6-39 所示。

📖 扩展知识

动画设置中的速度代表完成动画需要的时间，延迟代表本页面出现后多长时间开始启动该动画。这两个概念很重要，要认真领会。

图 6-39　为首页背景图添加动画效果

单击页面底部的【文本】按钮为首页添加标题文字"大国重器"，为体现标题的醒目及庄重，在下面的【属性】面板部分，设置一种庄重且高清的字体，颜色设置为和底色对比强烈的金黄色，字号设置为较大字号，以着重体现"大国重器"标题文字。选中标题文字，单击【动画】按钮为该标题添加动画效果：速度设为 1 秒，延迟设为 0.6 秒，进场动画设为弹性放大，强调首页标题的突出显示效果，设置完毕，点击【保存】按钮，如图 6-40 所示。

同时，在奔马上面添加文字"只争朝夕，不负韶华"，字体为白色，字号略小，以体现人民快马加鞭的决心。选中文字，单击【动画】按钮为该背景图片添加动画效果：速度设为 1 秒，延迟设为 0.9 秒，进场动画设为向上飞入，强调"只争朝夕，不负韶华"的紧迫效果，设置完毕，单击【保存】按钮，如图 6-40 所示。

📖 扩展知识

为文字、图片或其他素材添加动画效果，可以制作出引人入胜的动感效果，不光可以为这些元素的入场设置动画效果，也可以设置元素的强调和退场动画，合理地设置动画效果，可以让需要强调的元素给人留下深刻的印象，达到宣传目的。但动画不宜过多，过多的动画效果往往也会冲淡主题。

　　为体现中国昂扬向上、积极奋进的精神，添加背景音乐激励观者。单击右上角的【预览】→【音乐】，选择 MAKA【音乐库】中的音乐或【我的音乐】中下载的音乐，此处选择MAKA 音乐库中大气栏目下的"大气恢宏"乐曲作为背景音乐，如图 6-41 所示。

图 6-40　添加文字　　　　　　　　　　图 6-41　添加背景音乐

　　如果希望场景更有动感效果，建议不在 MAKA 手机 APP 上制作，登录同名 MAKA 计算机客户端，在其上对文字、图片、页面等进行边框、格式、动画等进一步修饰，修饰的效果可以在手机上同步预览和发布。

　　步骤 2：制作目录页，在目录页中，添加 10 个文字、8 个形状、6 张图片，并分别制作动画入场效果，使用醒目的动感效果突出强调"国家博弈""国之砝码""赶超之路""智慧转型""创新驱动""制造强国" 6 个主题，并为 6 个小标题添加跳转链接，为观者留下深刻而激动人心的印象。

　　具体动画效果制作如下：

　　在首页的底部工具栏面板单击【加页】按钮，增加出一个空白微页面。

　　单击【素材】按钮，添加一个长方形形状，大小占手机背景左半个页面，背景色设为红褐色，单击【动画】按钮为该形状添加动画效果：速度设为 1 秒，延迟设为 0.3 秒，进场动画设为向左飞入，给人向左开门的效果，设置完毕，单击【保存】按钮，如图 6-42 所示。

　　单击【素材】按钮，添加一个长方形形状，大小占手机背景右半个页面，背景色设为红褐色，单击【动画】按钮为该形状添加动画效果：速度设为 1 秒，延迟设为 0.3 秒，进场动画设为向右飞入，给人向右开门的效果，设置完毕，单击【保存】按钮，如图 6-43 所示。

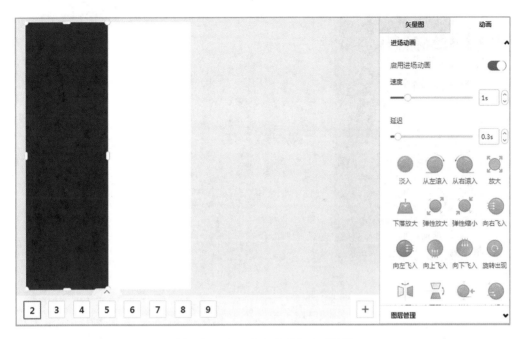

图 6-42 左边长方形形状动画效果

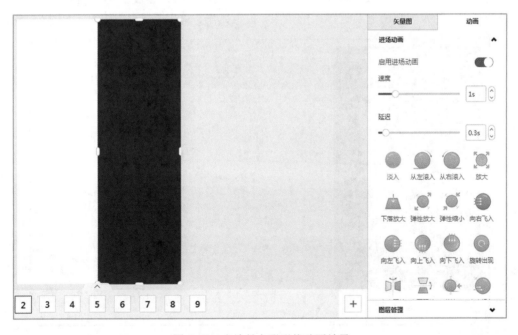

图 6-43 右边长方形形状动画效果

单击【图片】按钮，添加一个长方形图片，大小铺满手机背景，不合适可以适当裁剪，图片内容为红褐色指纹，单击【动画】按钮为图片添加动画效果：速度设为 1 秒，延迟设为 0.6 秒，进场动画设为放大，给人动画开启的效果，设置完毕，单击【保存】按钮，如图 6-44 所示。

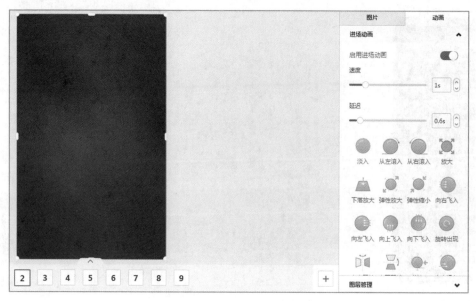

图 6-44 指纹背景图动画效果

单击【图片】按钮，添加一个长方形图片，大小铺满手机背景，不合适可以适当裁剪，图片内容为红褐色奔马，单击【动画】按钮为该图添加动画效果：速度 2 秒，延迟 0.9 秒，进场动画设为淡入，给人奔马由远及近跑入的效果，设置完毕，单击【保存】按钮，如图 6-45 所示。

图 6-45 奔马背景图动画效果

单击【图片】按钮，添加一个长方形图片，大小能作为页面左上角标题文字的背景即可，图片内容为红褐色向白色渐变色，单击【动画】按钮为该图片添加动画效果：速度设为 1 秒，延迟设为 1.8 秒，进场动画设为向左飞入，给人提醒标题的效果，设置完毕，单击【保存】按钮，如图 6-46 所示。

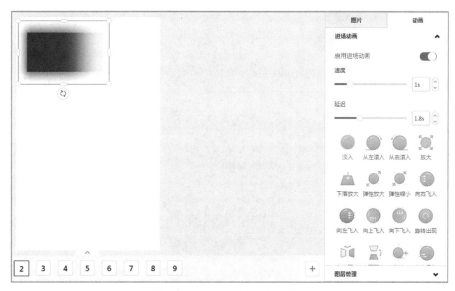

图 6-46 标题背景图动画效果

单击【图片】按钮，添加一个长方形图片，大小能作为页面主内容区域文字的背景即可，图片内容为红褐色指纹图案，单击【动画】按钮为该图片添加动画效果：速度设为 1 秒，延迟设为 1.2 秒，进场动画设为放大，给人提醒主要内容区域的效果，设置完毕，单击【保存】按钮，如图 6-47 所示。

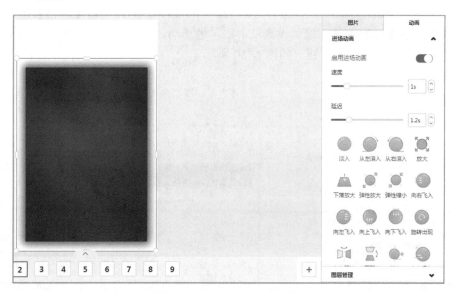

图 6-47 内容背景图动画效果

单击【图片】按钮，添加一个正方形图片，边长约为页面宽度的四分之一，图片内容为自定义的国旗图案的 logo，单击【动画】按钮为该图片添加动画效果：速度设为 1 秒，延迟设为 2.1 秒，进场动画设为放大，给人增强爱国情怀的效果，设置完毕，单击【保存】按钮，如图 6-48 所示。

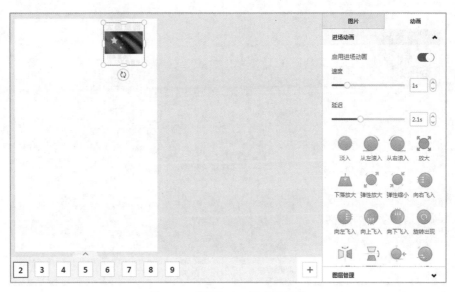

图 6-48　页面 logo 图动画效果

　　单击【图片】按钮，添加一个长方形图片，大小能作为页面底部小标题"China Dream"的背景即可，图片内容为红褐色图片，单击【动画】按钮为该图片添加动画效果：速度设为 1 秒，延迟设为 2.4 秒，进场动画设为放大，给人强调小标题的效果，设置完毕，单击【保存】按钮，如图 6-49 所示。

　　单击【文本】按钮，添加一个文字，内容为"China Dream"，单击【动画】按钮为该文字添加动画效果：速度设为 1 秒，延迟设为 2.4 秒，进场动画设为放大，给人以强调小标题的效果，设置完毕，单击【保存】按钮，如图 6-50 所示。

图 6-49　页面底部小标题背景图效果

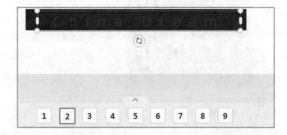

图 6-50　页面底部小标题文字效果

　　单击【文本】按钮，在页面左上角添加一个文字，内容为"Content Abstracts"，单击【动画】按钮为该文字添加动画效果：速度设为 1 秒，延迟设为 2.4 秒，进场动画设为向下飞入，给人强调的效果，设置完毕，单击【保存】按钮，如图 6-51 所示。

　　单击【文本】按钮，在页面左上角添加一个文字，内容为"内容提要"，单击【动画】按钮为该文字添加动画效果：速度设为 1 秒，延迟设为 3 秒，进场动画设为向上飞入，给人以强调页面主标题的效果，设置完毕，单击【保存】按钮，如图 6-51 所示。

单击【文本】按钮，在页面中上部添加一个文字，内容为"历时两年多的时间，央视摄制组北上南下，深入中国装备制造业的机床、工程机械、电气装备、重型装备、通用装备、港机装备、船舶、轨道交通、关键零部件、节能装备等十余个重点领域，最后精选了 18 家行业领军企业，分 6 个方面展示中国的智能制造技术水平。"单击【动画】按钮为该文字添加动画效果：速度设为 1 秒，延迟设为 3.9 秒，进场动画设为放大，给人强调页面主要内容介绍的效果，设置完毕，单击【保存】按钮，如图 6-51 所示。

单击【素材】按钮，在页面下部添加 6 个圆角矩形边框，每行 2 个，共 3 行，彼此设置合适的间距，单击【动画】按钮为左边的 3 个形状添加动画效果：速度设为 1 秒，延迟设为 4.2 秒，进场动画设为向左飞入。单击【动画】按钮为右边的 3 个形状添加动画效果：速度设为 1 秒，延迟设为 4.2 秒，进场动画设为向右飞入。6 个形状同一时间分别飞入，给人强调页面分类的醒目效果，设置完毕，单击【保存】按钮，如图 6-52 所示。

单击【文本】按钮，在页面下部添加 6 个圆角矩形，边框内分别添加 6 组文字，分别是"国家博弈""国之砝码""赶超之路""智慧转型""创新驱动""制造强国"，每行 2 个，共 3 行，彼此设置合适的间距，单击【动画】按钮为 6 组文本添加动画效果：速度设为 1 秒，延迟设为 4.5 秒，进场动画设为放大，给人强调页面分类文字的醒目效果，设置完毕，单击【保存】按钮，目录页面最终的效果如图 6-53 所示。

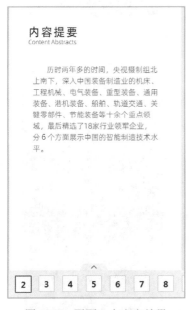

图 6-51　页面 3 个文字效果

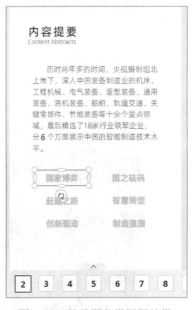

图 6-52　目录页分类标题效果

图 6-53　目录页最终效果

📖 **扩展知识**

这里无法看到微页的动感效果，只能看到最终的静态效果图，想要体会微页激动人心的动感场景，必须在手机或计算机上观看。

步骤 3：依次制作 7 个页面，分别是国家博弈、国之砝码、赶超之路、智慧转型、创新驱动、制造强国及结束页，分别按照 7 个页面所要展示的内容，添加相应的文本、图片、形状等素材，并设置合适的动画效果，这里只给出编者制作的最终效果图，如图 6-54～图 6-59 所示。读者可以发挥自身的创意，制作出自己想要的微页效果。

图 6-54　国家博弈页面最终效果

图 6-55　国之砝码页面最终效果

图 6-56　赶超之路页面最终效果

图 6-57　智慧转型页面最终效果

图 6-58　创新驱动页面最终效果

图 6-59　结束页面最终效果

📖 **扩展知识**

　　制作一个微页作品，就像拍了一部微电影作品，不仅需要酷炫的制作技术，更重要的是要有好的故事、好的情节、好的讲述，往往故事脚本的编写更加重要。

　　步骤 4：每个作品制作完成后，都是为了向外发布和分享。发布时需要有相应的图标、标题、简介等内容，这些内容需要在【作品设置】里完成，具体如图 6-60 所示。

图 6-60　微页设置

　　单击【作品设置】按钮，可以看到【分享设置】【背景音乐】【页面设置】【尾页设置】【菜单栏设置】【弹幕】【更多设置】等选项。在【分享设置】下可以修改作品标题、简介、缩略图，在【背景音乐】下可以修改作品背景音乐，在【页面设置】下可以修改滑动指示器、页码、翻页效果等，在【尾页设置】下可以选择去除广告、尾页样式等，在【菜单栏设置】下可以选择设置菜单并添加链接等，在【弹幕】下可以开启弹幕留言，用户可以对作品进行弹幕互动，在【更多设置】中可以设置二维码、添加公众号引起关注等。这其中的多项设置都需要付费成为会员后才可以使用，用户可以根据企业或自身的需要选择成为会员后再使用。

▶ **同步训练**

　　1. 注册腾讯文档并建立一个多人协作编辑腾讯文档文件，文档格式可以是 Word、Excel 或 PowerPoint 任意一种。

　　2. 利用一款流行的微页制作工具，制作一款个人简历微页。

模块 7

IT 新技术

　　以互联网、大数据、云计算、物联网和人工智能为代表的新技术革命正在渗透至各行各业，悄悄地改变着人们的工作和生活方式。以 IT（Information Technology，信息技术）为代表的科学技术的迅猛发展，使人们已经感受到日常衣食住行中有众多的 IT 新技术。因此，我们要与时俱进，了解 IT 新技术以适应当下和未来社会生活。目前最常说的 IT 新技术是大数据、云计算、物联网和人工智能等，它们也代表了 IT 发展的方向。现在乃至未来这些技术将越来越多地融合在一起。我们已进入一个网络化、智能化、服务化的新时代，学习 IT 新技术已迫在眉睫、义不容辞。

　　本模块将通过 4 个项目带领读者学习大数据、云计算、物联网和人工智能的相关知识与技能。

项目 7.1　破解大数据之困

▶ **项目描述**

随着人类社会进入大数据时代，人们的生活、工作与思维都发生了巨大变化。那么，什么是大数据？大数据能怎么样？为什么我们经常听到人们说大数据？怎样学习大数据？这些都是当代大学生所要面对和思考的问题。

大数据是我们亟待挖掘的宝藏。本项目将带领读者一一破解大数据之困。

▶ **项目技能**

- 理解大数据的基本概念。
- 了解大数据的作用。
- 培养大数据意识。

▶ **项目实施**

任务 7.1.1　走进大数据迷宫

本任务主要理解大数据的基本概念，大数据的特征和大数据的利弊。

大数据时代的来临使人类第一次有机会和条件在非常多的领域和特别深入的层次获得和使用全面数据、完整数据和系统数据，深入探索现实世界的规律，获取过去不可能获取的知识，得到过去无法企及的机遇。

1. 大数据的定义

大数据（Big Data）最早是在 20 世纪 90 年代，数据仓库之父 Bill Inmon 经常提及，但目前还没有给大数据一个统一确切的定义。通过字面意思去理解，大数据简单来说就是海量的数据。常见的关于大数据的定义有以下几种。

麦肯锡的定义：大数据指的是大小超出常规的数据库工具获取、存储、管理和分析能力的数据集。

维基百科的定义：巨量资料，或称大数据，指的是所涉及的资料量规模巨大到无法通过目前主流软件工具，在合理时间内达到撷取、管理、处理并整理成为帮助企业经营决策更积极目的的资讯。

全国科学技术名词审定委员会对大数据的定义：具有数量巨大（无统一标准，一般认为在 T 级或 P 级以上，即 10^{12} 或 10^{15} 以上）、类型多样（既包括数值型数据，也包括文字、图形、图像、音频、视频等非数值型数据）、处理时效短、数据源可靠性保证度低等综合属性的海量数据集合。

2. 大数据的特征

大数据的 4 个 V 特征如下。

（1）数据体量巨大（Volume）

数量大，存储单位从过去的吉字节（GB）到太字节（TB），直到拍字节（PB）、艾字节（EB），甚至更大。传统技术已无法处理，这是大数据的基本特征。

📖 **扩展知识**

　　数据在计算机内存储的最小基本单位是 bit(位)。数据存储单位按从小到大的顺序可分为 B（字节）、KB、MB、GB、TB、PB、EB、ZB、YB、BB、NB、DB。单位之间的换算关系为 1024（2^{10}），如 1GB=1024MB、1TB=1024GB、1PB=1024TB、1EB=1024PB、1ZB=1024EB。大数据的起始计量单位至少是 PB、EB 或 ZB。

（2）处理速度快（Velocity）

大数据采集、处理计算速度较快，能满足实时数据分析需求。在量大的同时，对数据的时效性要求也在提高，这点也是大数据和传统数据挖掘技术有所不同的本质区别所在。

数据规模的无限扩张既对高速化处理提出了新的要求，也为其带来了新的机遇。大数据的高速化处理要求具有时间敏感性和决策性的分析，能在第一时间抓住重要事件发生的信息。在如此海量的数据面前，数据处理的效率就是人的生命。例如，流行病的防控。

（3）数据类型繁多（Variety）

数据类型复杂多样，包括结构型数据、非结构型数据、源数据、处理数据等。以前的数据是以文本为主的结构化数据以及半结构化数据。现在的非结构化数据越来越多，包括网络日志、音频、视频、图片、地理位置信息等，这些多类型的数据对数据的处理能力提出了更高的要求。

📖 **扩展知识**

　　大数据的结构

　　大数据包括结构化、半结构化和非结构化数据，而且非结构化数据越来越成为数据的主要部分。

　　结构化数据是指按照一定结构和排列顺序来存储的数据。例如，目前各种流行的关系数据库中的二维表数据就是典型的结构化数据。这种结构类似于 Excel 表，由行和列交叉形成单元格，单元格中存放数据。

　　半结构化数据类似于结构化数据，但又不完全符合结构化数据的存储结构特点。常见的半结构化数据有 XML 和 JSON，如下面的 XML 文件所示：

```
<Person>
        <name>张三</name>
        <age>21</age>
        <major>计算机应用技术</major>
</Person>
```

　　非结构化数据是指数据结构没有特定的规则和表现形式。这种结构的数据可以是文本、图片、声音、视频等。

（4）价值密度低（Value）

价值密度的高低与数据总量的大小成反比。以视频为例，一部 1 h 的视频，在连续不间断的监控中，有用数据可能仅有几秒。如何通过强大的机器算法更迅速地完成数据的价值"提纯"成为目前大数据背景下亟待解决的难题。

随着大数据技术的不断发展，数据的复杂程度越来越高，不断有人提出大数据特征的新论断，在 4V 的基础上增加了准确性（Veracity），强调有意义的数据必须真实、准确；增加了动态性（Vitality），强调整个数据体系的动态性；增加了可视性（Visualization），强调数据的显性化展现；增加了合法性（Validity），强调数据采集和应用的合法性，特别是对于个人隐私数据的合理使用。

3．大数据的利弊

大数据新技术的发展带来了重大的社会变革，每个国家、企业和每个人都将面临千载难逢的重大机遇期，但人们对大数据的认识还不够全面，对它的利弊一定要有所了解。

（1）大数据的好处

大数据能够给人提供更快更好的决策过程，更多实时决策。能够节约成本，也能创造新的职业。给人们带来极大的方便。

（2）大数据的弊端

大数据最大的弊端就是隐私，让人的一切在网络上暴露无遗。大数据也给人带来思维的局限，定向推送，投其所好会限制人们对全面客观信息的接触，只见树木不见森林，这可能会影响到人的个体意识成长。个人网络空间容易暴露隐私信息，需要提高信息安全保护意识。大数据安全是国家平稳发展最重要的因素。另外，数据的准确性、及时性都对各级决策有极大的影响。

但是相比较而言，大数据可能带来的改变还是要远大于其存在的问题。

任务 7.1.2　大数据的作用

本任务主要讲解大数据的作用，理清大数据究竟能做些什么，以及大数据在各行业的应用，解答为什么要学习大数据的问题，探索大数据是如何改变人们的行为方式的。

1．大数据的价值

大数据的价值主要体现在以下几点：

① 对大量消费者提供产品或服务的企业可以利用大数据进行精准营销。

② 做小而美模式的中小微企业可以利用大数据做服务转型。

③ 面临互联网压力之下必须转型的传统企业需要与时俱进充分利用大数据的价值。

2．大数据在各行各业的应用

大数据基于其本身的特征，衍生出许多相关产业，并且得到了蓬勃发展。

大数据技术的战略意义不在于掌握庞大的数据信息，而在于对这些含有意义的数据进行专业化处理。换言之，就是让数据为你服务。大数据早已与人们的日常衣食住行息息相关。大数据是如何改变人们的生活的？大数据无处不在，大数据应用于各个行业，而且可以做到物尽其用。例如，包括金融、汽车、餐饮、电信、能源、体育和娱乐等在内的社会各行各业都已经融入了大数据的印迹。

（1）制造业

利用工业大数据提升制造业水平，包括产品故障诊断与预测、分析工艺流程、改进生产工艺、优化生产过程能耗、工业供应链分析与优化生产计划与排程。

（2）农业

大数据对农业的影响，即让农民可以及时知道哪些农产品在某些地方好卖，哪些农产品在某些地方需求量是多大，及时地了解信息，调整产品，减少浪费，以及在种植方面更加精准管理，使农产品的产量和品质更高。

（3）金融行业

大数据的高频交易、社交情绪分析和信贷风险分析在三大金融创新领域发挥重大作用。

（4）互联网行业

借助于大数据技术，可以分析客户行为、进行商品推荐和有针对性的广告投放等。

（5）能源行业

随着智能电网的发展，电力公司可以掌握海量的用户用电信息，利用大数据技术分析用户用电模式，可以改进电网运行，合理设计电力需求响应系统，确保电网运行安全。

（6）物流行业

利用大数据优化物流网络，提高物流效率，降低物流成本等。

（7）城市管理

可以利用大数据实现智能交通、环保监测、城市规划和智能安防等。

3．引领未来的大数据发展趋势

（1）数据的商品化

未来数据也将会像普通商品一样进行出售，这些经过处理而挖掘出来的有价值的数据对于各行各业来说都是宝贵的战略资源。因此，数据的商品化也会使数据的价值体现得更加充分。

（2）新数据存储技术

大数据时代，如何将不同结构的数据进行有效的存取也是未来制造企业要面临的新课题。

（3）对数学学科的促进

大数据研究是对数学理论的研究，大数据的数据挖掘算法的核心还是数学模型问题。所以，未来大数据技术要想获得更大的发展，就必然会促使人们对数学理论的突破，才能促进大数据技术的更深、更快发展。

（4）大数据与其他技术的融合发展

现阶段，人们谈到计算机新技术，基本就是云计算、大数据、物联网、人工智能、虚拟现实技术、5G 技术。其中，大数据是云计算、人工智能的数据支持；物联网、5G 技术、VR 技术又是数据的获取通道。所以，未来大数据的发展会和这些新技术的发展结合得越来越密切，新技术的发展也会助力大数据技术的不断发展。

以大数据为核心的第四次工业革命是一场席卷世界的社会大变革，给每个人提供了一个弯道超车的历史机遇。与以往历次工业革命相比，第四次工业革命是以指数级而非线性速度展开，运用大数据进行决策更加具有科学性。

4. 企业大数据处理流程

下面简单介绍企业对大数据的处理流程，以及大数据分析流程等方面的相关知识。通过本部分的内容，希望读者可以培养一定的大数据意识，提升自身的大数据分析与处理能力。

企业的数据处理流程如图 7-1 所示。

图 7-1 企业数据处理流程

在数据开发流程当中，重点分享数据接入、数据整合和数据处理。数据的积累是一个持续的过程，可以先从内部采集做起，打下基础，再想办法从外部获得想要的数据资源。总而言之，数据资源需要一个逐步积累的过程，既要内部采集，也要从外部去拓展。至于方法有很多，可以用交换，也可以通过其他方式。具体怎么操作，必须结合自身的行业特性。

从专业角度讲，大数据采集一般分为大数据智能感知层和基础支撑层。智能感知层主要包括数据传感、网络通信、智能识别体系及软硬件资源接入系统，实现对结构化、半结构化和非结构化海量数据的智能化识别、定位、跟踪、接入、传输、信号转换、监控等；基础支撑层提供大数据服务平台所需的虚拟服务器和各类数据的基础支撑环境。

大数据采集之后，要进行抽取、清洗等操作。由于获取的数据可能具有多种结构和类型，数据抽取过程可将这些复杂的数据转换为单一的或者便于处理的模式，以达到快速分析处理的目的；同时，采集到的大数据并不全是有价值的，有些数据并非人们所关心的内容，而另一些数据则是完全错误的干扰项。因此，要对数据通过过滤"去噪"从而提取出有效数据。

大数据存储与管理就是用存储器把采集到的数据存储起来，建立相应的数据库，并进行管理和调用。

大数据分析涵盖 3 个层次的技术，包括数据统计、分析与挖掘。大数据的统计与分析主要是指利用分布式数据库或者分布式集群对存储于其内的海量数据进行一般性分析。例如，加减乘除基本运算、排名、统计分布等，可满足大多数常见的分析需求；而数据挖掘一般没有什么预先设定好的主题，主要是在现有数据基础上进行基于各种算法的计算，从而起到预测的效果，实现更高级别数据分析的需求。

任务 7.1.3 快速制作大数据可视化大屏

对于现在的大学生而言，要对数据分析可视化有一些了解。因为对于大数据的挖掘和分析需要用简单和易于理解的方式呈现，而数据分析可视化能借助图形化手段，清晰有效地传达信息。因此，采用可视化数据分析软件能运用计算机图形学和图像处理技术，将分析结果的数据模式和结构转换为图形或图像显示出来，并方便于交互式处理。

本任务以晋中师范高等专科学校在线教育运营统计数据为例，主要利用《灯果》数据可视化 BI 软件，把数据简单化，导入数据源，单击【图样】生成可视化组件，快速制作大数据可视化大屏，实现无需技术的大数据展现。

步骤 1：在浏览器打开 http://bi.shenjian.io/?bd，免费下载、安装《灯果》可视化软件。用手机或邮箱免费注册、登录。打开《灯果》数据可视化 BI 软件。

步骤 2：启动《灯果》可视化软件，默认打开【我的项目】界面，如图 7-2 所示。

图 7-2　《灯果》软件界面

步骤 3：用免费模板体验可视化图表设计，单击左侧【在线教育运营管理大屏比例 16：9】模板，打开免费模板，如图 7-3 所示。

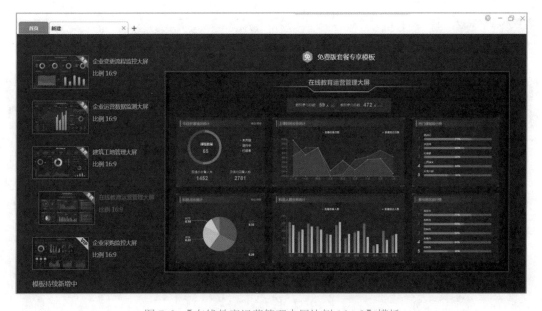

图 7-3　【在线教育运营管理大屏比例 16：9】模板

247

步骤 4：将鼠标指针移到模板上，单击【立即使用】按钮，打开免费模板，显示一些提示信息，单击【我知道了】按钮可以关闭提示信息，如图 7-4 所示。

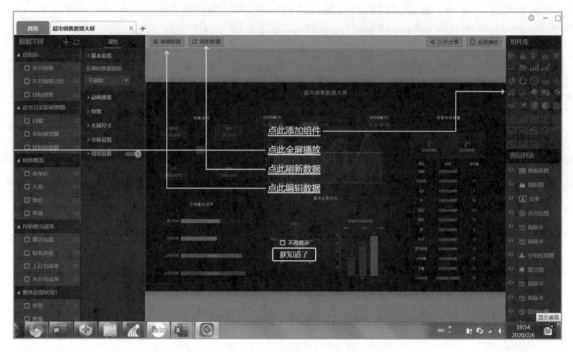

图 7-4 模板提示信息

步骤 5：单击【在线教育运营管理大屏】按钮，在左侧【属性】的【文本】框中输入"晋中师范高等专科学校在线教育运营管理大屏"，可更改单行文本内容，如图 7-5 所示。

图 7-5 修改标题

步骤 6：单击【编辑数据】按钮，打开【连接数据】界面，选择【本地文件】下的【Excel】选项，选择本地 Excel 文件"晋中师范高等专科学校在线教育数据统计表.xlsx"，添加新数据，如图 7-6 所示。

其中 Excel 成绩考核选项卡，见表 7-1。

热门课程排行榜，见表 7-2。

观看部分科目人数分布统计，见表 7-3。

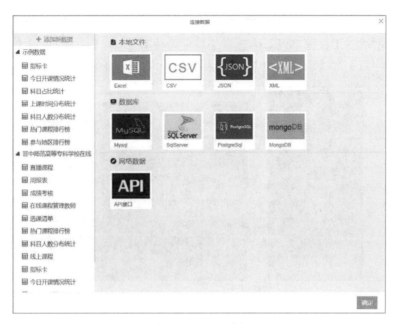

图 7-6 添加新数据

表 7-1 成绩考核表

考核方式	数据
视频观看	30%
作业成绩	20%
期末考试	50%

表 7-2 热门课程排行榜

应用文写作	现代社交与礼仪	中国文化概论	国学智慧
71%	60%	50%	44%

表 7-3 观看部分科目人数分布统计

科目	直播收看人数	录播回访人数
应用文写作	210	190
现代社交与礼仪	146	160
中国文化概论	200	180
国学智慧	180	160
数学分析	130	125
解析几何	190	210
网上开店	100	130
网站建设	140	150
网页设计与制作	200	110
广告艺术设计	50	60
计算机网络基础	150	90
古代文学	120	130

步骤 7：制作饼状图。在右侧的组件库中选择第 3 行第 1 列的【饼状图】，如图 7-7 所示。

步骤 8：在左侧的【数据字段】中选择【成绩考核】，选中【考核方式】【数据】复选框，自动填入【分类字段】和【取值字段】，饼图相应同步修改，如图 7-8 所示。

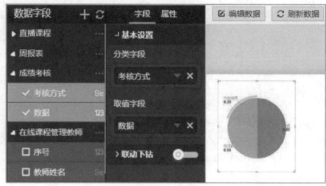

图 7-7　选择【饼状图】组件　　　　　　　　图 7-8　选择【数据字段】中的【成绩考核】

步骤 9：修改饼图属性。选中饼图，在左侧单击【属性】按钮，打开属性基本设置，把【数据颜色】的【基础配色】保留绿、黄、红。单击【图例】右侧的开关，打开图例开关。单击【图例】打开面板，修改文字大小为【24】，同理，修改图形文本的文字大小为【24】，如图 7-9 所示。

图 7-9　修改饼图属性

步骤 10：制作百分比图。在右侧的【组件库】中选择第 3 行第 3 列的【百分比图】，如图 7-10 所示。

步骤 11：修改属性。选中百分比图，选择【属性】，单击【图形形状】按钮，在其下拉列表中选择【条形】选项，如图 7-11 所示。单击【大小&位置】，修改宽为【450】、高为【150】。

图 7-10 【百分比图】组件

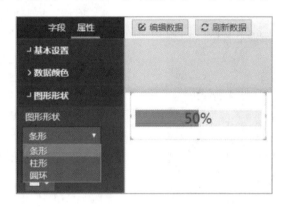

图 7-11   修改属性

步骤 12：链接数据字段。选择【字段】，选择【数据字段】中的【热门课程排行榜】，选中【应用文写作】复选框，得到改变后的百分比图，如图 7-12 所示。同理，右击，在弹出的快捷菜单中选择【复制】命令，在左侧【数据字段】中选中【现代社交与礼仪】复选框，在【取值字段】中，单击【x】按钮删除【应用文写作】，移动百分比图到适合的位置，制作"现代社交与礼仪"。重复以上过程制作"中国文化概论""国学智慧"的百分比图。调整、排列到适当的位置，如图 7-13 所示。

图 7-12   链接数据字段

图 7-13   百分比效果图 1

步骤 13：修饰单行文本。在右侧的【组件库】中选择【单行文本】选项，新建一个单行文本，如图 7-14 所示。

在左侧属性的文本框中输入【1】，在【字体设置】中修改文字颜色为红色，字体大小修改为 36 磅，字体选择【黑体】。同理，右击，在其快捷菜单中选择【复制】命令，在属性中修改文本为【2】，重复以上操作，分别制作【3】【4】的单行文本。同理，制作"应用文写作""现代社交与礼仪""中国文化概论""国学智慧""热门课程排行榜"的文本，移动到适当的位置，结果如图 7-15 所示。

图 7-14　【单行文本】组件

图 7-15　百分比图效果 2

步骤 14：制作分组柱状图。在右侧【组件库】中选择【分组柱状图】，创建分组柱状图，如图 7-16 所示。

步骤 15：在左侧的【数据字段】中选中【科目人数分布统计】下的【科目】【直播收看人数】【录播回访人数】复选框，改变分组柱状图。

步骤 16：修改属性。在【属性】中修改 x 轴、y 轴、提示信息、图像等相关字体设置的字号大小为 24 磅，清晰可见为止，如图 7-17 所示。

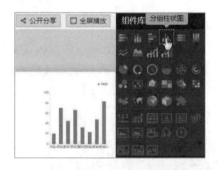

图 7-16　分组柱状图组件

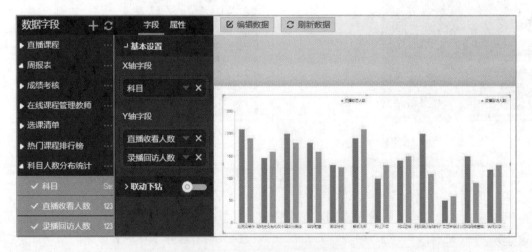

图 7-17　修改分组柱状图属性

步骤 17：整合到统一的模板。调整各种位置，效果如图 7-18 所示。

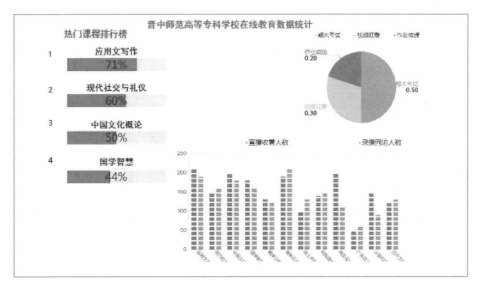

图 7-18　分组柱状图

步骤 18：公开分享。单击【公开分享】按钮，可以在软件中打开，如图 7-19 所示。

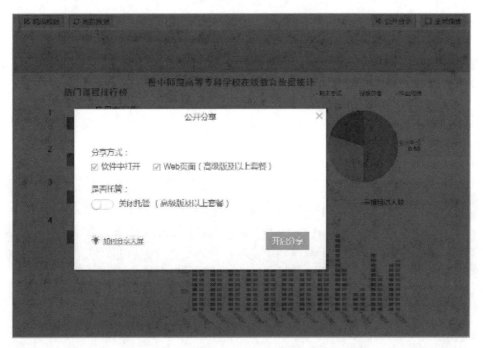

图 7-19　公开分享

总之，新一代人工智能数据可视化大屏软件，内置丰富的大屏模板，可视化编辑操作无需任何经验就可以创建属于用户自己的大数据动态实时大屏。

▶ **同步训练**

1. 什么是大数据？说说你的理解。
2. 结合自己的亲身体验，谈谈大数据对你的日常衣食住行有哪些影响。
3. 面临大数据时代如何保护自己的隐私，你会怎样做。

项目 7.2　体验云计算服务

▶ **项目描述**

　　云计算给人的感觉就是一切皆服务。大数据与云计算是紧密相关的两个概念。大数据处理方式对计算方式提出了新的要求。云计算的发展顺应了大数据处理方式的变革和发展。它为人们解决大规模计算、资源存储等问题提供了一条新的途径。什么是云计算？云计算能怎么样？为什么我们要发展云计算？怎样学习云计算？云计算在众多行业均引起了转型和发展，这一切都引发了我们的思考。本项目将带领读者理解云计算的概念、应用和学习方法，使读者真正懂得云计算服务。

▶ **项目技能**

● 理解云计算的基本概念。
● 了解云计算的作用。
● 培养云计算服务的意识。
● 体验云计算直播技术。

▶ **项目实施**

任务 7.2.1　走近云计算

　　本任务主要讲解云计算（Cloud Computing）的基本概念、特征和分类。

　　在人类历史长河中，从古代结绳记事开始，人类就学会了用工具计算。随着计算的越来越复杂，要求越来越高，人类发明了算盘、计算尺、计算器、计算机和互联网等工具。每一代计算工具的发明总是与相关的计算需求相适应的。大数据时代的到来，传统的计算方式远远不能满足当下的计算需求，因此云计算应运而生。

1. 云计算的基本概念

（1）云计算中的"云"

　　在云计算最早被提出的时候，曾经有一种流行的说法来对其的命名进行解释：在互联网技术刚刚兴起的时候，人们画图时习惯用一朵云来表示互联网，因此在选择一个名词来表示这种基于互联网的新一代计算方式时，就选择了"云计算"这个名词。云计算用云描绘包括网络、计算、存储等在内的信息服务基础设施，以及包括操作系统、应用平台、Web 服务等在内的软件，就是为了强调对这些资源的运用，而不是它的实现细节。

用户不再需要了解"云"中基础设施的细节，不必具有相应的专业知识，也无需直接进行控制。云其实是网络、互联网的一种比喻说法。互联网上的云计算服务特征和自然界的云、水循环具有一定的相似性。因此，云是一个相当贴切的比喻。

（2）云计算的定义

《智慧城市辞典》的定义：云计算是一种超大规模、虚拟化、易扩展、按需提供、低成本的网络服务交付和使用模式。

《现代汉语新词语辞典》的定义：云计算是一种基于互联网相关服务的增加，共享的软硬件资源和信息可以按需提供给计算机和其他设备。

美国国家标准技术研究院的定义：云计算是一种按使用量付费的模式。狭义的云计算指 IT 基础设施（硬件、平台、软件）的交付和使用模式；广义的云计算指服务的交付和使用模式，即用户通过网络以按需、易扩展的方式获得所需的 IT 基础设施服务。因此，云计算秉承的是"按需服务"的理念。

维基百科的定义：云计算是一种基于互联网的计算方式，通过这种方式，共享的软硬件资源和信息可以按需提供给计算机和其他设备。整个运行方式很像电网。

总而言之，云计算描述了一种基于互联网的新的 IT 服务增加、使用和交付模式，通常涉及通过互联网来提供动态易扩展而且经常是虚拟化的资源。也可以说，云计算是一种通过网络统一组织和灵活调用各种信息、通信、各种资源，实现大规模信息处理方式。

2. 云计算资源

① 硬件和软件都是资源，通过网络以服务的方式提供给用户。

在云计算中，资源已经不限定在诸如处理机器、网络带宽等物理范畴，而是扩展到了软件平台、Web 服务和应用程序的软件范畴。对于企业和机构而言，它们不再需要规划属于自己的数据中心，也不需要将精力耗费在与自己主营业务无关的 IT 管理上。相反，它们可以将这些功能放到云中，由专业公司为它们提供不同程度、不同类型的信息服务。学生能感受到，对于个人用户而言，也不再需要一次性投入大量费用购买软件，因为云中的服务已提供了他所需要的功能。

② 这些资源都可以根据需要进行动态扩展和配置。

③ 这些资源在物理上以分布式的方式存在，为云中的用户所共享，但最终在逻辑上以单一整体的形式呈现。

④ 用户按需使用云中的资源，按实际使用量付费，而不需要管理它们。

⑤ 泛在接入。用户可以利用各种终端设备（如个人计算机、笔记本式计算机、iPad、智能手机等）随时随地通过互联网访问云计算服务。

正是因为云计算具有上述 5 个特征，使得用户通过云计算存储个人电子邮件、存储相片、从云计算服务提供商处购买。

总之，在云计算中软、硬件资源以分布式共享的形式存在，可以被动态地扩展和配置，最终以服务的形式提供给用户。用户按需使用云中的资源，不需要管理，只需按实际使用量付费。这些特征决定了云计算区别于自给自足的传统 IT 运用模式，必将引领信息产业发展的新浪潮。

3. 云计算的 3 层体系架构

云计算可以按需提供弹性资源，它的表现形式是一系列服务的集合。因此，大多数学者以及工程技术人员将云计算的 3 层体系架构分为基础设施即服务（Infrastructure as a Service，IaaS）、平台即服务（Platform as a Service，PaaS）、软件即服务（Software as a Service, SaaS），即 3 层 SPI（SaaS、PaaS、IaaS 的首字母缩写）架构。

（1）基础设施即服务

基础设施即服务位于云计算 3 层服务的平台底端，也是云计算狭义定义所覆盖的范围，就是把 IT 基础设施像水、电一样以服务的形式提供给用户，以服务形式提供基于服务器和存储等硬件资源的，可高度扩展和按需变化的 IT 能力。通常按照所消耗资源的成本进行收费。

该层提供的是基本的计算和存储能力。以计算能力的提供为例，其提供的基本单元就是服务器，包含 CPU、内存、存储、操作系统及一些软件。为了让用户能够定制自己的服务器，需要借助服务器模板技术，即将一定的服务器配置与操作系统和软件进行绑定，并提供定制的功能。服务的供应是一个关键点，它的好坏直接影响到用户的使用效率及 IaaS 系统运行和维护的成本。

（2）平台即服务

平台即服务位于云计算 3 层服务的中间，通常也称为"云计算操作系统"。它提供给终端用户基于互联网的应用开发环境，包括应用编程接口和运行平台等，并且支持应用从创建到运行整个生命周期所需的各种软硬件资源和工具，通常按照用户数或登录情况计费。在 PaaS 层面，服务提供商提供的是经过封装的 IT 能力，或者说是一些逻辑的资源，如数据库、文件系统和应用运行环境等。

通常又可将 PaaS 细分为开发组件即服务和软件平台即服务。前者指的是提供一个开发平台和 API 组件，给开发人员更大的弹性，依不同需求进行定制化。一般面向的是应用软件开发商（ISV）或独立开发者，这些应用软件开发商或独立开发者在 PaaS 厂商提供的在线开发平台上进行开发，从而提出自己的 SaaS 产品或应用。后者指的是提供一个基于云计算模式的软件平台运行环境。让应用软件开发商或独立开发者能够根据负载情况动态提供运行资源，并提供一些支撑应用程序运行中间件支持。

📖 **扩展知识**

API（Application Programming Interface，应用程序接口）是一些预先定义的函数，或指软件系统不同组成部分衔接的约定。目的是提供应用程序与开发人员基于某软件或硬件得以访问一组例程的能力，而又无需访问源代码，或理解内部工作机制的细节。

（3）软件即服务

软件即服务包括最常见的云计算服务，位于云计算 3 层服务的顶端。用户通过标准的 Web 浏览器来使用 Internet 上的软件。服务供应商负责维护和管理软硬件设施，并以免费（提供商可以从网络广告之类的项目中生成收入）或按需租用的方式向最终用户提供服务。尽管这个概念之前已经存在，但这并不影响它成为云计算的组成部分。

4．云计算的分类

依据云计算的服务范围可以将云计算系统划分为公有云、私有云、混合云 3 种类型，这也是云的部署方式，如图 7-20 所示。

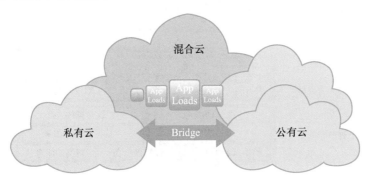

图 7-20　云计算的分类

（1）公有云（Public Cloud）

《管理学大辞典》的定义：公有云是由第三方提供商提供的，可供外部用户通过 Internet 访问的服务，而这些外部用户并不拥有云计算资源。能够以低廉的价格，提供有吸引力的服务给最终用户，并有利于用户创造新的业务价值。

公有云的最大意义是能够以低廉的价格，提供有吸引力的服务给最终用户，创造新的业务价值。用户在使用 IT 资源时，只需为其所使用的资源付费，而无需任何前期投入，所以非常经济。

公有云作为一个支撑平台，还能够整合上游的服务（如增值业务、广告）提供者和下游最终用户，打造新的价值链和生态系统。它使客户能够访问和共享基本的计算机基础设施，包括硬件、存储和带宽等资源。

（2）私有云（Private Cloud）

《管理学大辞典》的定义：私有云是为一个客户单独使用而构建的云计算资源。提供对数据、安全性和服务质量的最有效控制。可部署在企业数据中心的防火墙内，也可部署在一个安全的主机托管场所。

私有云极大地保障了安全问题，目前有些企业已经开始构建自己的私有云。

（3）混合云（Hybrid Cloud）

混合云是公有云和私有云两种服务方式的结合，其结构如图 7-21 所示。由于安全和控制原因，并非所有的企业信息都能放置在公有云上，这样大部分已经应用云计算的企业将会使用混合云模式。很多将选择同时使用公有云和私有云，因为公有云只会向用户使用的资源收费，所以公有云将会变成处理需求高峰的一个非常便宜的方式。例如，对一些零售商来说，其操作需求会随着假日的到来而剧增，或者是有些业务会有季节性的上扬。同时，混合云也为其他目的的弹性需求（如灾难恢复）提供了一个很好的基础。这意味着私有云把公有云作为灾难转移的平台，并在需要的时候去使用它。这是一个极具成本效应的理念。另一个好的理念是，使用公有云作为一个选择性的平台，同时选择其他的公有云作为灾难转移平台。

257

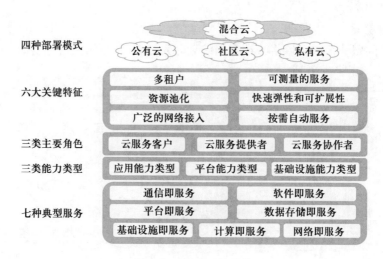

图 7-21 混合云的结构

•任务 7.2.2 云计算的行业应用

云计算给不同行业的企业和机构创造了业务创新、技术创新和风险控制的手段。在综合考虑业务、技术、风险这三个层面后，企业需要根据自身 IT 资源和业务类型来选择合适的云计算环境，以便创造出最大的商业价值。根据不同的 IT 资源基础，企业可以选择私有云、公有云或者混合云。

（1）云计算在公共服务行业的应用

公共服务（如统计、气象、地震等）需要高性能计算和高容量存储的公共服务部门借助云计算降低成本并方便管理。例如，国家层面推出的政务云就是云计算公共服务的最主要代表。此外，各级政府机构的信息公开也需要云计算服务。

（2）云计算在银行业的应用

云计算能够帮助银行进行业务创新，而业务创新的核心资源是金融资本。银行可以通过云计算看到企业整个产业链的账务状况，使银行的风险进一步可控。通过云计算的技术整合能力，能够让银行的信贷系统、电子商务中小企业的账务系统和电子商务平台运营商的信用评级系统三者进行互联互通，从而确保业务创新模式的真正落地。

（3）云计算在电信行业的应用

由于国内三大运营商业务发展状况和拥有核心资源的不同，它们对待云计算也有不同的态度和行动。云计算给电信行业提供了很大的机会，有业务支持系统、增值业务系统、企业内部 IT 管理系统等。

（4）云计算在物流行业的应用

物流云帮助物流企业达到的不仅是运输、仓储的整合，更是物流、资金、贸易、研发等的整合，是一项集上、中、下游的全面整合。因为有了物流云，使以往不可见的物流变得可以随时跟踪。物流云给普通大众带来了极大的方便，几乎人人都会收到物流的快递。

（5）云计算在医疗行业的应用

云计算的出现为实现医疗信息系统的联合优化和动态管理提供了可能。现在政府正在全力推广的以电子病历为先导的智能医疗系统，要对医疗行业中的海量数据进行存储、整合和管理，满足远程医疗的实时性要求。云计算是建立智能医疗系统的理想解决方案，通过将电子健康档案和云计算平台融合在一起，每个人的健康记录和病历能够被完整地记录和保存下来，在合适的时候为医疗机构、主管部门、保险机构和科研单位所使用。

（6）云计算在制造行业的应用

通过打造企业的私有云平台，制造业公司分布在世界各地的各相关部门将数据上传到云中进行共享和同步，通过与各个物料和零件供应商之间的公有云平台，随时了解它们的库存与市场行情，调整组装和备料方案，在最短的时间内完成产品的设计、生产和上市流程。除此之外，云计算平台还能整合企业内部的行政系统、电子化工作流程。世界各地的员工都可以通过私有云连接在一起，利用网络系统开会，减少差旅成本，进行协同设计。

（7）云计算在教育科研领域的应用

通过构建各种云资源库来实现不同地区、不同学校之间的优质资源共享，通过搭建云计算服务平台来充实其服务功能以提高教与学的质量。云计算可在课堂教学、实验教学和辅助教学等诸方面提供高效服务。例如，国家提出的"三通两平台"就是云计算在教育领域的具体应用。

云计算教育应用研究的热点集中于学习影响及变革、教与学资源建设、教与学平台的设计和开发、远程教育应用研究、教育信息化及个性化学习等领域，重点是创造云计算的网络学习新平台。有些学校加强了虚拟多媒体教室、虚拟 3D 网络教室、虚拟机房以及新型数字化图书馆的建设。云计算的快速发展，可为学习者在任何时间、任何地点对任何章节和课程的学习提供有利的技术支持，带来更多方便的学习工具，提高学习效率。

此外，云计算还拓展了个性化学习的空间。目前，教师只需要在相关的云平台上组织好自己的教学内容，管理好学习即可利用云计算技术开展教学。云计算指向了终身学习，丰富教师的教学手段和教学途径，能为学习者提供个性化发展的空间，主动学习（Active Learning）将会是新的热点，学生可以利用云学习来拓宽自我学习环境，规划自我学习课程，开展以学习者自我为中心的个性化学习。

总之，云计算在教育领域体现出它的无限魅力，也有许多提升的空间。

任务 7.2.3　体验云计算直播技术

下面以 Zoom 云视频会议为例，主要体验云计算技术协同、会议和直播的功能。

步骤 1：在浏览器中，输入 https://zoom.com.cn/download 下载 Zoom 会议客户端 ZoomInstaller.exe。

> 📖 **提示**
>
> 当学生开始或加入自己的第一个 Zoom 会议时，网页浏览器客户端将自动下载，还可进行手动下载。APP 应用程序也可下载手机版 Zoom 云视频会议。

步骤 2：本地安装 Zoom 会议客户端。双击下载的 ZoomInstaller.exe 安装 Zoom 会议客户端。

在桌面双击 Zoom 程序，弹出登录界面，如图 7-22 所示。单击【登录】按钮，首次使用要求免费注册，单击【免费注册】按钮打开免费注册网址。用自己的邮箱免费注册。然后进入邮箱，激活，输入相关信息完成注册。用邮箱登录，输入注册邮箱和密码，单击【登录】按钮即可使用，如图 7-23 所示。

图 7-22　Zoom 登录界面　　　　　　　　　　　　图 7-23　注册界面

　　步骤 3：做好会议前的准备。选中【加入会议时自动启用本地音频设备】复选框，选择会议语音的接入方式，如图 7-24 所示。单击【检测扬声器和麦克风】按钮，检测音频输入/输出设备，弹出【正在测试扬声器】界面，听到声音后单击【是】按钮，如图 7-25 所示。

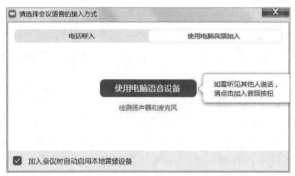

图 7-24　选择会议语音接入方式　　　　　　　　图 7-25　测试扬声器

　　弹出"正在测试麦克风"界面，按照提示"请说几句话然后等一会，你听到刚才的回放了吗？"说几句话，听到刚才的回放后，单击【是】按钮，如图 7-26 所示。弹出"扬声器和麦克风工作正常"对话框，提示扬声器和麦克风工作正常，如图 7-27 所示。

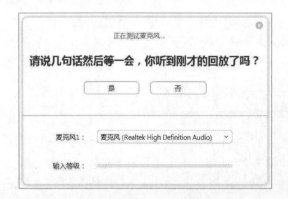
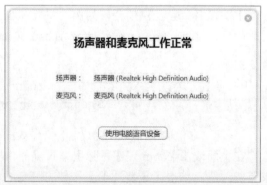

图 7-26　测试麦克风　　　　　　　　　　　　图 7-27　音频设备测试结果

　　按照提示信息"如需听见其他人说话，请点击加入音频按钮"，单击【使用电脑语音设备】按钮，弹出会议室界面，如图 7-28 所示。

　　步骤 4：复制邀请链接到剪贴板，然后发送给学生群。学生也同教师一样，需要下载、安装、注册 Zoom 云视频软件。

　　步骤 5：在加入会议时，一般选中【不自动连接语音】和【保持摄像头关闭】复选框，填写会议 ID 或个人链接名称，输入自己的名称，单击"加入会议"按钮，如图 7-29 所示。这样可保证进入会议不出现啸叫声音，不出现自己的头像，以保持视频会议的良好秩序。

图 7-28　会议室界面

图 7-29　加入会议

> ⚠️ 注意
>
> 　　单击【静音】按钮，可以开关自己的声音状态，这是一个开关按钮，快捷键为 Alt+A。

　　步骤 6：启动视频。单击【启动视频】按钮可以看到自己的视频。网络是个公共空间，要特别注意自己的形象，调整好灯光，教师就可对学生视频直播讲课。

　　步骤 7：参与者打开链接，在线启动会议，如图 7-30 所示，启动后即可参与直播。

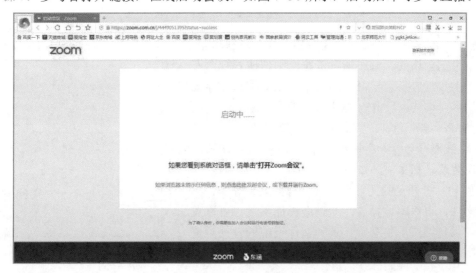

图 7-30　在线启动会议

步骤 8：共享屏幕。选择一个屏幕即可让学生们看到你的屏幕内容，同步学习。

一般选择全屏幕，教学时常常播放 PPT，边播放边讲解，还提供各种注释工具供交流互动，共享屏幕提供的工具，如图 7-31 所示。还提供共享白板，可以允许参会者添加注释等。

图 7-31　【注释】工具条

步骤 9：停止共享屏幕。单击【停止共享】按钮即可停止共享屏幕，如图 7-32 所示。若选择【结束会议】命令则自动保存录制音频和视频资源。

图 7-32　停止共享屏幕

步骤 10：聊天。可以实时与参与者互动，实时了解参与的情况和存在的问题。可以对所有人，也可以对指定的个别人互动，即使用 Zoom 群聊功能，如图 7-33 所示。单击【文件】按钮可以共享教学资源，如 PPT 课件、Word 作业等。

步骤 11：录制。单击【录制】按钮，打开录制功能，可以自动录制会议的音频和视频资源，制作成音视频课件，可以供参与者反复学习。单击【停止】按钮，停止录制，提示会议结束后自动生成 MP4 文件。

步骤 12：结束会议。单击【结束会议】按钮，弹出"结束会议或离开会议？"提示信息，如图 7-34 所示，开始转换会议录制文件，如图 7-35 所示。

步骤 13：打开录制文件夹，即可看到录制好的音频和视频文件，可以本地播放，通过编辑加工，也可以发给参与者供复习或反复观看。录制文件夹中的音视频资源如图 7-36 所示。

图 7-33　Zoom 群聊

图 7-34　结束会议或离开会议提示

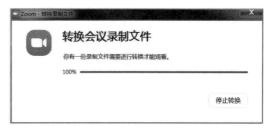

图 7-35　转换会议录制文件

图 7-36　录制文件夹中的音视频资源

　　远程会议系统 Zoom，操作非常简捷、方便、稳定，海内外通用。学生可以自行体验更多的功能。协同、会议、视频功能给教学提供了很好的网上教学环境。

▶ 项目小结

　　本项目介绍了云计算的概念与分类，分析了云计算的特征，介绍了几个典型行业中运用云计算的不同实践，体验了实用的云视频直播功能，让学生对云计算有了全新的认识。

▶ 同步训练

　　1．什么是云计算？说说你的理解。
　　2．结合自己的亲身体验，谈谈云计算对你的日常衣食住行有哪些影响。
　　3．选择访问中外最显著的云平台，如亚马逊云、微软云、百度云、阿里云、腾讯云，查看它们都提供了哪些云计算服务方式，体验云计算相关的技术。
　　4．用钉钉体验云计算直播技术。
　　5．用腾讯会议体验协同、会议和视频直播云计算技术。

项目 7.3　体验物联网

▶ 项目描述

　　5G 是将移动互联网拓展到物联网的重要推动力。随着 5G 的发展，人们进入了智能互联时代，物联网得到了迅猛发展。那么，什么是物联网？物联网能为人们做什么？现代大学生又该怎样学习物联网？本项目将带领读者一起体验物联网的应用与发展。

▶ **项目技能**

- 了解当前物联网技术及行业应用。
- 掌握物联网在智能互联领域的角色。
- 体验物联网技术及应用。

▶ **项目实施**

任务 7.3.1　认识物联网

本任务主要理解物联网的基本概念、发展与形成和它的 3 大特征。掌握物联网的构成，同时结合物联网技术及在各行业的应用情况来进一步了解物联网能为人们的生活做些什么。

物联网无处不在，但是我们真的了解它吗？我国物联网市场规模目前已经跃入万亿级，作为时时刻刻都受其影响的社会成员，我们又有何感受呢？

首先，来认识一下物联网的定义、发展及特征。

物联网（Internet of Things，IoT）是利用互联网技术将所有的物品联系起来，实现任何人（Anyone）在任何时间（Anytime）、任何地点（Anywhere）对于对任何物体（Anything）的智能化的识别和管理，也就是人们经常说的 4A。

（1）物联网中的"物"

物联网中的"物"具有特定的涵义，要满足以下条件才能够被纳入"物联网"的范围：

① 有相应信息的接收器。

② 有数据传输通路。

③ 有一定的存储功能。

④ 有 CPU。

⑤ 有操作系统。

⑥ 有专门的应用程序。

⑦ 有数据发送器。

⑧ 遵循物联网的通信协议。

⑨ 在网络中有可被识别的唯一编号。

（2）物联网的发展与形成

物联网的实践最早可以追溯到 1990 年施乐公司的网络可乐贩售机——Networked Coke Machine。1999 年，在美国召开的移动计算和网络国际会议提出了"传感网是下一个世纪人类面临的又一个发展机遇"这一理念。同年，MIT Auto-ID 中心的 Ashton 教授在研究 RFID 时最早提出了结合物品编码、RFID 和互联网技术的解决方案。当时基于互联网、RFID 技术、EPC（Electronic Product Code，电子产品代码）标准，在计算机互联网的基础上，利用射频识别技术、无线数据通信技术等，构造了一个实现全球物品信息实时共享的实物互联网（Internet of Things），也称为 Web of Things。

2003 年，美国《技术评论》杂志提出传感网络技术将是未来改变人们生活的十大技术之首。

2005 年 11 月 17 日，在突尼斯举行的信息社会世界峰会（WSIS）上，国际电信联盟（ITU）

发布《ITU 互联网报告 2005：物联网》，正式使用了"物联网"这一名词。目前，物联网的定义和范围已经发生了变化，覆盖范围有了较大的拓展，不再只是指基于 RFID 技术的物联网。

2008 年以后，为了促进科技发展，寻找新的经济增长点，各国政府开始重视下一代的技术规划，将目光放在了物联网上。在我国，于同年 11 月在北京大学举行的第二届中国移动政务研讨会"知识社会与创新 2.0"提出移动技术、物联网技术的发展代表着新一代信息技术的形成，并带动了经济社会形态、创新形态的变革，推动了面向知识社会的以用户体验为核心的下一代创新（创新 2.0）形态的形成，创新与发展更加关注用户、注重以人为本。而创新 2.0 形态的形成又进一步推动新一代信息技术的健康发展。

可以说，物联网的发展跟互联网是密不可分的，这主要有两个层面的意思：第一，物联网的核心和基础仍然是互联网，它是在互联网基础上的延伸和扩展；第二，物联网是比互联网更为庞大的网络，其网络连接延伸到了任何的物品和物品之间，这些物品可以通过各种信息传感设备与互联网络连接在一起，进行更为复杂的信息交换和通信。物联网被视为互联网的应用扩展，应用创新是物联网发展的核心，以用户体验为核心的创新是物联网发展的灵魂。

（3）物联网的特征

一般认为，物联网具有以下特征，其概念模型如图 7-37 所示。

① 全面感知：利用射频识别、传感器、二维码等随时随地获取物体的信息。

② 可靠传递：通过无线网络与互联网的融合，将物体的信息实时准确地传递给用户。

③ 智能处理：利用云计算、数据挖掘以及模糊识别等人工智能技术，对海量的数据和信息进行分析和处理，对物体实施智能化的控制。

（4）破解万物互联的误解

物联网并非万物互联，人们有一些误解，主要表现如下。

① 把传感器网络或 RFID 网等同于物联网。

② 把物联网当成互联网的无边无际的无限延伸，把物联网当成所有物的完全开放、全部互联、全部共享的互联网平台。

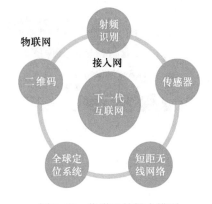

图 7-37 　物联网的概念模型

③ 认为物联网就是物与物互联的无所不在的网络，因此，认为物联网是空中楼阁，是目前很难实现的技术。

④ 把物联网当成个筐，什么都往里装，基于自身认识，把仅仅能够互动、通信的产品都当成物联网应用。

以上分析了什么是物联网、物联网的发展与形成以及物联网的 3 大特征，读者通过学习这一部分基础知识要能辨别什么才是真正的物联网。

任务 7.3.2　认识物联网技术

本任务主要介绍物联网技术，物联网是典型的交叉学科，它所涉及的核心技术包括 IPv6

技术、云计算技术、传感技术、RFID 技术、无线通信技术等，下面精选常用技术加以简介。

1．相关概念

从技术角度讲，物联网主要涉及的专业有计算机科学与工程、电子与电气工程、电子信息与通信、自动控制、遥感与遥测、精密仪器、电子商务等。

欧盟于 2009 年 9 月发布的《欧盟物联网战略研究路线图》白皮书中列出 13 类关键技术，包括标识技术、物联网体系结构技术、通信与网络技术、数据和信号处理技术、软件和算法、发现与搜索引擎技术、电源和能量储存技术等。

物联网由三层体系结构构成，最底层是感知层，中间层是网络传输层，最高层是应用层，它们有各自常用的技术和设备。感知层主要利用 RFID、二维码、GPS 传感器等感知捕获技术来获取物体并进行自动的采集；网络传输层主要利用各种通信网络与互联网的融合将物体接入网络实现信息的交互和共享；应用层是利用云计算、模式识别等各种智能计算技术对海量的数据进行智能化的决策、控制和预测。感知层、传输层和应用层是一个完整的技术体系架构，相互支撑，如图 7-38 所示。

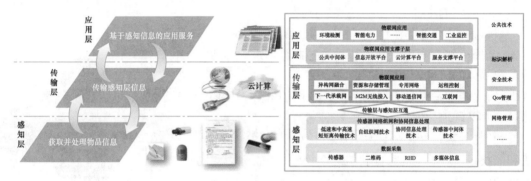

图 7-38　物联网的技术体系框架关系

2．RFID 技术

RFID 是一种无线射频识别技术，它可以实现一种非接触式的自动识别物体信息的功能，各种读卡器即采用 RFIF 技术，如图 7-39 所示。

图 7-39　读卡设备采用 RFID 技术

3．传感器及 WSN 技术

传感器是能够接收规定的测量并按照一定的规律转换成可用信号的器件或装置，通常由敏感元件和转换元件组成。

WSN（无线传感器网络）实际上就是由大量的传感器节点，通过无线通信方式形成的一种自组织的网络系统。它的目的主要是协作感知、采集和处理网络覆盖区域当中的对象的信息，实现数据的自动采集和传输的运用。

4. 网络互联技术

网络互联技术是物联网技术发展的一个最强的根基，也是目前最为成熟的技术。互联网的发展，形成了很多标准化的协议，也制定了相应的法规，这是物联网得以迅速发展的最主要的原因。

5. WiFi 技术

WiFi 技术是目前传输速度最快的技术，产品成本较低，在目前的生活中较为普及。

6. 红外通信技术

红外通信是以红外线作为载体传送数据信息。它可用于室内外实现点对点，在移动计算和移动通信的设备中获得了广泛的应用。

7. ZigBee 技术

ZigBee 技术是一种近距离、低复杂度、低功耗、低速率、低成本的双向无线通信技术。ZigBee 的安全性是公认比较好的，采用 AES-128 加密方式，另外，ZigBee 网络的自组织网和自愈能力强。

8. 5G 技术

5G 是集无线技术、网络技术、智能技术于一体的新一代通信技术。5G 具有三大特征：一是大带宽，以往每代通信技术更迭，速率将提升至 10 倍，而 5G 比 4G 的速率提升 100 倍，达到 10 Gbit/s，平均每个人将享受大约 100 Mbit/s 带宽；二是低时延，网络时延将低至 20 ms，可以满足数据的高速传输；三是高可靠，5G 将带来无所不达的连接、无所不在的计算和无所不及的智能。正是 5G 技术进一步推动了物联网的快速发展。

任务 7.3.3　认识物联网应用领域

信息时代，物联网无处不在。物联网的应用领域主要有智能交通、环境保护、政府工作、公共安全、智能家居、智慧农业、智慧城市、智能消防、工业监测、机械制造、工业物联网等。物联网应用给人的感觉就是物有所值，下面列举数例。

1. 城市管理

智能交通（公路、桥梁、公交、停车场等）物联网技术可以自动检测并报告公路、桥梁的"健康状况"，还可以避免过载的车辆经过桥梁，也能够根据光线强度对路灯进行自动开关控制。

在交通控制方面，可以通过检测设备，在道路拥堵或特殊情况时，系统自动调配红绿灯，并可以向车主预告拥堵路段、推荐行驶最佳路线。

在公交方面，物联网技术构建的智能公交系统通过综合运用网络通信、GIS、GPS 及电子控制等手段、集智能运营调度、电子站牌发布、IC 卡收费、ERP（快速公交系统）管理等于一体。通过该系统可以准确显示下一趟公交车需要等候的时间，还可以通过公交查询系统，查询最佳的公交换乘方案。

像市政照明、智慧井盖、智慧停车、环境监测、能源表计、消防烟感等均是物联网在城市管理中的具体应用。

2．智能建筑

通过感应技术，建筑物内照明灯能自动调节光亮度，实现节能环保，建筑物的运作状况也能通过物联网及时发送给管理者。同时，建筑物与 GPS 实时相连接，在电子地图上准确、及时反映出建筑物空间地理位置、安全状况、人流量等信息。

人们都经历过自动门、楼道内的感应灯光的照明，人来灯亮，人走灯灭，这就是物联网给人带来的好处，节能环保。

3．文物保护和数字博物馆

数字博物馆采用物联网技术，通过对文物保存环境的温度、湿度、光照、降尘和有害气体等进行长期监测和控制，建立长期的藏品环境参数数据库，研究文物藏品与环境影响之间的关系，创造最佳的文物保存环境，实现对文物蜕变损坏的有效控制。

人们到博物馆参观，可以看到大量的物联网技术。例如，声控、光控、热控、触控和电控等都有所体现，各种传感器都在起作用。

4．古迹、古树实时监测

通过物联网采集古迹、古树的年龄、气候、损毁等状态信息，及时做出数据分析和保护措施。

在古迹保护方面实时监测能有选择地将有代表性的景点图像传递到互联网，让景区对全世界做现场直播，达到扩大知名度和广泛吸引游客的目的。另外，还可以实时建立景区内部的电子导游系统。

5．数字图书馆和数字档案馆

使用 RFID 设备的图书馆或档案馆，从文献的采访、分编、加工到流通、典藏，以及读者卡、RFID 标签和阅读器的使用已经完全取代了原有的条码、磁条等传统设备。将 RFID 技术与图书馆数字化系统相结合，还可以实现架位标识、文献定位导航、智能分拣等。

6．数字家庭

有了物联网，就可以在办公室指挥家庭电器的操作运行，在下班回家的途中，家里的饭菜已经煮熟，洗澡的热水已经烧好，个性化电视节目将会准点播放，家庭设施能够自动报修，冰箱里的食物能够自动补货。

如果简单地将家庭里的消费电子产品连接起来，那么这只是一个多功能遥控器控制所有终端，仅仅实现了电视与计算机、手机的连接，这不是发展数字家庭产业的初衷。只有在连接家庭设备的同时，通过物联网与外部的服务连接起来，才能真正实现服务与设备互动。例如，有的人用手机控制家里灯的开关、明暗调节等，这就是物联网在数字家庭中的具体应用。

7．定位导航

物联网与卫星定位技术、GSM/GPRS/CDMA 移动通信技术、GIS 相结合，能够在互联网和移动通信网络覆盖范围内使用 GPS 技术，使用和维护成本大大降低，并能实现端到端的多向互动。

现在出行都有导航系统，出门坐车应用手机查询，确定出行方案；阻击新型冠状病毒期间，每天都要上报人员的具体位置；精准扶贫要填报扶贫对象的精准位置等，这些均是物联网在定位导航中的具体应用。

8. 现代物流管理

通过在物流品中植入传感芯片（节点），供应链上的购买、生产制造、包装/装卸、堆栈、运输、配送/分销、出售、服务每一个环节都能无误地被感知和掌握。这些感知信息与后台的GIS/GPS 数据库无缝结合，成为强大的物流信息网络。

年轻人都有网上购物这种经历，用手机就可以跟踪物品的下落，这就是物联网带来的实时和交互的便利。

9. 食品安全控制

食品安全是国计民生的重中之重。通过标签识别和物联网技术，可以随时随地对食品生产过程进行实时监控，对食品质量进行联动跟踪，对食品安全事故进行有效预防，极大地提高食品安全的管理水平。

10. 零售

RFID 取代零售业的传统条形码（Barcode）系统，使物品识别的穿透性（主要指穿透金属和液体）、远距离以及商品的防盗和跟踪有了极大改进。

在阻击新型冠状病毒的特殊时期，无人商店通过视频、电子价签、传感器、自助结算台，实现无人售货。达到了节约人工成本，延长营业时间，增加零售收入的目的。无人结账，无人货架极大地避免了人与人的接触，更有利于疫情防控。

自动售货机、自助售货柜，采用语音报价，安防摄像头，人脸识别，无感门禁，实现即拿即走，无感支付，管理顾客从架上拿取商品与归还商品实现智能补货。

可以预见，由于无人商店的便利，势将普及各类零售业，从便利商店，到超市，到大卖场，估计会在不久的未来全面展开，零售业将换一个新面目。

11. 数字医疗

用物联网技术实现健康监测，如智能手环、脂肪秤、血压计、血糖仪等前端测量设备通过无线传输将数据传输至健康管理平台，平台实现对数据的校对处理，同时用户可直接在手机或电脑端查看相关健康数据，实现健康数据实时展示及健康预警。

以 RFID 为代表的自动识别技术可以帮助医院实现对病人不间断地监控、会诊和共享医疗记录，以及对医疗器械的追踪等。物联网将这种服务扩展至全世界范围，RFID 技术与医院信息系统（HIS）及药品物流系统的融合，是医疗信息化的必然趋势。

12. 防入侵系统

各类公共场所，如机场、博物馆、企事业单位，通过成千上万个覆盖地面、栅栏和低空探测的传感节点，防止入侵者的翻越、偷渡、恐怖袭击等攻击性入侵。

据预测，到 2035 年前后，中国的物联网终端将达到数千亿个。随着物联网的应用普及，形成我国的物联网标准规范和核心技术，成为业界发展的重要举措。解决好信息安全技术，是物联网发展面临的迫切问题。

▶ **同步训练**

1. 什么是物联网？说说你的理解。
2. 世界各个国家均已把物联网作为第三次信息革命浪潮的战略产业，中国提出的物联网战略构想是什么？

3．寻找身边的物联网使用案例，了解它们所用的物联网技术与方法。

项目 7.4　能听会说的人工智能

▶ **项目描述**

第四次工业革命的序幕已经拉开，人工智能、生物技术、纳米技术等尖端技术共同成为 21 世纪最重要的技术，其中又以人工智能最为人们所热议与关注。打开手机，把脸对着手机屏幕，它就会自动认出用户并解锁，这就是一项非常有趣的人工智能。那么人工智能到底是什么？它能够为人们做些什么？为什么要学习人工智能？又该怎样学习人工智能？这些都会引发人们的好奇。本项目将带领读者探究人工智能的奥秘。

本项目首先介绍人工智能的基本概念和它的发展简史，然后简要介绍当前人工智能的主要研究内容及其应用领域，以开阔读者的视野。

▶ **项目技能**

- 理解人工智能的基本概念。
- 了解人工智能的发展及应用。
- 培养人工智能的意识。

▶ **项目实施**

任务 7.4.1　认识人工智能

1．人工智能的概念

人工智能（Artificial Intelligence，AI）的基本含义可分开理解为"人工"和"智能"，即人类创造出来的智能。

人工智能是一种工具，用于帮助或者代替人类思维。它本质上是一项计算机程序，能够自我学习，可以独立存在于数据中心或者个人计算机中，也可以通过诸如机器人之类的设备体现出来，如图像识别、语音识别、指纹识别、智能导航、无人驾驶、专家系统、人机对弈等。

人工智能就是用人工的方法在机器（计算机）上实现的智能，或者说是人们使机器具有类似人的智能。由于人工智能是在机器上实现的，因此又称为机器智能（Machine Intelligence）。通俗地说，人工智能就是要研究如何使机器具有能听、会说、能看、会写，能思维、会学习，能适应环境变化，能解决各种面临的实际问题等功能的一门学科。

中国《人工智能标准化白皮书 2018》指出：人工智能是利用数字计算机或者数字计算机控制的机器模拟、延伸和扩展人的智能、感知环境、获取知识并使用知识获得最佳结果的理论、方法、技术及应用系统。

实际上，人工智能不是要搞出一个比人类还聪明的怪物来奴役人类，而是运用人工智能技术去解决问题，造福人类，就像 100 年前的"电器化"一样。人类现在的绝大部分职业将会被智能设备取代。

2．人工智能的分类

通常按照水平高低，可以将人工智能分成以下 3 大类。

① 弱人工智能（Weak AI）。弱人工智能是指不能真正实现推理和解决问题的智能机器，这些机器从表面上看像是智能的，但是并不真正拥有智能，也不会有自主意识。

迄今为止的人工智能系统都还是实现特定功能的专用智能，而不是像人类智能那样能够不断适应复杂的新环境并不断涌现出新的功能，因此都还是弱人工智能。目前的主流研究仍然集中于弱人工智能，并取得了显著进步，如在语音识别、图像处理和物体分割、机器翻译等方面取得了重大突破，甚至可以接近或超越人类水平。

例如，谷歌的 AlphaGo 和 AlphaGo Zero 就是典型的"弱人工智能"。

② 强人工智能（Strong AI）。强人工智能是指真正能思维的智能机器，并且认为这样的机器是有知觉的和自我意识的，这类机器可分为类人（机器的思考和推理类似人的思维）与非类人（机器产生了和人完全不一样的知觉和意识，使用和人完全不一样的推理方式）两大类。从一般意义来说，达到人类水平的、能够自适应地应对外界环境挑战的、具有自我意识的人工智能称为"通用人工智能""强人工智能"或"类人智能"。强人工智能不仅在哲学上存在巨大争论（涉及思维与意识等根本问题的讨论），在技术上的研究也具有极大的挑战性。强人工智能当前鲜有进展，美国私营部门的专家及国家科技委员会比较支持的观点是，至少在未来几十年内难以实现。

③ 超人工智能（Super AI）。牛津大学哲学家、知名人工智能思想家 Nick Bostrom 把超级智能定义为"在几乎所有领域都比最聪明的人类大脑都聪明很多，包括科学创新、通识和社交技能"。

在超人工智能阶段，人工智能已经跨过"奇点"，其计算和思维能力已经远超人脑。此时的人工智能已经不是人类可以理解和想象。人工智能将打破人脑受到的维度限制，其所观察和思考的内容，人脑已经无法理解，人工智能将形成一个新的社会。

任务 7.4.2　人工智能发展简史

1．人工智能的第一次高潮（1955—1974）

以 1956 年的达特茅斯会议为标志，人工智能达到了第一次高潮，这也催生了后来人所共知的人工智能革命。

2．人工智能的第一次低谷（1974—1980）

在这一时期，人工智能进入了发展反思期，其标志是一系列具有挑战性任务的失败使得预期的目标落空，人们渐渐发现，虽然机器拥有了逻辑推理能力，但它们仍然停留在玩具阶段，远远不能实现人工智能，并出现了机器翻译不准确而导致的笑话。许多机构也减少了对人工智能研究的资助。

人工智能的发展道路不平坦的一种表现是机器翻译。由机器翻译出来的文字有时会出现十分荒谬的错误。例如，当把"眼不见、心不烦"的英语"Out of sight, out of mind"翻译成俄语时变成"又瞎又疯";当把"心有余而力不足"的英语句子"The spirit is willing but the flesh is weak"翻译成俄语,然后再翻译回来时竟变成了"The wine is good but the meat is spoiled",即"酒是好的,但肉变质了";当把"光阴似箭"的英语句子"Time flies like an arrow"翻译成日语,然后再翻译回来的时候,竟变成了"苍蝇喜欢箭"。由于机器翻译出现的这些问题,英国、美国当时中断了对大部分机器翻译项目的资助。在其他方面,如问题求解、神经网络、机器学习等也都遇到了困难,使人工智能的研究一时陷入了困境。

3. 人工智能的第二次高潮(1980—1987)

20 世纪 70 年代末期,人工智能研究的先驱者们经过认真反思,开始总结前一段研究的经验和教训。1977 年费根·鲍姆在第五届国际人工智能联合会议上提出了"知识工程"的概念,对以知识为基础的智能系统的研究与建造起到了重要的作用。大多数人接受了费根·鲍姆关于以知识为中心展开人工智能研究的观点。从此,人工智能的研究又迎来了蓬勃发展的以知识为中心的新时期。这个时期也称为知识应用期。

这一时期,专家系统的研究在多个领域取得了重大突破,各种不同功能、不同类型的专家系统也建立起来,产生了巨大的经济效益及社会效益。

联想到新型冠状病毒让人想起,1972—1976 年,费根鲍姆等人研制的专家系统 MYCIN 能识别 51 种病菌,正确地处理 23 种抗生素,可协助医生论断、治疗细菌感染性血液病,为患者提供最佳处方,该系统成功地处理了数百病例,并通过了严格的测试,显示出了较高的医疗水平。

从 1980 年到 1987 年,由于引入了"知识",人工智能迎来了第二次发展高潮。在人工智能专家费根·鲍姆的带领下,人工智能开辟了一个新的领域—专家系统。专家系统原理如图 7-40 所示。

"专家系统"就是利用计算机化的知识进行自动推理,从而模仿领域专家解决问题。典型的专家系统的例子有卡内基-梅隆大学为数字设备公司设计的名为"X-CON"的专家系统;IBM 公司研究的"沃森"机器人。

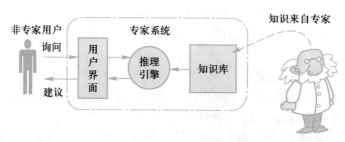

图 7-40　专家系统原理

第一个专家系统 DENDRAL 于 1965 年由美国斯坦福大学的费根·鲍姆(Edward Feigenbaum)领导的研究小组开始研制,1968 年完成并投入使用。它能够进行质谱数据分析,推断化学分子结构,达到化学家的水平。DENDRAL 的成功,说明把人类专家的知识赋予计算机,计算机就会像人类专家一样聪明。

到了 20 世纪 80 年代初,卡耐基-梅隆大学为 DEC 公司设计了一个专家系统,能够自动为购买计算机软件的用户匹配对应的芯片、驱动、数据线、接口,不但比销售人员的效率高,由专家做这项工作一般需要 3 h,而该系统只需要 30 s,速度提高了 300 多倍。每年还能为 DEC

公司节省几千万美金。许多公司效仿，人工智能研究迎来了新一轮高潮。

专家系统的成功，使人们越来越清楚地认识到知识是智能的基础，对人工智能的研究必须以知识为中心来进行。

我国自 1978 年开始也把"智能模拟"作为国家科学技术发展规划的主要研究课题之一，并在 1981 年成立了中国人工智能学会（CAAI），目前在专家系统、模式识别、机器人学及汉语的机器理解等方面都取得了很多研究成果。

4. 人工智能的第二次低谷（1987—1993）

科学家发现，专家系统虽然很有用，但它的应用领域过于狭窄。专家系统的发展出现瓶颈，主要问题集中于知识获取困难、缺乏基础知识、应用领域优先等原因，这一时期再次将人工智能发展禁锢。

专家系统中所需的知识需要预先输入，但是获取计算机能理解的知识谈何容易，而且专家系统的维护费用也比较高。于是，人工智能研究又遭遇了财政困难，再次陷入低谷。这次遭遇低谷的主要原因还是技术本身的实现程度支撑不起足够多的应用。

5. 人工智能的第三次高潮（1993 至今）

1986 年之后也称为集成发展时期。计算智能（CI）弥补了人工智能在数学理论和计算上的不足，更新和丰富了人工智能理论框架，使人工智能进入了一个新的发展时期。

1993 年，随着计算机性能的高速发展，海量数据的累积和人工智能研究者的不懈努力，人工智能领域不断取得突破，迎来第三次高潮。

1997 年，IBM 公司研究的国际象棋机器人深蓝以 3.5∶2.5（3 胜 1 平 2 负）的成绩战胜了蝉联 12 年国际象棋世界冠军卡斯帕罗夫，成为首个在标准比赛时限内击败国际象棋世界冠军的电脑系统，曾轰动一时，如图 7-41 所示。此举再次将人类拉入人工智能的狂热追捧中。随着互联网技术的发展，加速了人工智能的发展。

图 7-41　卡斯帕罗夫与深蓝大战

2006 年，杰费里·辛顿提出深度学习的算法。借助这种算法，科学家们不断在语音识别、计算机视觉等很多领域取得突破。

世界各国都开始重视人工智能的发展。美国颁布了《为人工智能的未来做好准备》；英国颁布了《人工智能：未来决策制定的机遇和影响》；法国颁布了《国家人工智能战略》；德国颁布了全国第一部自动驾驶的法律；石油大国阿联酋将人工智能确立为国家战略；中国颁布了《新一代人工智能发展规划》《促进新一代人工智能产业发展三年行动计划（2018—2020）》。

2016 年 3 月，AlphaGo 以 4∶1 战胜世界围棋冠军李世石。时隔一年多，2017 年 10 月，AlphaGo Zero 便以 100∶0 的不败战绩击败 AlphaGo，强化学习和博弈的威力由此可见，如图 7-42 所示。AlphaGo Zero 的推出，证明机器能够深度学习，超越人类的经验，自己发现更好的规律，这是铁的事实。

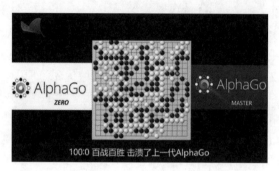

图 7-42　AlphaGo Zero 以不败战绩击败 AlphaGo

综上所述，人工智能的发展并非一帆风顺，它经历过几次寒冬，目前又随着大数据、云计算、互联网、物联网等一系列技术的发展再次进入爆发期，人工智能的发展简史如图 7-43 所示。

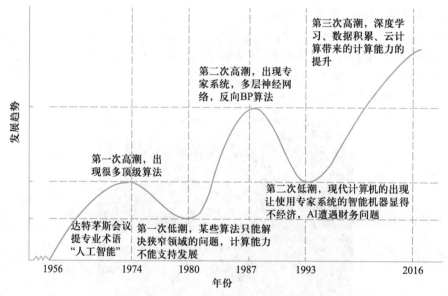

图 7-43　人工智能的发展历程

任务 7.4.3　人工智能研究的基本内容

1. 知识表示

人类语言和文字是人类知识表示的最优秀、最通用的方法，但它们并不适合于计算机处理。

人工智能研究的目的是要建立一个能模拟人类智能行为的系统。人类想办法把自己民族的语言和文字用计算机表示出来。

知识表示方法可分为符号表示法、连接机制表示法两大类。

符号表示法是用各种包含具体含义的符号，以各种不同的方式和顺序组合起来表示知识的一类方法。它主要用来表示逻辑性知识。

连接机制表示法是用神经网络表示知识的一种方法。它把各种物理对象以不同的方式及顺序连接起来，并在其间互相传递及加工各种包含具体意义的信息，以此来表示相关的概念和知识。连接机制表示法是一种隐式的知识表示方法。它是将某个问题的若干知识在同一个网络中表示。因此，特别适用于表示各种形象性的知识。

2. 机器感知

机器感知就是使机器（计算机）具有类似于人的感知能力，其中以机器视觉和机器听觉为主。机器视觉是让机器能够识别并理解文字、图像、物景等；机器听觉是让机器能识别并理解语言、声响等。

机器感知是机器获取外部信息的基本途径，是使机器具有智能不可缺少的组成部分。像人一样，为了使机器具有感知，就需要为它配置上能"听"、会"看"的感觉器官，对此人工智能已经形成了两个专门的研究领域，即模式识别与自然语言理解。

3. 机器思维

机器思维是指对通过感知得来的外部信息及机器内部的各种工作信息进行有目的的处理。人的智慧来自人脑思维，机器智能也要靠机器思维实现。因此，机器思维是人工智能研究中最重要、最关键的部分。它使机器能模拟人类的思维活动，能像人这样既可以进行逻辑思维，又可以进行形象思维。

4. 机器学习

知识是智能的基础，要使计算机有智能，就必须使它有知识。人们可以把知识以计算机可接受、处理的方式输入到计算机中去，使计算机具有知识。这种知识是一种知识库，是比较固定的知识，不能适应环境的变化。要使计算机具有真正的智能，必须使计算机像人类那样，具有获得新知识、学习新技巧并在实践中不断完善、改进的能力，最终实现自我完善。

机器学习（Machine Learning）就是研究如何使计算机具有类似人的学习能力，使它能通过学习自动地获取知识。计算机可以直接向书本学习，通过与人谈话和对环境的观察学习，并在实践中实现自我完善。

机器学习是一个难度较大的研究领域，它与脑科学、神经心理学、计算机视觉、计算机听觉等都有密切联系，依赖于这些学科的共同发展。因此，经过近些年的研究，机器学习研究虽然已经取得了很大的进展，提出了很多学习方法，特别是深度学习的研究取得了长足的进步，但并未从根本上解决问题。

5. 机器行为

与人的行为能力相比，机器行为主要是指计算机的表达能力，即"说""写""画"等能力。对于智能机器人，它还应具有人的四肢功能，即能走路、取物、操作等。

总之，人工智能研究的基本内容很多，每一项都需要认真对待。

任务 7.4.4　人工智能图形识别实例分析

登录 Face++旷视人工智能开放平台（https://www.faceplusplus.com.cn）或者打开 Face++技术体验小程序，实践人脸分析、情绪识别、人脸比对、人脸融合等功能，如图 7-44 所示。

图 7-44　Face++人脸识别

▶ 同步训练

1．什么是人类智能？它有哪些特点？

2．什么是人工智能？它的发展经历了哪些阶段？

3．人工智能研究的基本内容有哪些？

4．人工智能有哪些主要的研究领域？

5．你还知道哪些弱人工智能的例子？

6．说一说你所期待的超人工智能时代。

7．任选一部科幻电影，如《人工智能》《流浪地球》，观看后指出其中的人工智能应用。

8．尝试指出你身边的人工智能应用有哪些？

9．分两个小组进行辩论：人工智能能否胜过人类智能？各组派代表陈述理由，最后教师点评。

▶ 实战演练

九歌——计算机诗词创作系统（jiuge.thunlp.org/）

使用清华大学自然语言处理与社会人文计算实验室开发的《九歌——计算机诗词创作系统》进行集句诗、绝句、藏头诗、词创作。

参考文献

[1] 林子雨. 大数据技术原理与应用[M]. 2 版. 北京：人民邮电出版社，2017.

[2] 沈昌祥，张焕国，冯登国，等. 信息安全综述[J]. 中国科学（E 辑：信息科学），2007（2）：129-150.

[3] 王继成，萧嵘，孙正兴，等. Web 信息检索研究进展[J]. 计算机研究与发展，2001（2）：187-193.

[4] 孔令德，刘钢. 计算机公共基础[M]. 2 版. 北京：高等教育出版社，2011.

[5] 龙马高新教育. Windows 10 使用方法与技巧从入门到精通[M]. 北京：北京大学出版社，2019.

[6] 刘春茂，刘荣英，张金伟. Windows 10+Office 2016 高效办公[M]. 北京：清华大学出版社，2018.

[7] 孔令德，孔德瑾. 计算机公共基础实训指导[M]. 北京：高等教育出版社，2015.

[8] 刘松平，佟伟祥. 计算机应用基础[M]. 长春：东北师范大学出版社，2018.

[9] 罗亮. Excel 2016 办公应用从入门到精通[M]. 北京：电子工业出版社，2017.

[10] 王晓均. Excel 2016 商务技能训练应用大全[M]. 北京：中国铁道出版社，2019.

[11] 点金文化. Office 2016 商务办公一本通[M]. 北京：电子工业出版社，2019.

[12] 汪双顶，武春岭，王津. 网络互联技术（理论篇）[M]. 北京：人民邮电出版社，2017.

[13] 思科网络技术学院. 思科网络技术学院教程：IT 基础[M]. 5 版. 思科系统公司，译. 北京：人民邮电出版社，2014.

[14] 深圳职业技术学院计算机与网络基础教研室. 计算机应用基础——信息素养+Office 2013 办公自动化[M]. 2 版. 北京：高等教育出版社，2017.

[15] 王万良. 人工智能及其应用[M]. 3 版. 北京：高等教育出版社，2016.

[16] 刘威，裴春梅. 信息技术基础[M]. 北京：高等教育出版社，2018.

资源服务提示

欢迎访问职业教育数字化学习中心——"智慧职教"（https://www.icvc.com.cn），以前未在本网站注册的用户，请先注册。用户登录后，在首页或"课程"频道搜索本书对应课程"大学信息技术基础"进行在线学习。用户也可以在"智慧职教"首页下载"智慧职教"移动客户端，通过该客户端进行在线学习。